SCHÄFFER
POESCHEL

Peter Warr/Guy Clapperton

Richtig motiviert mehr leisten

Konzepte und Instrumente zur Steigerung
der Arbeitszufriedenheit

Aus dem Englischen übersetzt von Hans Freundl

2011
Schäffer-Poeschel Verlag Stuttgart

Reihe: Systemisches Management

Bibliografische Information der Deutschen Nationalbibliothek
Die Deutsche Nationalbibliothek verzeichnet diese Publikation in der Deutschen
Nationalbibliografie; detaillierte bibliografische Daten sind im Internet über
http://dnb.d-nb.de abrufbar.

ISBN 978-3-7910-3088-3

Deutschsprachige Ausgabe:
© 2011 Schäffer-Poeschel Verlag für Wirtschaft · Steuern · Recht GmbH
www.schaeffer-poeschel.de
info@schaeffer-poeschel.de

Englische Originalausgabe:
The Joy of Work? Jobs, Happiness, and You
© 2010 Psychology Press
First published 2010 by Routledge
27 Church Road, Hove, East Sussex BN3 2FA
Routledge is an imprint of the Taylor & Francis Group, an informa business
All rights reserved

Übersetzung: Hans Freundl, Johanniskirchen
Einbandgestaltung: Dietrich Ebert, Reutlingen
Lektorat: Sabine Burkhardt, München
Satz: Marianne Wagner
Druck und Bindung: CPI – Ebner & Spiegel, Ulm
Printed in Germany
Mai 2011

Schäffer-Poeschel Verlag Stuttgart
Ein Tochterunternehmen der Verlagsgruppe Handelsblatt

Inhalt

Verzeichnis der Abbildungen und Fragebögen

Dank

Von wem stammt der Inhalt dieses Buches? Natürlich von den Autoren, aber auch von vielen anderen Leuten. Wir haben mit vielen Menschen über ihre Arbeit und ihre diesbezüglichen Gefühle gesprochen und eine große Anzahl an Artikeln und Büchern gelesen. Die Ideen, die wir nachfolgend vorstellen, stammen aus vielfältigen Quellen – ihnen allen gilt unser Dank.

Insbesondere danken wir den Interviewpartnern, die in den einzelnen Kapiteln zu Wort kommen, aber auch jenen, die sich für weitere Interviews zur Verfügung gestellt haben, welche aus Platzgründen jedoch nicht in das Buch aufgenommen werden konnten. Zu Dank verpflichtet sind wir auch den Mitarbeitern des Verlags, die den ersten Manuskriptentwurf mit vielen wertvollen Verbesserungsvorschlägen angereichert haben. Gleiches gilt für Kollegen, mit denen wir gegenwärtig arbeiten oder über die Jahre gearbeitet haben, obwohl die meisten von ihnen von diesem Buch damals noch gar nicht wissen konnten. Ihnen allen vielen Dank.

1
Arbeit und Glück – ein seltenes Gespann?

Manche Jobs sind durch und durch schrecklich, andere dagegen einfach groß-
artig. Die meisten jedoch bewegen sich irgendwo dazwischen – eine Mischung
aus Gut und Schlecht. Zu arbeiten bedeutet Dinge zu tun, die man nicht mag,
aber (meistens jedenfalls) auch solche, die einem Spaß machen. Daher überrascht es wenig, dass Menschen das Thema Arbeit[1] sehr gegensätzlich beurteilen.

Zwei konträre Auffassungen lassen sich in der Gesellschaft über die Jahr-
hunderte hinweg verfolgen. Die Bibel betrachtet Arbeit als Strafe für den Sün-
denfall: »Im Schweiße deines Angesichts sollst du dein Brot essen.«, heißt es
in der Schöpfungsgeschichte. Im Mittelalter ging Arbeit fast immer mit harter körperlicher Schinderei einher und mit allen möglichen gesundheitlichen
Schäden und Schmerzen, die damit verbunden sein konnten. Später argumen-
tierte Adam Smith (1723-1790), dass jemand, der eine monotone Arbeit aus-
führt, »so stumpfsinnig und einfältig wird, wie ein menschliches Wesen nur
eben werden kann.«

Mit Blick auf ihre Mühsalen beschrieb Alfred Polgar (1873-1955) Arbeit
humorvoll als »das, was man tut, damit man es eines Tages nicht mehr zu tun
braucht«. Und heute? Zeitungsartikel und Zeitschriften (ganz zu schweigen
von den unzähligen Blogs im Internet) legen den Fokus lieber auf die Horror-
seiten eines Jobs, anstatt sich mit seinen Vorzügen zu beschäftigen. In Fernseh-
filmen und »Soaps« liefern Probleme am Arbeitsplatz oder mit Arbeitskollegen
die Hindernisse, die überwunden sein wollen, bevor die Story glücklich enden

---

[1] In diesem Buch gilt unser Hauptinteresse den Jobs, und wenn wir schlicht von »Arbeit« oder »Arbeiten« sprechen, meinen wir damit in der Regel einen bezahlten Job.
Natürlich gibt es auch andere Arten von »Arbeit« – Hausarbeit, Familienarbeit, ehrenamtliche Arbeit, Do-it-yourself-Projekte und so weiter. Die verrichteten Tätigkeiten
können sich zwar allesamt ähneln, aber nur ein »richtiger« Job ist mit einer materiellen Entlohnung verbunden.

kann. Und dann mischen auch noch Dennis the Menace (Dennis die Nerven-säge) und Konsorten mit: Dennis ist die Hauptfigur in *Beano,* einer britischen Comiczeitschrift für Kinder, die sich seit ihrem ersten Erscheinen 1951 einer ungeheuren Popularität erfreut und seit Dekaden ein Bestseller ist: Dennis ziert Woche für Woche die *Beano*-Titelseite und einmal im Jahr erscheint ein Sonderheft, das nur ihm gewidmet ist. Sein US-Namensvetter ist nicht minder beliebt. Darüber hinaus wurden die Dennis-Comics mittlerweile in 46 weiteren Ländern und in über 1.000 Zeitungen, Zeitschriften und Magazinen auf der ganzen Welt publiziert. Generationen von Kindern haben diese Geschichten verschlungen. Und Dennis hat eine klare Haltung zur Arbeit: Sie ist schlecht!

Dennis ist im Wesentlichen ein arbeitsscheuer Junge, der sich lieber auf der Straße mit Vertretern der Autorität anlegt, anstatt irgendetwas Konstruktives zu tun, wenn auch die amerikanische Version etwas mehr zum süßen Bengel als zum Anarcho neigt. In der britischen Variante gibt es eine Figur namens Walter, die unter Dennis' Streichen sehr zu leiden hat. Walter ist ein »Softie«, zum Teil auch deswegen, weil er gern in die Schule geht. Dennis dagegen lässt keinen Zweifel daran, dass er jede Form von Arbeit hasst. Er bietet seinen Lesern jede Menge Spaß, ist zugleich aber auch eine Identifikationsfigur, die uns schon früh im Leben die Einstellung vermittelt, Arbeit und Disziplin seien etwas Schlechtes.

Mit dieser Anti-Arbeit-Haltung steht Dennis the Menace nicht allein da. Da gab es zum Beispiel auch noch Bart Simpson: ein Junge, der Schule schwänzt, nicht gerade der Willigste noch der Fähigste ist, was Arbeit an-geht, und der seinen nicht weniger faulen Vater Homer bewundert. Keiner der beiden unterzieht sich freiwillig der Mühsal regelmäßiger Arbeit, wes-wegen sie auch als »cool« gelten. Die Simpson-Familie hat zahlreiche Nach-folger in allen Teilen der Welt gefunden: *Just William, Horrid Henry, Minnie the Max* und andere populäre Bücher und Zeichentrickserien sind voll mit solchen Charakteren – sie alle sind extrem beliebt und verbreiten eine mas-sive Anti-Arbeit-Haltung. Alle diese Figuren vermitteln gerade jugendlichen Fans schon früh eine klare, eindringliche Botschaft.

Kurz: Uns wird häufig ein grundsätzlich negatives Image von Arbeit ver-mittelt. Von Kindesbeinen an und auch später in erwachsenen Jahren wer-den wir darin bestärkt, sie als etwas Schlechtes zu sehen.

Doch auch die entgegengesetzte Sichtweise hat eine lange Tradition. Mar-tin Luther (1436-1546) behauptete, dass der »Mensch zur Arbeit geboren ist wie der Vogel zum Fliegen«, und nach Ansicht von Johannes Calvin (1509-1564) ist die Arbeit der »von Gott vorgeschriebene Selbstzweck des Lebens«. Calvins Auffassungen beeinflussten maßgeblich die Entwicklung der protes-tantischen Arbeitsethik, die auf einer religiösen und einer weltlichen Komponente beruht: Harte Arbeit ist gut, weil sie dem Menschen dazu verhilft, in den Himmel zu kommen und ihn vielleicht auch noch reich macht. Dann wären da auch noch George Berkeley (1658-1753), der die Ansicht vertrat, »dass es ohne Arbeit kein glückliches Leben geben kann«, oder auch Thomas Hobbes (1588-1679), der erklärte: »Arbeit ist gut; sie ist ein Antrieb des Lebens.« Thomas Carlyle (1795-1881) zählte ebenfalls zu ihren großen Fans: »In der Arbeit liegt eine dauerhafte edle Gesinnung, gar Heiligkeit.«

Die frühen Puritaner schätzten Arbeit aus einem anderen Grund: Sie unterband den Müßiggang, der die Menschen anfällig machte für allerlei sündhafte Versuchungen. Einen anderen Aspekt steuerte Samuel Pepys (1633-1703) bei; der blieb abends gern länger im Büro, weil er dann nicht nach Hause gehen und mit seiner Frau streiten musste.

Sigmund Freud (1856-1939) redete nicht nur über Liebe und Sexualität; er betrachtete Arbeit als eine der Hauptstützen einer gesunden Lebensführung. Noel Coward (1899-1973) meinte sogar, Arbeit mache »mehr Spaß als der Spaß selbst«. Vielleicht sind Sie der Meinung, Henry Ford (1863-1947) sei ein wenig über das Ziel hinausgeschossen mit seiner Bemerkung: »Arbeit ist unsere geistige Gesundheit, unsere Selbstachtung, unsere Erlösung. Arbeit ist daher alles andere als ein Fluch, sie ist unser größter Segen.« Dennoch, aktuelle Untersuchungen zeigen, dass die Mehrheit der Berufstätigen – mehr als 70 Prozent – nach eigenen Angaben zufrieden sind mit dem, was sie tun. Und nicht zu vergessen: Philip Larkin schrieb später eine Fortsetzung des vorhin zitierten *Kröten*-Gedichts (*Toads Revisited*), in der er bekannte, dass er in späteren Jahren die Kröte Arbeit durchaus gemocht habe.

Auch wenn wir uns das häufig nicht klar machen – Arbeit wird weithin wertgeschätzt als zentraler Bestandteil des Lebens.

> *Man kommt auf die Welt, und schon kurze Zeit später verbringt man die meiste Zeit damit, durch Arbeit seinen Lebensunterhalt zu bestreiten. Neben Liebe und der körperlichen Verfassung ist die Arbeit die Grundlage unserer existenziellen Lebensumstände. Wer bin ich? Was will ich? Wo ist mein Platz in der Welt und wie ist meine Stellung in ihr? Bin ich nützlich? Führe ich ein erfülltes Leben? ...*
> *Die Arbeit definiert zu einem hohen Grad unsere äußere Identität als Teil der sozialen Matrix. Aber sie bestimmt auch maßgeblich die innere Haltung, mit der man seinen Lebensweg beschreitet.[2]*

---

2   Siehe dazu die Einleitung zu J. Bowe, M. Bowe und S. Streeter (Hg.), *Gig: Americans talk about their jobs*, New York 2000.

Arbeit ist also beides: etwas Schlechtes und etwas Gutes. Doch durch die Populärkultur werden wir schon als Kinder dazu angehalten, nur das Negative daran zu sehen, und den Gedanken herunterzuspielen, dass Arbeit einen wichtigen Beitrag zu einem glücklichen Leben leisten kann.

Dieses Buch will die beschwerlichen Folgen, die Arbeit verursachen kann, – Müdigkeit, Angst, Rückenschmerzen, weniger Zeit für die Familie und so weiter – nicht leugnen, baut jedoch auf das positive Potenzial, das in fast jedem von uns steckt. Außerdem kommen die meisten von uns nicht umhin zu arbeiten und die Zeit, die wir mit Arbeit verbringen, nimmt ungefähr ein Drittel unserer Lebenszeit in Anspruch. Warum also sollten wir uns diese Zeit nicht so angenehm wie möglich gestalten? In einem Artikel in der *Times* vom 10. Januar 2009 zeigte sich Janice Turner besorgt über die negative Einstellung gegenüber Arbeit, die sie unter jungen Frauen beobachtete. Ihre Botschaft war klar: »Arbeit ist etwas Gutes, sie kann sogar etwas Edles sein. Sie kann uns dazu bringen, uns selbst zu vergessen. Das ist es, was wir unseren Töchtern sagen sollten. Die Arbeit mag bisweilen hart sein, nicht gewürdigt werden, uns Angst machen oder freudlos sein. Aber sie führt dazu, dass man sich als nützlich und sinnvoll empfindet – als ein Teil der Welt.«

In diesem Buch befassen wir uns mit Schlüsselmerkmalen von Jobs, die für Glück und Zufriedenheit wesentlich sind, und wir untersuchen, wie sich diese verändern lassen. Die einzelnen Kapitel fußen auf Forschungsergebnissen von Psychologen aus aller Welt. Sie beleuchten Fragen und Probleme, mit denen wir alle konfrontiert sind, die jedoch nur sehr selten außerhalb wissenschaftlicher Fachzeitschriften erörtert werden. Wir werden auch Gespräche mit verschiedenen Menschen wiedergeben und anhand von konkreten Beispielen zeigen, wie diese ihre Jobs verbessert oder verändert haben. Das Buch ermittelt aber nicht nur, woran es liegt, dass wir in einem Job glücklich oder unglücklich sind, wir werden uns auch mit konkreten Handlungsmöglichkeiten beschäftigen. Natürlich sind Einschränkungen und »Sachzwänge« im Job unvermeidbar – aber meist ist der Handlungsspielraum da, etwas für mehr Glück und Arbeitszufriedenheit zu tun. In jedem Fall lohnt es sich, die Möglichkeiten auszuloten.

Schlüsselkonzepte

Zunächst wollen wir einige der konzeptionellen Ideen, mit denen wir es im Folgenden zu tun haben werden, genauer beleuchten. Unter »Arbeit« versteht man im Allgemeinen, etwas zu tun, was man tun »muss«, das sehr wahrscheinlich ein gewisses Maß an Anstrengung erfordert und zumindest zeitweise mühsam, beschwerlich oder auch eine Plackerei sein kann. In diesem Buch beschäftigen wir uns vor allem mit bezahlter Arbeit, sprich: Erwerbsarbeit. Für die meisten Erwerbstätigen bedeutet das, ganztags in einem Anstellungsverhältnis zu arbeiten, es kann sich aber natürlich auch um eine selbstständige Tätigkeit oder eine Teilzeitbeschäftigung handeln. Und natürlich kann man auch andere, nicht bezahlte »Arbeit« verrichten. Dazu zählen Familien- und Hausarbeit, ehrenamtliche Tätigkeiten oder Do-it-yourself-Projekte. Viele der Themen, über die wir hier sprechen, lassen sich auch auf diese Formen unbezahlter Arbeit beziehen, doch sie stehen nicht im Mittelpunkt unserer Überlegungen.

Der andere Begriffskomplex, den wir diskutieren werden, ist »Happiness«, zu Deutsch »Glück«. Die meisten von uns erkennen diesen Zustand, wenn sie ihn empfinden, eine präzise Definition dafür festhalten zu wollen, ist jedoch ein beinahe hoffnungsloses Unterfangen. Schon seit Jahrhunderten bemühen sich Philosophen darum, zu analysieren, was »Glück« eigentlich bedeutet, doch einigen konnte man sich bis heute nicht. Halten wir zunächst einfach fest, dass es sich um einen Zustand handelt, in dem man sich gut fühlt und dass das Gegenteil, »Unhappiness«, also das »Unglücklichsein« einen Zustand beschreibt, in dem man sich schlecht fühlt. In *Kapitel 3* werden wir das genauer erläutern. Dabei werden wir mit einer größtenteils psychologischen Terminologie arbeiten, diese aber eng mit den Alltagserfahrungen von Menschen verzahnen. Wir werden verschiedene Arten des Glücks bzw. des Unglücklichseins herausarbeiten und auch die Ursachen dafür benennen.

Die Wurzel des englischen Begriffs happiness, kommt vom mittelenglischen *hap,* was »Chance« oder »glücklicher Zufall« bedeutet. Auch in den Wörtern *happenstance* (»glücklicher Umstand«) und *haplessness* (»Glücklosigkeit«) taucht diese Wurzel auf. Im Deutschen begegnet uns ein ebenso vielschichtiger Begriff: In dem Wort »Glück« steckt das momentane »Glücksgefühl« ebenso wie das »Lebensglück«, aber auch der von außen kommende »glückliche Zufall« oder das »Unglück«, das einen treffen kann (A. d. Ü.). Die moderne Definition von Glück stellt weniger auf den glücklichen Zufall ab, sondern auf die bewussten Anstrengungen eines Individuums, Glück bzw. ein Glücksgefühl zu erreichen. Vieles wird dabei von Faktoren bestimmt, die eher im Menschen selbst liegen als in der äußeren Umgebung.

Wenn Sie das Buch gelesen haben, wird Ihnen klar sein, weshalb manche Menschen bei ihrer Arbeit glücklicher (oder unglücklicher) sind als andere.[3] Einen ersten Anhaltspunkt kann hier die Berufsbezeichnung liefern. Verschiedene Studien legen nahe, dass Menschen in bestimmten Jobs prinzipiell glücklicher oder unglücklicher sind als andere. In einer britischen Studie belegen Gärtner, Friseure und Pflegekräfte die Spitzenplätze auf der Zufriedenheitsskala, während Busfahrer, Postbedienstete und Fließbandarbeiter zu den Schlusslichtern zählen. Eine andere Studie zeigte, dass Firmenchefs und Geistliche zu den Glücklichsten zählen, während Architekten und Sekretärinnen in ihren Jobs am wenigsten glücklich sind. Amerikanische Untersuchungen wiederum belegen, dass Manager und Abteilungsleiter sehr hohe, Maschinenführer und ungelernte Arbeiter dagegen sehr niedrige Glücks- bzw. Zufriedenheitswerte aufweisen.

Solche Untersuchungen können zwar erste Anhaltspunkte liefern, doch eine Berufsbezeichnung sagt für sich genommen noch nicht viel über das Zustandekommen von Glück bzw. individueller Arbeitszufriedenheit aus. Es muss mehr dahinter stecken, schon weil Menschen, die zur gleichen Berufsgruppe gehören, sehr unterschiedliche Erfahrungen machen können. So hängt Arbeitszufriedenheit zum Beispiel auch vom Alter der Befragten ab (am geringsten ist sie zwischen 35 und 45 Jahren). Außerdem können sich die inhaltlichen Anforderungen eines Jobs mit derselben Berufsbezeichnung je nach Unternehmensgröße oder Branche inhaltlich beträchtlich voneinander unterscheiden. Selbst wenn wir mit Sicherheit davon ausgehen könnten, dass die Berufsbezeichnung allein bereits gewisse Rückschlüsse auf die Arbeitszufriedenheit eines Menschen zulässt, wäre diese Information nicht sonderlich hilfreich im Hinblick auf die konkreten Ursachen positiver bzw. negativer Gefühle.

Um herauszufinden, was es mit diesen Mustern, die sich hinsichtlich der Berufsbezeichnungen erkennen lassen, auf sich hat, muss man genauer hinsehen. In welcher Weise beeinflussen die Aktivitäten, die mit dem jeweiligen Beruf verbunden sind, ob jemand in seinem Job glücklich oder unglücklich ist? Hier wird die Forschung erst richtig interessant und auf uns alle anwendbar. Wenn man die Elemente benennen kann, die darüber bestimmten, ob

---

3   Anmerkung des Übersetzers: In der arbeitspsychologischen Fachterminologie wird in diesem Zusammenhang hierzulande meist ausschließlich von »Arbeitszufriedenheit« (job satisfaction) bzw. »Arbeitsunzufriedenheit« gesprochen. Peter Warr führt den Begriff »Glück« (happiness) in den wissenschaftlichen Diskurs ein, um eine derartige Verkürzung zu vermeiden und arbeitet in seinem Forschungsansatz bewusst mit dem Vielklang an Bedeutungen und Konnotationen, die diesen Begriff umgeben (siehe auch *Kapitel 3*).

sich jemand in seiner Arbeit wohlfühlt, kann man versuchen, diese auch in den eigenen Job zu integrieren. Oder man kann im Lichte dieser Erkenntnisse über die eigene Position nachdenken und seinen Gemütszustand während der Arbeit neu einschätzen.

Auch die zeitliche Dimension spielt eine Rolle: Der erreichte Grad von kurzfristig erlebtem Glück kann, muss aber nicht mit dem langfristig erreichten Niveau an Glück und Zufriedenheit übereinstimmen. Glück kann mit einem bestimmten Ereignis verbunden sein, es kann aber auch ein dauerhafter Zustand sein. In diesem Buch werden wir diese verschiedenen Arten von Glück behandeln, der Frage nachgehen, wodurch sie hervorgerufen werden, und Vorschläge entwickeln, wie sie verstärkt werden können. Und natürlich werden wir uns auch mit den negativen Gefühlen beschäftigen – dem Unglücklichsein bzw. der Unzufriedenheit in ihren zahlreichen Erscheinungsformen.

Warum es sich lohnt, sich mit dem Thema zu beschäftigen

Viele Gründe sprechen dafür, diesen Fragen ernsthaft nachzugehen – egal ob man sich als Arbeitgeber eine zufriedenere und produktivere Belegschaft wünscht, oder als Arbeitnehmer ein erfüllenderes Leben. Glück zu erlangen ist ganz einfach eines der wichtigsten Ziele im Leben. Menschen werden immer danach streben – für sich selbst und für ihre Familien, Freunde, Kollegen, Mitarbeiter etc. Das alles ist Grund genug, Bücher darüber zu schreiben.

Und es wurde in der Tat schon viel dazu geschrieben. Die Literatur reicht von akademischen Abhandlungen aus der Feder von Philosophen, Historikern und Psychologen (in letzter Zeit sogar von Ökonomen) bis zu populären Ratgebern für ein sorgenfreies Leben. Glück und Unglück, Zufriedenheit und Unzufriedenheit sind beliebte Themen in TV-Sendungen und Zeitschriften. Meist werden hier konkrete Probleme der Lebensführung behandelt, die mit hoher Wahrscheinlichkeit auf Zuschauer- und Leserinteresse stoßen werden. Entsprechende Titelthemen lauten etwa »Wie Ehepaare glücklich bleiben können«, »Glücklich trotz Kreditkrise« oder »Essen Sie sich glücklich«.

Aber wo findet man Bücher oder Artikel, die sich mit dem Thema Glück und Zufriedenheit im Job beschäftigen? Solche Werke sind überraschenderweise rar – obwohl fast jeder einen großen Teil seiner Lebenszeit bei der Arbeit verbringt. Niemand bezweifelt, dass Glück in den Lebensbereichen, die nichts mit Arbeit zu tun haben, wichtig ist und es sich lohnt, darüber zu sprechen, doch der herrschende Diskurs in den Medien erweckt häufig den

Eindruck, dass all diese Fragen keine Rolle mehr spielen, wenn man seinen Arbeitsplatz erst einmal erreicht hat. Das ist Unsinn. Menschen wollen wie in allen übrigen Lebensbereichen auch in ihren Jobs glücklich sein, viele von ihnen sind bei der Arbeit aber nicht glücklich. Oft sind es im beruflichen wie im privaten Kontext die gleichen Fragestellungen, die hier unsere Aufmerksamkeit verdienen.

Glück ist nicht zuletzt auch deswegen ein wichtiges Thema, weil es unser Verhalten und unsere sozialen Beziehungen in hohem Maße beeinflusst. Betrachten wir zuerst den Arbeitskontext: Glückliche Mitarbeiter werden im Allgemeinen mehr zur Entwicklung eines Unternehmens beitragen als unglückliche. Forschungsergebnisse von Psychologen in verschiedenen Ländern haben ergeben, dass ein signifikanter Zusammenhang besteht zwischen einem positiven Grundgefühl im Job und der Leistung, die am Arbeitsplatz erbracht wird. Zufriedenere Mitarbeiter werden Zielvorgaben eher erfüllen. Sie werden auch seltener fehlen und länger bei einem Unternehmen bleiben; wem die Arbeit keinen Spaß macht, der wird sich wahrscheinlich bald nach einem anderen Job umsehen. Die Kosten, die einem Arbeitgeber entstehen, wenn ein guter Mitarbeiter ersetzt werden muss, können sich auf Tausende von Pfund, Dollar oder Euro belaufen; und wenn man Tausende guter Mitarbeiter verliert, schnellen diese Fluktuationskosten rasant in die Höhe.

Aber das ist noch nicht alles, was es hierzu zu sagen gibt. Zufriedene Mitarbeiter sind erwiesenermaßen kooperativer und hilfsbereiter gegenüber ihren Kollegen, bieten anderen in schwierigen Zeiten mehr Unterstützung und sind allgemein eher dazu bereit, für ihre Kollegen an die Grenzen des Möglichen zu gehen, wenn es sein muss. Psychologen sprechen in diesem Zusammenhang von »Organizational Citizenship Behaviour«, und das lässt sich nachweisen: Weniger zufriedene Arbeitnehmer sind weniger motivierte Mitglieder der Organisation. Glücklichere Mitarbeiter haben mehr Erfolg in der Arbeit, weil sie mehr Initiative zeigen – sie suchen vorausschauend nach Problemen und finden selbst Lösungen, anstatt sich zurückzulehnen und darauf zu warten, dass jemand anderes sich der Dinge annimmt. Drastischer ausgedrückt: Ein glücklicher Mitarbeiter wird wahrscheinlich auch kein Firmeneigentum »mitgehen lassen«, über einen USB-Stick Viren einschleusen oder – wie in der legendären Geschichte von der Frau, die über ihre Entlassung erbost war – auf Firmenkosten eine Zeitansage im Ausland anwählen und die Verbindung das ganze Wochenende offen lassen.

Die geschilderten Muster beeinflussen aber nicht nur das Individuum selbst. Freundliches Verhalten ruft auch bei anderen positive Reaktionen hervor. Wie sich gezeigt hat, reagieren die Arbeitskollegen eines zufriedenen Beschäftigten deutlich positiver auf ihn oder sie. Fröhliche Menschen werden von anderen freundlicher behandelt und erfahren von ihnen mehr Unterstützung, sodass gemeinsam eine positive Gruppeneinstellung aufgebaut wird. Das ist das Konzept der »Reziprozität«, ein zentrales Thema in der Sozialpsychologie – wir neigen dazu zurückzugeben, was wir erhalten. Zusammengefasst: In einem Überblick zu aktuellen Forschungsergebnissen wurde kürzlich die Tatsache, dass glückliche Menschen bessere soziale Beziehungen unterhalten, als eine der »belastbarsten Erkenntnisse der Literatur« bezeichnet.

Auch wenn sich diese allgemeinen Schlussfolgerungen nicht auf jeden einzelnen Fall übertragen lassen – unzufriedene Mitarbeiter verhalten sich nicht alle gleich, und manche von ihnen leisten zweifellos gute Arbeit – ist es dennoch unbestreitbar, dass die Forschungsergebnisse einen allgemeinen Zusammenhang zwischen Arbeitszufriedenheit und Arbeitsleistung aufzeigen. Wir möchten betonen, dass wir hier nicht einfach unsere eigenen Ansichten darstellen – wie es in vielen Büchern über Glück und Zufriedenheit üblich ist –, sondern dass wir unsere Ausführungen auf den Ergebnissen einer großen Zahl wissenschaftlicher Untersuchungen aufbauen.

Es wurden auch Studien durchgeführt, in denen Organisationen als Ganzes betrachtet wurden – mit dem Ergebnis, dass Unternehmen mit einer durchschnittlich höheren Mitarbeiterzufriedenheit nicht nur wirtschaftlich erfolgreicher sind, sondern auch eine höhere Kundenzufriedenheit erzielen. Das Wohlbefinden der Mitarbeiter kann also die Gewinnentwicklung eines Unternehmens maßgeblich beeinflussen – darüber sollte sich jede Führungskraft und jeder Berater im Klaren sein. Hier haben wir es also wohl mit einer klassischen Win-Win-Situation zu tun.

Der Zusammenhang zwischen Glück bzw. Arbeitszufriedenheit und Leistung ist dabei wechselseitig. Auch eine gute Arbeitsleistung kann das Wohlbefinden fördern, denn effektive Arbeit erzeugt ein Gefühl der Befriedigung über das, was man geschafft hat, eröffnet einem neue Möglichkeiten, führt zu Anerkennung durch die Kunden und vielleicht sogar zu einer Gehaltserhöhung. Allgemeiner gesprochen: Forschungsergebnisse zeigen übereinstimmend, dass Erfolg zu mehr Glück und Zufriedenheit führt – und Glück und Zufriedenheit wiederum zu mehr Erfolg.

In diesem Zusammenhang spielen noch zahlreiche weitere Faktoren eine Rolle, mit denen wir uns später detailliert befassen werden. Zudem trifft man auch auf offenkundige Widersprüche, wie zum Beispiel bei der Idee, es trage zur Arbeitszufriedenheit bei, wenn Mitarbeiter weitgehend selbstständig arbeiten können, sie bräuchten aber gleichzeitig auch eine klare Leitung. Häufig stehen wir somit vor der Herausforderung, den »goldenen Mittelweg« zu finden.

Und schließlich kommt man nicht an der Tatsache vorbei, dass auch insgesamt zufriedene und glückliche Menschen manchmal Phasen der Unzufriedenheit durchleben. Oft ist es sogar so, dass das eine nicht ohne das andere zu haben ist. Das ist es, was, in dem Satz »Ohne Fleiß kein Preis« zum Ausdruck kommt und was z. B. Sportler dazu anhält, immer weiterzukämpfen (und ihre »Schmerzgrenze« zu überwinden) oder Diäthaltende dazu ermutigt, noch ein wenig länger durchzuhalten. Glück hängt nicht immer, aber doch häufig davon ab, dass man Ziele erreicht, für die man eine Zeitlang kämpfen musste, während man vielleicht auch Angst und Zweifel durchleben musste – und sich alles anderes als glücklich fühlte. Spannungen und schmerzvolle Erfahrungen lassen sich auf dem Weg zum Glück oft nicht vermeiden – so ist das Leben nun mal.

Ziel und Aufbau dieses Buches

Um zu zeigen, was die Leser erwartet, möchten wir an dieser Stelle einen kurzen Überblick über die einzelnen Kapitel des Buches geben.

Kapitel 2 beschäftigt sich mit Motivation: Warum wollen Menschen überhaupt einen bestimmten Job? Ein Kollege von uns ist zum Beispiel Freiberufler. Sein Einkommen schwankt sehr stark. Warum, so könnte man fragen, entscheidet sich jemand für ein so unsicheres Leben, das wenig Chancen auf eine vernünftige Finanzplanung oder geregelte Arbeitszeiten bietet? Aus seinen Antworten auf diese Fragen wird deutlich, dass sich Arbeitsmotivation bei weitem nicht auf den finanziellen Aspekt beschränkt.

In *Kapitel 3* geht es um das Gefühl und den Zustand von Glück selbst – um Freude, Überschwenglichkeit, um Wohlbefinden und Gelassenheit. Dieser Sonnenseite des Glücks stellen wir die unglückliche Kehrseite gegenüber – Angst, Niedergeschlagenheit und ähnliche Gefühle. Sie finden dazu mehrere Fragebögen, die Sie sowohl als Selbsttest als auch im Kontext von Coaching, Beratung und Personalentwicklung verwenden können. Wir beschäftigen uns auch damit, wie der gerne verwendete Begriff »Arbeitszufriedenheit« definiert wird. Sie bekommen einen Überblick über die unterschiedlichen Arten von Glück und Zufriedenheit bzw. Unzufriedenheit, die für Sie von Bedeutung sein könnten.

In *Kapitel 4* untersuchen wir, welche Aspekte im Alltag wesentlich dazu beitragen, ob wir uns gut oder schlecht fühlen. Dazu stellen wir Ihnen die »Wichtigen Neun« vor, Schlüsselelemente jeder Lebenssituation – im Familienleben, in der Freizeit und am Arbeitsplatz. Zu ihnen zählen zum Beispiel Merkmale wie ein gewisser persönlicher Einfluss (ich kann beeinflussen, was mit mir passiert), ein moderates Anforderungsniveau (weder Über- noch Unterforderung), gute soziale Kontakte, eine mir angemessene Rolle und nicht zuletzt Geld. Kapitel 4 beschäftigt sich auch mit Menschen, die arbeitslos oder im Ruhestand sind oder die sich – vielleicht zwischen zwei bezahlten Jobs – um ihre Familie kümmern. Wie gestaltet sich deren Leben im Hinblick auf diese »Wichtigen Neun« Schlüsselelemente?

In den *Kapiteln 5* und *6* beziehen wir die »Wichtigen Neun« Lebensaspekte konkret auf die Arbeitswelt und untersuchen, wie diese Quellen positiver oder negativer Gefühle im Arbeitsleben funktionieren. Wir werden feststellen, dass wir in Bezug auf die Arbeitswelt noch drei weitere Merkmale ergänzen müssen – unterstützende Vorgesetzte, gute Aufstiegschancen und Fairness. Zusammengefasst untersuchen wir also die »Zwölf Schlüsselmerkmale« eines Jobs – jene Faktoren, die wirklich ausschlaggebend sind, ob jemand bei der Arbeit glücklich und zufrieden oder eben unglücklich und unzufrieden ist. Ein weiterer Fragebogen ermöglicht Ihnen bzw. Ihren Mitarbeitern oder Klienten, sich diesbezüglich mit der eigenen Position auseinander zu setzen und ein Profil des eigenen Jobs zu entwickeln.

Die beiden folgenden *Kapitel 7* und *8* befassen sich damit, inwieweit unsere individuelle Disposition – und nicht das Umfeld oder die Arbeitssituation – unsere Zufriedenheit beeinflussen. Ein und die selbe Arbeitssituation kann von verschiedenen Menschen zweifelsfrei sehr unterschiedlich erlebt werden. Dieses Phänomen liegt zumindest teilweise in der genetischen Ausstattung begründet, die wir bei der Geburt mitbekommen haben. Immer mehr Forschungsergebnisse legen nahe, dass in jedem von uns ein eigenes »Grundniveau« an Glück angelegt ist, und dass dieses größtenteils angeboren ist. In Kapitel 7 gehen wir diesen Befunden nach und zeigen auf, inwieweit das Erleben von Glück und Zufriedenheit mit bestimmten Persönlichkeitsmerkmalen zu tun hat.

In *Kapitel 8* stellen wir diese Elemente unterschiedlichen persönlichen Präferenzen, arbeitsbezogenen Wertvorstellungen und Denkmustern gegenüber. Bereits vor 400 Jahren legte William Shakespeare einem seiner Charaktere (der mit anderen uneinig darüber war, wie man eine bestimmte Situation zu bewerten habe) den Satz in den Mund: »Nichts ist weder gut noch böse; das Denken macht es erst dazu.«[4] Diese Aussage mag etwas zuge-

---

4   Aus *Hamlet*, 2. Akt, 2. Szene, in der Hamlet über sein Land spricht: Ist es wie ein Gefängnis für seine Bewohner?

spitzt sein (es gibt zweifellos einige wenige Situationen, die per se gut oder schlecht sind), dennoch besitzt sie weithin Gültigkeit: Glück kann sehr stark dadurch bestimmt werden, wie man die Dinge sieht.

Zum Beispiel dürfen wir die verschiedenen Formen des »sozialen Vergleichs« nicht vergessen, bei dem die Zufriedenheit der Person völlig davon abhängt, wie sie im Vergleich etwa zum Kollegen oder den Nachbarn von nebenan abschneidet. Auch Adaptionsprozesse sind zu berücksichtigen: Inwieweit gewöhnen sich Menschen an die Umstände, unter denen sie leben? Es gibt unzählige Beispiele für Beschäftigte, die einen anderen Grad an Glück und Zufriedenheit an den Tag legen, als man das als Beobachter erwarten würde. Im Hinblick auf individuelle Präferenzen stellen wir einen weiteren Fragebogen zur Verfügung, der es Ihnen ermöglicht, herauszuarbeiten, was Ihnen oder Ihren Mitarbeitern und Klienten in einem Job wirklich wichtig ist.

Die beiden letzten *Kapitel 9* und *10* entwickeln konkrete Handlungsvorschläge und gehen der Frage nach, was Sie als Leser in der Praxis tun können, um eine größere Arbeitszufriedenheit zu erreichen – ausgehend von der Annahme, dass es weder realistisch noch sinnvoll ist, sich zu 100 Prozent dem Job zu verschreiben und andere Lebensbereiche auszublenden. Hier werden keine fertigen Rezepte oder Sofortmaßnahmen präsentiert, denn die gibt es nicht, aber wir sind zuversichtlich, dass die Vorschläge in diesem Kapitel dazu beitragen, dass Sie nach der Lektüre glücklicher sind als zuvor. Wir gehen dabei stets von der konkreten Situation aus und beziehen auch Aspekte außerhalb des engeren Arbeitskontextes mit ein, wie zum Beispiel die Persönlichkeit oder typische Denkweisen. Erst dann gehen wir der Frage nach, wie sich im jeweiligen Fall Verbesserungen in Bezug auf die Arbeitszufriedenheit herbeiführen lassen. Wie bei allen anderen Themen des Buches können Sie dieses 9-Punkte-Programm für sich selbst durcharbeiten oder, wenn Sie Manager oder Führungskraft sind, überlegen, wie Sie dieses Werkzeug in Ihrer Organisation nutzbringend für die Steigerung der Arbeitszufriedenheit anwenden können.

In diesem Zusammenhang noch eine kurze Nebenbemerkung, die sich speziell an Manager und Führungskräfte richtet: Sie sind ohne Zweifel interessiert an Ihrem eigenen Glück, doch vielleicht vergessen Sie hin und wieder, wie sehr Ihre täglichen Entscheidungen auch die Zufriedenheit (oder Unzufriedenheit) Ihrer Mitarbeiter beeinflussen. Aufgrund des bereits geschilderten Zusammenhangs zwischen Leistung und Arbeitszufriedenheit sollten Sie diesem Umstand in Ihrer täglichen Führungsarbeit Beachtung schenken. Natürlich müssen Sie sich als Manager mit höchster Priorität um die Effizienz der Abläufe und die finanziellen Ergebnisse des Unternehmens kümmern, und wir wissen auch, dass Mitarbeiter manchmal über einige Aspekte ihrer Arbeit nicht besonders glücklich sein werden, wenn das Unternehmen erfolgreich sein soll. Nichtsdestotrotz werden in Kapitel 10 ganz praktische Maßnahmen formuliert, die Manager ergreifen können, um einen Ausgleich zwischen diesen beiden Zielen zu schaffen: dem Wohlergehen der Mitarbeiter und dem Erfolg des Unternehmens. Es ist wichtig, nicht nur in den Gesetzmäßigkeiten von Letzterem zu denken.

Ein wichtiger Punkt ist in diesem Zusammenhang der Begriff der »Moral«. Wenn Sie das Gefühl haben, »Mitarbeiterzufriedenheit«, »Wohlbefinden« und »Glück« am Arbeitsplatz klingt ein wenig zu wischiwaschi, um darüber ernsthaft nachzudenken oder darüber zu sprechen, versuchen Sie es mit dem Begriff »Arbeitsmoral«. Jeder wünscht sich letztendlich eine Verbesserung der Arbeitsmoral, und in Kapitel 3 zeigen wir, dass sie tatsächlich eine wichtige Form von Glück und Zufriedenheit im Arbeitskontext darstellt.

Abschließend seien noch einige Worte darüber angebracht, was dieses Buch *nicht* leisten kann. Es kann keine Hilfestellung für die Bewältigung klinischer Depressionen oder anderer ernsthafter psychischer Probleme bieten. Auch kann es nicht mit Sofortlösungen aufwarten: Glück zu erlangen dauert of seine Zeit. Und schließlich: Nicht alle Teile des Buches werden für jeden Leser in gleichem Maße hilfreich sein. So ist es wenig sinnvoll, sich nach einem besser bezahlten Job umzusehen, wenn man bereits ein Vermögen verdient, oder nach neuen, größeren Herausforderungen zu suchen, wenn man schon mit den bisherigen nicht zurechtkommt. Dennoch sind wir überzeugt, dass eine praxisbezogene Umsetzung der hier vorgestellten Forschungsergebnisse zu nachhaltigen Veränderungen führen kann. Es würde uns überraschen, wenn nicht jeder Leser im Buch etwas finden würde, das ihn weiterbringt.

Gewiss, es gibt eine Fülle an Ratgeberliteratur, die sich mit Glück beschäftigt, darüber, wie man schwierige Phasen meistert oder herausfindet, wie man überhaupt in sie hineingeraten ist. Dieses Buch gehört zweifellos in diese Kategorie, doch es unterscheidet sich in wesentlichen Punkten auch davon.

Zunächst ist darauf hinzuweisen, dass die meisten Lebenshilferatgeber den Bereich Arbeit und Erwerbstätigkeit ausklammern – sie befassen sich mit persönlichen oder mit Beziehungsproblemen, für die sie Arbeit als irrelevant betrachten. Zum anderen fußen unsere Aussagen wie mehrfach erwähnt auf umfangreichen Forschungsergebnissen renommierter Psychologen aus allen Teilen der Welt. Wir können uns auf eine solide Beweisgrundlage stützen, die aus einer umfassenden Auswertung dieser Forschungsergebnisse durch

Professor Peter Warr[5] sowie aus weiteren, noch aktuelleren psychologischen Studien besteht. Hinweise zu weiterführender Literatur finden sich am Ende des Buches. Die Beispiele aus dem »wirklichen Leben«, die Guy Clapperton aus seiner langjährigen journalistischen Erfahrung beisteuert, sorgen für eine gewisse »Bodenhaftung«, die einem rein akademischen Werk oft fehlt. Das vorliegende Buch unterscheidet sich somit deutlich von Reportage-ähnlichen Beiträgen, die das umfassende psychologische Wissen vermissen lassen, das viele der in diesem Buch geschilderten Motivationen und Ergebnisse erst verständlich werden lässt. Es ist also beides: wissenschaftlich fundiert und, so hoffen wir jedenfalls, angenehm zu lesen.

Im Jahr 1937 komponierten die Brüder Ira und George Gershwin einen recht erfolgreichen Song mit dem Titel »Nice Work If You Can Get It«. Sie schrieben zwar eher über das Glück von Verliebten als über das Glück in der Arbeit, aber die zentrale Aussage dieses Songs können wir auch auf unser Thema beziehen: Nicht jeder von uns kann eine »schöne Arbeit« bekommen, für die wir auch noch bezahlt werden, aber die meisten von uns können ihre Arbeit so gestalten, dass sie ein bisschen »schöner« wird – allerdings nur, »wenn man es versucht«.

---

5   Peter Warr, *Work, happiness, and unhappiness*, New York 2007. Dieses Werk enthält mehr als tausend Referenzen auf Forschungsergebnisse, die im vorliegenden Buch als Belege herangezogen werden.

2

Warum arbeiten wir?

Unzählige Menschen lieben ihre Arbeit und hassen sie doch gleichzeitig. Für derlei gemischte Gefühle gibt es viele Gründe, und wir werden sie in Verlauf des Buches näher betrachten. Doch es führt kein Weg an der Erkenntnis vorbei, dass wir bei der Arbeit manchmal Dinge tun müssen, die wir nicht gerne tun – entweder generell nicht oder gerade zu diesem bestimmten Zeitpunkt nicht, wenn z. B. das Fernsehprogramm, die Verabredung mit Freunden, eine Schulaufführung, das Einkaufszentrum oder irgend etwas anderes uns attraktiver erscheinen. Menschen sehen sich immer wieder zu Tätigkeiten gezwungen, die ihnen nicht gefallen, die aber gleichwohl erledigt werden müssen.

So verstanden kann Arbeit eindeutig »etwas Schlechtes« sein. Wie in *Kapitel 1* gezeigt wurde, hat Arbeit in anderer Hinsicht aber auch »etwas Gutes«, und es gibt zahlreiche Anhaltspunkte dafür, dass die meisten Erwachsenen arbeiten wollen. Sie werden in ihrem Job nicht ausnahmslos glücklich und zufrieden sein, aber sie möchten ganz einfach irgendwo arbeiten. Das liegt natürlich daran, dass sie Geld verdienen müssen, hat aber auch noch eine Reihe anderer Gründe. Arbeit kann auf vielfältige Weise Befriedigung und Freude vermitteln, womit wir uns gleich ausführlich beschäftigen werden.

Zu berücksichtigen ist auch die Tatsache, dass es normal – also die Norm – ist zu arbeiten; unsere Mitmenschen erwarten, dass man einen Job hat, wenn man im arbeitsfähigen Alter ist. Ein Kollege von uns absolvierte in den 1980er-Jahren sein Universitätsstudium, als die Arbeitslosigkeit in Großbritannien ihren letzten Höhepunkt erreichte und von 30 Millionen Erwerbsfähigen mehr als 3 Millionen arbeitslos waren. In dem Haus, in dem er lebte, wohnte auch ein Arbeitsloser, und obwohl unser Kollege als Student ebenso wenig ein Erwerbseinkommen hatte wie dieser – arbeitsfähige – Mitbewohner, lastete auf Letzterem ein starker sozialer Druck, weil er keine Beschäftigung vorzuweisen hatte. Der Student dagegen besaß eine »anständige« Stellung in der Gesellschaft.

In diesem Kapitel soll unsere Hassliebe zur Erwerbsarbeit unter die Lupe genommen werden. Zunächst untersuchen wir, welche Bedeutung es im Leben haben kann, einen Job zu haben, und beschäftigen uns anschließend mit den Auswirkungen von Beschäftigungslosigkeit. Wir befassen uns mit Forschungsergebnissen zu Arbeitslosigkeit – einer unfreiwilligen Form der Beschäftigungslosigkeit – und zum Ruhestand, bei dem die Beschäftigungslosigkeit zweifellos eher freiwillig ist. Untersuchungen über das individuelle Wohlbefinden in diesen beiden Lebensphasen werden uns wichtige Hinweise darauf liefern, weshalb Menschen überhaupt einer Arbeit nachgehen möchten, und damit viele Anhaltspunkte bezüglich der Ursachen von Glück bzw. Zufriedenheit oder Unzufriedenheit am Arbeitsplatz.

Warum uns Arbeit so wichtig ist

In den Medien lesen wir Geschichten von Lottogewinnern, die weiter ihrer Arbeit nachgehen, obwohl sie ja mittlerweile reich geworden sind. Reiche Menschen, die arbeiten, gibt es tatsächlich viele (auch wenn sie sich dann vielleicht eine andere Art von Arbeit oder eine Teilzeit-Beschäftigung suchen). In unzähligen Untersuchungen wurden Leute gefragt, ob sie weiter arbeiten würden, wenn sie einen Lottogewinn erzielen oder ihnen eine große Erbschaft zufallen würde[1], und mehr als die Hälfte der Befragten antwortete mit »Ja«. Natürlich wissen nur wenige Menschen im Vorhinein, wie sie sich unter diesen Umständen tatsächlich verhalten würden, daher sind die Antworten mit einer gewissen Vorsicht zu genießen. Doch zumindest die Absicht, weiterhin einer bezahlten Beschäftigung nachzugehen, ist im Regelfall vorhanden.

Menschen arbeiten aber auch unentgeltlich. Peter Warr, einer der beiden Autoren dieses Buches, ist zum Beispiel »emeritierter« Professor an der Universität Sheffield. Das bedeutet, dass er für die Arbeit, die er dort verrichtet, keine Bezahlung erhält. Es bereitet ihm Vergnügen, Studien durchzuführen und Artikel oder Bücher zu schreiben. Kein Zweifel: Neben Geld gibt es noch zahlreiche andere Motive, einer Arbeit nachzugehen, wie zum Beispiel neue Ideen kennen zu lernen, soziale Kontakte zu knüpfen, Ziele zu verwirklichen, anderen zu helfen oder einfach an einer Vielzahl von Aktivitäten beteiligt zu

---

1 Wie auch in Bezug auf die übrigen Kapitel dieses Buches finden sich detaillierte Verweise zu den zitierten Studien in Peter Warrs Fachpublikation *Work, happiness, and unhappiness*, New York 2007.

sein. Man stelle dies einem berühmten Ausspruch gegenüber, der manchmal James Boswell, manchmal Samuel Johnson zugeschrieben wird: »Nur
Dummköpfe schreiben nicht des Geldes wegen.« Wer immer nun diesen Satz
gesagt hat – er ist falsch.

Die Arbeitsmotivation eines Menschen kann sich im Laufe seines Lebens
verändern. Der andere Autor dieses Buches, Guy Clapperton, fand seinen
ersten Job nach dem Studium in einer lokalen gemeinnützigen Einrichtung
und erledigte seine Arbeit im Home-Office eines anderen Mitarbeiters. Nach
ungefähr einem Jahr gelangte er zu dem Schluss, dass dieses Umfeld für ihn
nicht das richtige war, denn er kam nicht mehr mit Leuten in seinem Alter in
Kontakt (und, ja, unter »Leuten« kann man durchaus »junge Frauen« verstehen – ich hatte gerade die Uni abgeschlossen und war Single...). Die Arbeit
selbst, wenngleich nicht sonderlich anspruchsvoll, war befriedigend, der
Weg zum Arbeitsplatz war leicht zu bewältigen, und die wesentlich älteren
Menschen, mit denen er zu tun hatte, waren außerordentlich freundlich zu
ihm. Außerdem durfte er sich mit einem Titel schmücken (»Koordinator«),
was für einen Berufsanfänger ja durchaus eine gewisse Bedeutung besitzt.

Doch als er nach einiger Zeit in das Londoner Büro einer Zeitschrift wechselte, wo er täglich eine einstündige Fahrt zur Arbeit zu absolvieren hatte
und von lebhaften Menschen umgeben war, die ähnliche Ansichten vertraten
und vielfach ähnlich unerfahren waren im Leben wie er selbst, verbesserte
sich seine Zufriedenheit beträchtlich – obwohl er hier weniger als zuvor ver-
diente. In dieser Lebensphase waren für ihn somit die sozialen Elemente der
Arbeit und die längerfristigen Aussichten von vorrangiger Bedeutung.

Die Haltung zum eigenen Job kann sich auch verändern, sobald man eingearbeitet ist und sich in dem neuen Umfeld besser eingerichtet hat. Bei der
Arbeit an diesem Buch sprachen wir z. B. mit Pamela Goldberg, Leiterin der
Breast Cancer Campaign in Großbritannien. »Als ich heiratete, glaubte ich
wirklich, damit wäre es gelaufen. Ich würde Ehefrau und Mutter sein und
den üblichen Weg gehen«, erzählte sie. Als ihr Ehemann zu studieren begann,
nahm sie ohne große Begeisterung einen Job als persönliche Assistentin an
und entdeckte dabei, dass ihr das Arbeiten wirklich Spaß machte. »Seitdem
habe ich immer gearbeitet und viele verschiedene Sachen gemacht, aber als
ich in dieser Wohltätigkeitsorganisation anfing und später ihre Leitung über-
nahm, spürte ich, dass ich sehr glücklich war.« Die Leitung innezuhaben, ist
– anders vielleicht als für andere Menschen – wichtig für Pamela Goldberg,
denn dadurch entspricht ihre Arbeit ihrer Persönlichkeit.

Ein Job bietet einem Menschen die Möglichkeit, etwas zu tun, das er sonst
nicht tun könnte – ein Computerfachmann zu werden, einen großen Last-

wagen zu fahren, sich ungewöhnliche Fähigkeiten anzueignen, interessante Menschen kennen zu lernen, anspruchsvolle Projekte zu koordinieren, Gebäude oder Kleider zu entwerfen, junge Menschen zu unterrichten oder an aufregende Orte zu reisen. Hinzu kommt ein weiterer Aspekt: Die Anforderungen, die mit einer bestimmten Arbeit verbunden sind, können einen Menschen aus sich herausführen und die Sorgen und Ängste vermindern, die sich einstellen, sobald man untätig herumsitzt.

Eddie Nestor ist vielen Londonern wohlbekannt. Zum Zeitpunkt der Entstehung dieses Buches präsentierte er die Sendung *Drivetime* auf BBC Radio London. Früher hatte er eine Sendung am Sonntagmorgen, doch diese wurde dann auf den Sonntagabend verlegt, was ihn nicht sonderlich begeisterte. Die Show am Sonntagmorgen war außergewöhnlich gut und erhielt sogar einen Radiopreis von Sony (Sony ist das britische Radio-Äquivalent zu einer Oscar- oder BAFTA-Auszeichnung). Der Preis wurde ihm drei Tage nach einer Chemotherapie-Behandlung gegen das Hodgkin-Lymphom überreicht, und wie nicht anders zu erwarten, fühlte er sich ziemlich matt und angeschlagen. »Jetzt muss ich noch einmal von vorne anfangen und den Preis ein zweites Mal gewinnen, damit ich das Ganze genießen kann«, scherzte er. »Ich konnte nichts von dem Essen bei der Preisverleihung probieren. Ich hätte wirklich nicht hingehen sollen, aber einen solchen Abend darf man doch nicht versäumen, oder?«

Nestor sah sich vor der Herausforderung, trotz seiner Erkrankung seine Motivation aufrechtzuerhalten. Er schaffte dies, so Nestor, mit einer Reihe von verschiedenen Maßnahmen. Zum einen erlaubte ihm die BBC, seine Erlebnisse und Eindrücke in einem Internet-Blog mitzuteilen. »Worauf ich mich freute, waren das Schreiben im Blog und die Donnerstage. Die Donnerstage waren gut. Am Freitag hatte ich einen Behandlungstermin und am Donnerstag kehrte ich wieder an den Arbeitspatz zurück [um eine andere regelmäßige Sendung zu moderieren], und daher freute ich mich darauf.« Zur Arbeit zu gehen war für Eddie wichtig, denn es erweiterte seinen Horizont, ermöglichte ihm, sich Ziele zu setzen, und zwang ihn, sich auf die Sache zu konzentrieren. Als dieses Buch in Druck ging, befand er sich auf dem Weg der Besserung und arbeitete weiter erfolgreich beim selben Radiosender.

Sigmund Freud und andere Psychoanalytiker hatten unter anderem auch einige sehr einleuchtende Ideen über die Bedeutung der Arbeit. Freud bezeichnete Arbeit als das stärkste Band, das den Menschen mit der Welt verbindet und ihn davor bewahrt, von seinen eigenen Gefühlen überwältigt zu werden. Seine Kollegen entwickelten daraus den Gedanken der »Sonntagsneurose«. In einer Zeit, in welcher der Sonntag noch der einzige arbeitsfreie Tag in der Woche war (O. k., Hausarbeit wurde für die damals noch vorwiegend männlichen Klienten nicht in Erwägung gezogen), fühlten sich die Menschen an diesem Tag unglücklicher als an den Arbeitstagen. An Sonntagen zeigten sie neurotische und psychosomatische Symptome. Dieses Phänomen wurde der Tatsache zugeschrieben, dass Menschen sich, wenn sie nicht den Zwängen der Arbeit ausgesetzt sind, mit persönlichen Problemen beschäftigen, die sie während der Arbeitswoche beiseite schieben.

Dieser Gedanke wurde schließlich über die Sonntage hinaus auf den Urlaub ausgeweitet, was zweifellos einiges für sich hat: Manche Menschen werden unruhig, wenn sie die Anforderungen nicht mehr erfüllen müssen, die üblicherweise im Job an sie herangetragen werden. Sie fühlen sich unbehaglich, und ihre Unruhe oder Ängstlichkeit überträgt sich auch auf andere Aktivitäten. Für sie persönlich ist das ist ein weiterer Grund, Arbeit als »etwas Gutes« zu betrachten, wenngleich wir uns fragen mögen, was dies für ihre Familienmitglieder bedeutet.

Das Gefühl einer inneren Leere, das mit dem Nichtstun verbunden ist, kann in Zeiten der Arbeitslosigkeit sehr stark werden. Dasselbe Problem zeigt sich auch bei Leuten, die in den Ruhestand gehen. Wie wir später noch zeigen werden, zeichnen sich »zufriedene« Pensionäre häufig dadurch aus, dass sie für sich noch eine oder mehrere alternative – bezahlte oder ehrenamtliche – Betätigungsmöglichkeiten gefunden haben. Ein 66 Jahre alter ehemaliger Schulleiter beispielsweise hat jetzt einen Teilzeitjob als »Greeter« und begrüßt die Kunden am Eingang eines Supermarkts. Er erzählt von anderen Pensionären, »die gerne aus dem Haus gehen möchten und irgend etwas tun wollen ... Heute wollen die Menschen rauskommen und noch etwas tun. Und die Leute sind heute auch gesünder und leben länger ... Ich möchte noch viele Jahre hier arbeiten. Mir gefällt der Job und er hält mich auf Trab.«[2]

Aber wie steht es mit dem Geld? Es heißt doch, Geld hält die Welt am Laufen? Kaum jemand würde lange Arbeitswege zu unangenehmen Uhrzeiten in Kauf nehmen, wenn er dafür nicht bezahlt werden würde. Tatsächlich suchen sich manche Menschen ja allein deshalb eine Arbeit oder bleiben in ihrem Job, weil dies für sie die einzige Möglichkeit ist, ihren Lebensunterhalt zu verdienen. Bei anderen verlagert sich, sobald die Bezahlung einigermaßen ausreicht, die Aufmerksamkeit rasch auf andere Vorzüge der Arbeit. Auch sie suchen einen Job, bei dem das Einkommen im Großen und Ganzen stimmt, aber abgesehen davon sind es andere Dinge, die für sie zählen. Ein

---

2 J. Bowe, M. Bowe und S. Streeter (Hg.), *Gig: Americans talk about their jobs,* New York 2000, S. 4.

guter Job hat viel mehr zu bieten als Geld. Erwerbsarbeit ermöglicht es uns, psychologisch bedeutsame Aspekte zu erfahren, die allgemein zu den wichtigsten Quellen von Zufriedenheit und Glück zählen. Fallen diese weg, wie z. B. bei Erwerbslosigkeit, ist meist Unzufriedenheit die Folge. Was also sind, in diesem engeren Sinne, die Vorteile, die Arbeit zu bieten hat?

Sobald wir diese positiven Aspekte von Arbeit tatsächlich benennen können, sind wir auch in der Lage, eine konkrete Arbeitsstelle inhaltlich zu analysieren: Inwieweit verfügt sie über die psychologisch wichtigen Merkmale? Eine Vielzahl von Untersuchungen befasst sich mit der Qualität guter oder schlechter Jobs (dazu gleich mehr), doch die Forschung hat auch aus einer anderen Fragestellung wertvolle Erkenntnisse gezogen: aus Untersuchungen zu Menschen, die nicht arbeiten, insbesondere von Erwerbslosen.

Was bei Arbeitslosigkeit fehlt

Es mag seltsam erscheinen, aber in den 1970er-Jahren bezweifelten manche Politiker, dass sich Arbeitslosigkeit psychisch belastend auswirkt. In diesem Jahrzehnt stieg die Erwerbslosigkeit in vielen westlichen Ländern rasant an, und die Politiker waren entsprechend bestrebt, die Verantwortung für psychische Beschwerden in ihrer Wählerschaft von sich zu weisen. Bisweilen stellte man sich sogar auf den Standpunkt, dass Arbeitslosigkeit kaum etwas anderes sei als Müßiggang. Doch wie schon in der Wirtschaftskrise der 1930er-Jahre zeigte sich, dass solche Ansichten wenig mit der Realität zu tun haben, und heute geht man allgemein davon aus, dass der vergebliche Versuch, Arbeit zu finden, für die Betroffenen eine quälende Erfahrung darstellt. (Und auch die Einstellung zu Fragen der mentalen Gesundheit hat sich seit dieser Zeit deutlich gewandelt.) Die im folgenden zitierten Betroffenen wissen, wie sich Arbeitslosigkeit anfühlt:

> *Man hat das Gefühl, dass das ganze Leben zerbröselt. Ohne Arbeit fühlt man sich entwertet, man spürt das eigene Alter, man spürt, dass man immer weniger zu geben hat. Anstatt das Gefühl zu haben, dass man reicher an Erfahrung wird, bekommt man das Gefühl, dass einem etwas genommen wird ... Man führt gewissermaßen ein Doppelleben: die Sinnlosigkeit des täglichen Spaziergangs und das Wissen, dass man noch immer ein fühlendes, denkendes menschliches Wesen ist, dessen Fähigkeiten und Begabungen ungenutzt brachliegen.*

*Es ist schlimm und muss genauso betrachtet werden, als hätte
jemand ein Bein verloren ... Ich habe in einer mentalen Schutzhülle
gelebt und habe nicht darüber gesprochen, worin die eigentlichen
Probleme bestanden ... Ich war durch diesen Zustand völlig
niedergeschmettert.*

*Man erkennt nicht, was Arbeit für einen bedeutet. Ich habe mehr
als zehn Jahre lang mit drei guten Kollegen zusammengearbeitet.
Man lernt sie kennen, man respektiert sie, man weiß alles über ihre
Familien ... Aber wenn ich sie jetzt sehe, keiner von ihnen arbeitet
mehr, haben wir uns nichts mehr zu sagen.[3]*

Arbeitslosigkeit betrifft mittlerweile nicht mehr nur Männer, es ist längst
auch ein Frauenthema geworden. Da gerade Frauen Erwerbsarbeit immer
häufiger als einen wichtigen Teil ihres Lebens betrachten, kann der Verlust
der Arbeitsstelle für sie traumatisch sein. In der DDR wurde z. B. die Frauen-
erwerbstätigkeit stark gefördert; in der Arbeitswelt waren Männer und Frau-
en gleichberechtigt. Nach der deutschen Wiedervereinigung stieg in den
neuen Bundesländern die Arbeitslosigkeit auf bisher nicht gekannte Höhen.
Vor allem viele Frauen waren der Verzweiflung nahe, da sie sich bisher weitgehend über ihre Arbeit definiert hatten. Hierzu einige Reaktionen:[4]

*Ich bin in ein wirklich tiefes Loch gefallen. Ich war
Zeitungsausträgerin, und mein Mann verkaufte Versicherungen. Ich
hatte ständig Tränen in den Augen. Wir konnten es nicht verkraften,
dass wir keine Arbeit mehr hatten.*

*Es geht nicht nur um das Finanzielle, es ist auch eine große
psychologische Belastung, weil wir es einfach nicht gewohnt sind,
nicht zu arbeiten. Ich bin eine Karrierefrau, und ich komme einfach
nicht zurecht mit dem Trott, in dem ich jetzt stecke. Es ist einfach
unerträglich.*

---

3   Diese Zitate stammen aus: Peter Warr, *Work, unemployment and mental health*, Oxford
    1987, S. 59.
4   Diese Zitate stammen aus dem Aufsatz »Resilience and unemployment: A case study
    of East German Women« von Vanessa Beck, Debbie Wagener und Jonathan Crix, der
    veröffentlicht wurde in der Zeitschrift *German Politics*, 2005, Nr. 14, S. 1-13.

Ich habe keine Aufgabe mehr ... Ich will eine Arbeit, denn dann bin ich jemand, aber jetzt bin ich nichts.

Die Belastungen, die mit Arbeitslosigkeit einhergehen, wurden durch verschiedene Untersuchungen ausführlich beschrieben. Am aussagekräftigsten sind Vergleichsstudien zwischen Beschäftigten und Erwerbslosen, in denen Menschen, die keine Arbeit haben, deutlich mehr Verzweiflung und Unzufriedenheit zeigen als Beschäftigte. Aber vielleicht zählten die unzufriedenen Arbeitslosen schon immer zu den besonders Unzufriedenen, also auch, als sie noch nicht arbeitslos waren? Wenngleich diese Erklärung unwahrscheinlich klingt, wurde sie in den 1970er-Jahren von einigen britischen Politikern ernsthaft in die Debatte eingebracht. Studien, welche diese Menschen auf dem Weg von einem Job in die Arbeitslosigkeit oder umgekehrt begleiten, würden diese Frage sicher klären. Und das taten sie auch: Die mentale Verfassung von Menschen verschlechtert sich deutlich, wenn sie ihren Job verlieren, und sie verbessert sich, wenn sie wieder eine Arbeit finden. Dies wurde in vielen Ländern – und auch unter besseren gesamtwirtschaftlichen Bedingungen als in den 1970er-Jahren – bestätigt. Tatsächlich haben Untersuchungen gezeigt, dass der Verlust des Arbeitsplatzes gerade in wirtschaftlich guten Zeiten besonders schmerzlich sein kann; wenn alle anderen scheinbar einen Job haben, kann das Stigma der Arbeitslosigkeit von den Betroffenen noch bedrückender empfunden werden.

Wie wirkt es sich psychologisch aus, keine Arbeit zu haben, obwohl man arbeiten möchte? Psychologen haben mit Fragebögen und Interviews verschiedene Belastungsaspekte herausgearbeitet: niedriges Selbstwertgefühl, geringes Selbstvertrauen, Angst, Depression, generelle Unzufriedenheit und ein allgemein unglückliches Lebensgefühl. (Diese Aspekte werden wir in *Kapitel 3* ausführlicher behandeln.) Die schwerwiegenden Folgen von Arbeitslosigkeit lassen sich für ein weites Spektrum von Einzelindikatoren nachweisen. Mit der Rückkehr in den Job zeigen sich in all diesen Punkten wieder deutlich positivere Werte.

Solche psychischen Belastungen sind keineswegs nur eine individuelle Angelegenheit; ihre negativen Auswirkungen können sich auf die gesamte Familie des Betroffenen erstrecken, indem sie dessen Fähigkeit beeinträchtigen, mit anderen Menschen zurechtzukommen und ihnen bei ihren Problemen zur Seite zu stehen. Viele Studien haben gezeigt, wie Depressionen, Angst und der Verlust des Selbstwertgefühls sich auf die Beziehungen zu den Kindern oder zum Partner niederschlagen und zu häufigen Auseinandersetzungen über bestimmte Aktivitäten oder die Geldnöte der Familie führen.

Ein Betroffener berichtete:

> *Ich glaube, die Stimmung in der Familie begann sich [ungefähr*
> *nach einem Monat] zu verschlechtern … Ich war gereizt und nervös*
> *und habe die Kinder bei jeder Gelegenheit angefahren … Ich machte*
> *nichts mehr am Haus – saß nur noch müde und antriebslos herum.*
> *Ich wollte nicht mehr vor die Tür gehen. Keiner konnte mit mir reden,*
> *und auch ich hatte nichts mehr zu erzählen.*[5]

Zu den Veränderungen, die Menschen nach einem Arbeitsplatzverlust durch-machen, gehört eine allgemeine »Entschleunigung«. Es kommt allmählich das Gefühl auf, dass es sich nicht mehr lohnt, sich anzustrengen. Der Soziologe Paul Lazarsfeld beschrieb am Beispiel einer österreichischen Arbeitersiedlung den »Teufelskreis aus reduzierten Aktivitäten und reduzierter Motivation«, in dem »lang andauernde Erwerbslosigkeit zu einem Zustand der Apathie führt, in dem die Betroffenen auch nicht mehr die wenigen Möglichkeiten nutzen, die ihnen verblieben sind«. Diese Beobachtungen bezogen sich auf die 1930er-Jahre, als die materiellen Lebensumstände wesentlich schlechter waren als heute, doch ähnliche Erfahrungen gibt es nach wie vor; es ist sehr schwer, sich aufzuraffen, die Initiative zu ergreifen und ein Ziel in Angriff zu nehmen, wenn man schon längere Zeit aus dem Job heraus ist.

Warum führt unfreiwillige Arbeitslosigkeit zu solchen Verhaltensmustern? Was fehlt im Leben eines Erwerbslosen? Eine offenkundige Antwort lautet (abermals!) »Geld«. Die meisten Arbeitslosen haben deutlich weniger finanzielle Mittel zur Verfügung als früher, da sie noch einen Job hatten; in manchen Fällen müssen sie wirklich kämpfen, um finanziell über die Runden zu kommen. Wenig überraschend haben mehrere Untersuchungen bei Erwerbslosen denn auch ein deutlich höheres Maß an finanziellen Sorgen und psychischem Stress festgestellt. Weniger dramatisch, aber dennoch ein gravierender Einschnitt für Menschen, die »freigesetzt« wurden, ist der plötzliche Verlust bestimmter Annehmlichkeiten – etwa des Firmenhandys, der Büroausstattung oder möglicherweise auch des Firmenwagens.

Manche Betroffene, (insbesondere Manager) erhalten jedoch eine »finanzielle Abfederung«, wenn sie entlassen werden, und ein paar wenige andere können sich auch ohne einen bezahlten Job finanziell über Wasser halten.

---

5   Entnommen aus: Leonard Fagin und Martin Little: *The forsaken families,* Harmondsworth 1984, S. 170.

Warum also sollten diese Menschen durch einen Arbeitsplatzverlust unglücklich werden? Diese Frage wurde 1980 von der Sozialpsychologin Marie Jahoda mit dem Hinweis auf die fünf »latenten Funktionen« eines Arbeitsplatzes beantwortet – gemeint sind damit die persönlichen Vorteile eines Jobs, die weniger offensichtlich sind als die »manifeste Funktion« des Geldverdienens. Betrachten wir diese Punkte etwas näher.

(1) Zum einen wird durch eine Beschäftigung der Tagesablauf strukturiert und in einzelne Abschnitte unterteilt: Man muss sich rechtzeitig auf den Weg machen, Termine einhalten und ein gewisses Maß an Selbstorganisation aufbringen, um den Anforderungen gerecht zu werden, die von außen an einen gestellt werden. Ohne diese verpflichtenden Aufgaben verlieren viele Menschen ihr Zeitgefühl und finden sich schließlich in einer immer gleichen Welt wieder, in der nichts den Tag strukturiert, verrichten immer wieder dieselben Tätigkeiten in einem unveränderlichen Rahmen, ohne jede Abweichung, und entwickeln keine Interessen mehr, die über ihr kleines, überschaubares Umfeld hinausreichen würde.

(2) Zweitens wird man durch Erwerbstätigkeit Teil eines größeren sozialen Netzes. Das verhindert Isolation und Vereinzelung und ermöglicht den Austausch mit anderen Menschen. Bei der Arbeit lernt man neue und möglicherweise interessante Menschen kennen. Zwar gibt es oft auch Kollegen, die man weniger gut leiden kann, doch hier geht es vor allen Dingen darum, dass ein Mensch Kontakte zu anderen Menschen braucht und dass diese Kontakte im Falle eines Arbeitsplatzverlusts quantitativ und qualitativ deutlich reduziert werden.

(3) Die dritte »latente Funktion« von Arbeit beschreibt Marie Jahoda als Ziele und Absichten, die über den Einzelnen hinausweisen. Aus sich selbst herauszukommen, ist schon deswegen wichtig, weil man sich dadurch Herausforderungen stellt und die Bedürfnisse anderer Menschen kennen lernt – aber auch, weil die regelmäßigen Abläufe im Arbeitsalltag durch ihre Vertrautheit etwas Beruhigendes haben. Mit Tätigkeiten befasst zu sein, die fester Bestandteil unseres Lebens sind, vermittelt uns ein gutes Gefühl.

(4) Viertens beinhaltet Arbeit ein identitätsstiftendes Element. Sie hilft uns, ein Selbstbild zu formen und zu erkennen, wie wir in größere Zusammenhänge eingebunden sind. Keine Arbeit zu haben, kann daher von Betroffenen als schlimmer Makel aufgefasst werden. Sie empfinden sich möglicherweise als Versager, als Menschen »auf dem Abstellgleis«, die zu nichts mehr nutze sind in der Gesellschaft oder nichts mehr zur Unterstützung ihrer Familie beitragen können.

(5) Und schließlich der letzte Punkt: Einen Arbeitsplatz zu besitzen, ver-

langt Aktivität, vermittelt Ziele und Aufgaben, hält den Menschen in Bewegung und hindert ihn daran, sich auf sich selbst zu konzentrieren und ständig über persönliche Probleme nachzugrübeln (womit wir wieder bei der »Sonntagsneurose« angekommen wären).

In den 1980er- und 1990er-Jahren haben Psychologen in zahlreichen Studien die Aktivitäten von Erwerbstätigen und Erwerbslosen untersucht und dabei deutliche Unterschiede festgestellt – die beiden Gruppen lebten im Grunde in verschiedenen Welten. Arbeitslose leiden nicht nur unter finanziellen Problemen; auch ihre Zeitstruktur, ihre sozialen Kontakte, ihre Ziele, ihr gesellschaftlicher Status und ihr Aktivitätsniveau – also alle fünf »latenten Funktionen« der Erwerbstätigkeit – sind eingeschränkt.

Neben dem allgemeinen Vergleich von Erwerbslosigkeit und Erwerbstätigkeit sind auch Unterschiede hinsichtlich der Lebenssituation innerhalb der Gruppe der Arbeitslosen von Interesse. Auch damit haben sich Wissenschaftler beschäftigt und entsprechende Vergleiche angestellt. Wie belastend die Arbeitslosigkeit von den Betroffenen empfunden wird, hängt maßgeblich damit zusammen, wie gut bzw. schlecht die fünf »latenten Funktionen« in der jeweiligen Situation noch erfüllt werden: Je mehr einem Erwerbslosen diese Elemente in seinem Umfeld abgehen, desto unzufriedener und unglücklicher ist er. Wir werden die Überlegungen von Marie Jahoda in späteren Kapiteln noch einmal aufgreifen, weiterentwickeln und dabei aufzeigen, wie sich konkrete Arbeitssituationen bzw. Jobs bezüglich der fünf latenten Funktionen beschreiben lassen.

In diesem Kapitel wurde die unterschiedliche Lebenssituation von Arbeitslosen und Erwerbstätigen herausgearbeitet. Diese Unterschiede lassen sich teilweise auch auf andere Gruppen übertragen – zum Beispiel auf Rentner oder auf Menschen, die vor allem Hausarbeit verrichten. Können wir deren Zufriedenheit oder Unzufriedenheit auf dieselbe Weise erklären? Die Antwort lautet: Ja. In *Kapitel 4* werden wir – nachdem wir die eben dargestellten Erkenntnisse mit jüngeren Forschungsergebnissen kombiniert haben – näher darauf eingehen.

Doch zunächst müssen wir eine klarere Vorstellung davon bekommen, was unter »Glück« bzw. »Zufriedenheit« und »Unzufriedenheit« denn eigentlich genau zu verstehen ist.

3

Wann fühlt man sich gut – wann schlecht?

Macht Ihnen Ihre Arbeit Spaß? Viele Leute wissen nicht recht, was sie auf diese Frage antworten sollen. Was heißt schon »Spaß machen«, erwidern sie. Sie machen ihre Arbeit, damit sie ihre Rechnungen bezahlen können, was kann man darüber hinaus erwarten? Andere antworten, dass sie ihre Arbeit manchmal durchaus mögen, oft aber auch nicht; auch sie sind sich also nicht sicher. Oder sie finden ihre Arbeit vielleicht ganz in Ordnung, aber würden sie sich deshalb gleich als »zufrieden« oder gar »glücklich« bezeichnen? Eine Definition zu finden, ist schwierig. In diesem Kapitel wollen wir uns deshalb mit zentralen wissenschaftlichen Fragestellungen zu diesem Themenfeld beschäftigen und überlegen, ob und wie uns diese Erkenntnisse in der Praxis weiterhelfen können.

Ein Selbsttest – »Can't get no satisfaction?«

Fangen wir mit unseren eigenen Gefühlen an. Um herauszufinden, wie glücklich oder unglücklich wir sind, brauchen wir etwas mehr als nur unser Bauchgefühl.

Unser Ausgangspunkt ist die Frage nach der Arbeitszufriedenheit. Manchmal sagen Menschen »Meine Arbeitszufriedenheit ist gering« oder »Dieses Ereignis hat meine Arbeitszufriedenheit stark beeinflusst«, und »Zufriedenheit« oder »Unzufriedenheit« sind auch sicher bestimmte Formen von Glück bzw. des Unglücklichseins. Viele Untersuchungen haben gezeigt, dass zwischen 70 und 90 Prozent der Menschen mit ihrer Arbeit zufrieden sind, die genaue Zahl hängt jedoch stark davon ab, wo die Grenze zu »wirklicher« Zufriedenheit gezogen wird.

Die eigene Arbeitszufriedenheit beruht zum Teil auf den Erwartungen, die man in einer konkreten Situation überhaupt haben kann. Wenn kein anderer Job zur Verfügung steht, mag sich mancher mit der Stelle arrangieren, die er bekommen kann, auch wenn sie ihm vielleicht nicht besonders zusagt. In diesem Fall sollte man die Bewertung »befriedigend« eher im Sinn einer Schulnote verstehen, manchmal bedeutet das dann vielleicht auch einfach »schwer definierbar«. In Umfragen ermittelte Zufriedenheitswerte können daher bisweilen höher sein als die Werte für das bei der Arbeit erlebte Glück, die mit einer anderen Methodik abgefragt werden: Der Job ist ganz passabel, aber er ist nichts Tolles und macht nicht wirklich »glücklich«.

Fragebögen zur Arbeitszufriedenheit sind daher ein gutes, wenn auch begrenztes Instrument, um etwas über die Gefühle der Beschäftigten in Erfahrung zu bringen. Es gibt zwei Arten von Erfassungsfragebögen zur Arbeitszufriedenheit. Bei der ersten werden umfassende Fragen zur Arbeit im Allgemeinen gestellt. Eine sehr weit gefasste Frage ist zum Beispiel, inwieweit der Befragte der Aussage »Alles in allem bin ich zufrieden mit meiner Arbeit« zustimmt. Bei dem anderen Ansatz wird die Zufriedenheit in Bezug auf bestimmte Hauptaspekte getrennt abgefragt – die Zufriedenheit mit der Bezahlung, den Arbeitsbedingungen, den Arbeitszeiten, den Kollegen und so weiter –, was ein detaillierteres Bild ergibt. Die Zufriedenheitsangaben zu einzelnen Facetten können entweder in einer Gesamtauswertung summiert werden, um einen Durchschnittswert zu erhalten, oder die Angaben zu einzelnen Items dienen als Indikatoren für die Zufriedenheit mit bestimmten Merkmalsgruppen der jeweiligen Arbeitsstelle.

Fragebogen 1 (Seite 29) ist ein Fragebogen zur Arbeitszufriedenheit, der weltweit eingesetzt wurde.[1] Versuchen Sie, ihn auszufüllen bzw. ermuntern Sie Ihre Mitarbeiter, Beratungskunden oder Klienten dazu, dies – bezogen auf die jeweils relevante Arbeitssituation – zu tun. Nein, zucken Sie jetzt nicht nur kurz mit den Achseln, um dann weiterzulesen, sondern nehmen Sie sich den Fragebogen tatsächlich vor. Wenn Sie sich die betreffenden Seiten kopieren oder sich die Punktzahlen zu den einzelnen Fragen einfach auf einem Extrablatt notieren, können Sie den Fragebogen mehrmals verwenden, falls sich die Situation geändert hat oder Sie eine andere Arbeitsstelle angetreten haben. Sie können auch Kopien an Freunde oder Kollegen verteilen und diese bitten, Ihre Situation zu bewerten – dadurch lässt sich herausfinden, wie sich die eigene Sichtweise von der der anderen unterscheidet. Vergessen Sie nicht, das Datum festzuhalten, damit Sie Ihre heutigen Antworten mit den späteren vergleichen können.

---

1   Dieser Fragebogen wurde von Peter Warr, John Cook und Toby Wall entwickelt und veröffentlicht im *Journal of Occupational Psychology*, 1979, Nr. 52, S. 129-148.

Fragebogen 1: Allgemeine Arbeitszufriedenheit ermitteln
Bitte geben Sie an, wie zufrieden oder unzufrieden Sie mit den jeweiligen Merkmalen Ihres gegenwärtigen Jobs sind. Kreisen Sie jeweils die Zahl in der entsprechenden Spalte ein.

Name: ....   Datum: ....

		Ich bin höchst unzu-frieden	Ich bin sehr unzu-frieden	Ich bin etwas unzu-frieden	Ich weiß nicht genau	Ich bin einiger-maßen zufrie-den	Ich bin sehr zufrie-den	Ich bin höchst zu-frieden
1	Physische Arbeitsbedingungen	1	2	3	4	5	6	7
2	Freiheit, die Arbeit selbst zu gestalten	1	2	3	4	5	6	7
3	Kollegen	1	2	3	4	5	6	7
4	Anerkennung für gute Arbeit	1	2	3	4	5	6	7
5	Direkte Vorgesetzte	1	2	3	4	5	6	7
6	Verantwortung	1	2	3	4	5	6	7
7	Bezahlung	1	2	3	4	5	6	7
8	Möglichkeiten, die eigenen Fähigkeiten zur Geltung zu bringen	2	2	3	4	5	6	7
9	Verhältnis zwischen Management und Mitarbeitern	1	2	3	4	5	6	7
10	Aufstiegschancen	1	2	3	4	5	6	7
11	Art und Weise der Unternehmensführung	1	2	3	4	5	6	7
12	Umgang mit Verbesserungsvorschläge	1	2	3	4	5	6	7
13	Arbeitszeit	1	2	3	4	5	6	7
14	Vielfalt und Abwechslung bei der Arbeit	1	2	3	4	5	6	7
15	Sicherheit der Arbeitsstelle	1	2	3	4	5	6	7
	Summe							
	Summe aller Spalten ÷ 15							

Der Fragebogen untersucht die allgemeine Arbeitszufriedenheit bezogen auf 15 Hauptmerkmale. Sie erhalten das Ergebnis – den Wert für Ihre durchschnittliche Arbeitszufriedenheit – indem Sie die erreichten Punktzahlen zu den 15 Fragen addieren und diese Summe anschließend durch 15 dividieren.

Bei befragten Beschäftigten in Großbritannien bewegt sich der Ergebniswert von Fragebogen 1 typischerweise zwischen vier und fünf. Bei einer Befragung von fast 50.000 Beschäftigten in britischen Firmen ergab sich ein durchschnittlicher Wert von 4,47[2], wobei Frauen im Durchschnitt einen leicht höheren Wert als Männer erzielten. Natürlich kann man aber auch *bezüglich einzelner* Aspekte seines Jobs unterschiedliche Empfindungen haben. Hilfreich ist, sich, sagen wir, jene drei Aspekte genauer anschauen, bei denen die höchsten bzw. die niedrigsten Punktzahlen erreicht wurden. Ist dieses Muster akzeptabel? Kann man irgendetwas tun, um es zu verändern? In den *Kapiteln 9* und *10* behandeln wir die möglichen Antworten auf diese Fragen.

Emotionen: Die individuelle Mischung verstehen

Jeder Mensch hat vielfältige, sich überlappende Gefühle. Zunächst wollen wir diese entsprechend ihres Bezugsrahmens in drei Gruppen unterteilen: in globale, domänenspezifische und facettenspezifische Emotionen. Die erste Ebene stellt ein »globales Gefühl von Glück« oder ein »globales Unglücklichsein« dar, das bestimmende Grundgefühl im Leben: »Ich bin im Allgemeinen glücklich mit meiner Situation« oder »Mein Leben könnte um einiges besser sein« sind beispielhafte Aussagen, die sich in dieser Weise auf die Gesamtheit der Lebensumstände beziehen. »Lebenszufriedenheit« ist ein Aspekt dieser globalen Emotionen. Die zweite Ebene bildet das »domänenspezifische Glück«, das sich auf bestimmte Teilbereiche des Lebens bezieht – die Familie, das Sozialleben und dergleichen. In diesem Buch ist die Domäne, die uns besonders interessiert, die Arbeitwelt und daher konzentrieren wir uns auf »domänenspezifische« Emotionen, die auf den Job bezogen sind – das auf die Arbeit bezogene Glücklichsein oder Unglücklichsein.

Doch selbst innerhalb einer bestimmten Domäne (dem Job, der Familie usw.) kann man sich unterschiedlich fühlen, je nachdem welchen Aspekt

---

2   Chris Stride, Toby Wall und Nick Catley, *Measures of job satisfaction, organizational commitment, mental health and job-related well-being: A benchmarking manual*, Chicester 2007.

man betrachtet. Zum Beispiel können arbeitsbezogene Gefühle im Hinblick auf die Bezahlung, die Arbeitskollegen oder zu erledigende Aufgaben unterschiedlich ausfallen. Im psychologischen Fachjargon handelt es sich hier um »facettenspezifische« Emotionen (die sich auf separate Aspekte beziehen) – im Gegensatz zu »domänenspezifischen« (die eine bestimmte Domäne oder ein bestimmtes Setting wie den Job abdecken) oder »globalen« (die sich auf das Leben insgesamt beziehen). Gelegentlich wird es wichtig sein, auch den dritten Bezugsrahmen in die Betrachtung einzubeziehen und facettenspezifische Aspekte von Glück zu untersuchen, die sich beispielsweise in der Aussage niederschlagen: »Meine Kollegen sind toll, aber meinen Chef kann ich nicht ausstehen.« Wenn Menschen nach ihrer Arbeitszufriedenheit gefragt werden, bezieht sich dies jedoch in der Regel auf den mittleren Bezugsrahmen, auf die »domänenspezifischen« Aspekte – darauf, inwieweit sie ihren Job insgesamt mögen oder nicht mögen.

Manchmal nähern sich die Werte für persönliches Glücklich- oder Unglücklichsein auf den verschiedenen Ebenen einander an. Studien, die diesen Zusammenhang untersuchten, haben ergeben, dass die Arbeitszufriedenheit von Menschen (eine Form des domänenspezifischen Glücks) eng verbunden ist mit der Lebenszufriedenheit: Wenn man mit der Arbeit zufrieden ist, wird man sehr wahrscheinlich auch mit dem Leben insgesamt zufrieden sein. Dasselbe gilt *vice versa*. Deshalb behandeln wir in diesem Buch manchmal auch die allgemeine Lebenszufriedenheit, wenngleich es im Kern hauptsächlich um die Empfindungen und Einstellungen gegenüber der Arbeit geht. Wir werden in unseren Darlegungen so arbeitsspezifisch wie möglich bleiben, aber es wäre unsinnig, das Leben außerhalb der Arbeitswelt völlig auszuklammern.

In ähnlicher Weise spiegelt sich arbeitsbezogenes Glück (»domänenpezifisch«) auch im engeren Rahmen der (»facettenspezifischen«) Gefühle bezüglich der Bezahlung, den Kollegen und anderen Aspekten der jeweiligen Arbeitssituation wieder. Zu dieser Überlagerung kommt es zum Teil deswegen, weil Merkmale einer Ebene auch Einfluss auf die anderen Ebenen haben; das Gehaltsniveau beispielsweise beeinflusst die Zufriedenheit mit der Arbeit insgesamt (»domänenspezifisch«) ebenso wie die (»facettenspezifische«) Zufriedenheit mit der Bezahlung. Die Überlagerung der verschiedenen Glücks-Levels hat aber auch etwas mit der Persönlichkeit zu tun: Manche Menschen sind generell weniger glücklich – oder eben glücklicher – als andere, unabhängig von der jeweils konkreten Situation. In *Kapitel 7* werden wir uns mit den Befunden dafür auseinandersetzen, dass jeder von uns mit einem persönlichen »Grundniveau« an Glück geboren wird, das uns zeitlebens erhalten bleibt.

Es gibt noch eine weitere Verbindung zwischen verschiedenen Arten von Gefühlen. Obwohl viele Menschen glauben, es sei wichtig, negative Emotionen möglichst ganz zu vermeiden, gibt es doch in Wirklichkeit zahlreiche Situationen, in denen man Glück und Zufriedenheit nicht erlangen kann, wenn man zuvor nicht auch einmal unzufrieden oder unglücklich ist; das eine hängt von dem anderen ab. So entstehen positive Gefühle zum Beispiel oft aus der Befriedigung darüber, dass man Ziele erreicht hat, die einem persönlich wichtig waren. Doch wenn man etwas Kompliziertes tun, sich gleichzeitig mit anderen Problemen herumschlagen muss oder einem die nötigen Ressourcen fehlen, sind diese Ziele nicht leicht zu verwirklichen. Man wird vielleicht längere Zeit ungute Gefühle aushalten müssen, bevor sich die Dinge zum Besseren wenden und man wieder die Chance darauf hat, sich gut zu fühlen: Kämpfe, Enttäuschungen und Momente, in denen man sich unglücklich fühlt, lassen sich nicht vermeiden, wenn man anspruchsvolle Ziele erreichen will. (Auch die Arbeit an diesem Buch war nicht immer die reinste Freude!)

Diese notwendige Überlappung gegensätzlicher Emotionen bedeutet, dass Menschen auch bei der Arbeit Gefühlen wie Angst, Anspannung, Deprimiertheit oder Ärger trotzen müssen, wenn sie später glücklich und zufrieden sein wollen. (Wenn wir in diesem Buch von Depression oder Deprimiertheit sprechen, verwenden wir diesen Begriff im umgangssprachlichen – und nicht im klinischen – Sinn.) Niemand kann sich permanent in einem Zustand absoluten Glücks befinden. Es gibt Untersuchungen, die sich mit Menschen beschäftigt haben, die generell in einem extrem hohen Maße glücklich sind. Dabei zeigte sich, dass sogar diese Menschen inmitten ihres Glücks oft Phasen des Unbehagens und der Unzufriedenheit durchleben. Deshalb hat zum Beispiel auch der Gründer des Australian Happiness Institute (das Einzelpersonen und Gruppen dabei unterstützt, ihr Glücks-Level zu verbessern) manchmal einen »schlechten Tag«. Er ist zwar im Allgemeinen glücklich und zufrieden, aber er erlebt auch »Zeiten der Frustration und des Ärgers, Momente der Angst und der Traurigkeit, und Interaktionen mit anderen, die enttäuschend und belastend sind«.[3]

Forschungen haben in der Tat ergeben, dass negative Emotionen den fragwürdigen Vorteil bieten, dass sie spätere Gefühle der Zufriedenheit intensiver und stärker erscheinen lassen, als diese es wären, wenn man sich die ganze Zeit schon in einem glücklichen Zustand befunden hätte. Oft kann man sich gerade deshalb besser fühlen, weil es einem zuvor schlecht gegangen ist.

---

3   Timothy Sharp, *Happiness handbook,* Sydney 2005, S. 11.

Der Kontrast zwischen diesen beiden Befindlichkeiten kann beim Wechsel von einem in den anderen Zustand die nachfolgende Erfahrung verstärken – eine Art von Rückpralleffekt. Wie wir in *Kapitel 8* darstellen werden, können sich Menschen – wenn jede Abwechslung fehlt – an fast jede dauerhafte Erfahrung gewöhnen, so dass diese schließlich immer weniger Wirkung auf sie ausüben wird. Schlechte Zeiten können dagegen die guten Zeiten sogar noch besser erscheinen lassen. Und natürlich gilt auch das Gegenteil – ein plötzlicher Wechsel von guten zu schlechten Erlebnissen kann sich tatsächlich sehr negativ auswirken.

Diese Erfahrungen sind es, die mit dem Konzept von Yin und Yang verbunden sind, das in vielen asiatischen Kulturen eine große Rolle spielt. Es beschreibt, dass Gegensätze (das »Yin« und das »Yang«) notwendig sind und sich gegenseitig in vielen Aspekten des Lebens ergänzen. Von entscheidender Bedeutung ist nicht das Niveau, das eine der beiden Kräfte für sich betrachtet erreicht, sondern das Gleichgewicht zwischen den Gegensätzen. In diesem Zusammenhang haben Untersuchungen ergeben, dass Chinesen eher bereit sind, negative Emotionen bzw. Unzufriedenheit auslösende Situationen als natürliche Bestandteile des Lebens zu akzeptieren, während zum Beispiel Amerikaner sich im Durchschnitt um eine möglichst schnelle Beseitigung oder Verdrängung negativer Gefühle bemühen.

Keiner ist allein: Der Einfluss des persönlichen Umfelds

Die bisherigen Ausführungen sollen nicht den Eindruck erwecken, Glück oder das Gefühl, unglücklich zu sein, würden in Isolation entstehen. Viele Menschen werden sehr stark von ihrem Umfeld beeinflusst, und ihre Reaktionen auf bestimmte Situationen werden teilweise von Lebenspartnern, Arbeitskollegen oder anderen Mitmenschen geprägt.

Daniel Taylor ist Geschäftsführer der Londoner Firma Metro Design und hat keinen Zweifel daran, dass seine Ehefrau Dawn maßgeblich zu seinem Wohlbefinden beiträgt – sie unterstützt ihn in mannigfacher Weise, und die beiden halten sich strikt an die Regel, dass die Wochenenden der Familie gehören. »Ich arbeite gern und genieße gleichermaßen das Familienleben, dennoch fällt es mir am Montagmorgen immer wieder schwer, zur Arbeit zu gehen, nachdem ich am Wochenende eine schöne Zeit mit meiner Familie verbracht habe«, erzählt er. »Dawn und ich gehen mit derselben Einstellung an die Arbeit heran, wir wollen erfolgreich sein, die Zeit, die wir bei der Arbeit verbringen aber auch genießen. Meine Arbeitstage sind in der Regel sehr lang, und ich habe einen interessanten Job, in dem ich zusammen mit meinem Team an großen Industriedesign- und Bauprojekten arbeite. An einem Tag treibe ich die Entwürfe für die Dachgewerkschaft *Unit* voran, am nächsten Tag reise ich nach Barcelona, um beim Motorradhersteller Harley-Davidson ein Projekt zu diskutieren und zu beaufsichtigen, und am dritten beschäftige ich mich mit einem Plan für den National Health Service, der ein modernes Notfallzentrum einrichten möchte.« Er fährt fort: »Dawn hilft mir dabei, die Bodenhaftung nicht zu verlieren und mir bewusst zu werden, dass Arbeit ein Privileg ist und dass sie es uns ermöglicht, unseren Kindern ein schönes Leben zu bieten.«

Das sind keine bloßen Plattitüden, weder für Daniel noch für andere Menschen, deren Leben nach ähnlichen Regeln verläuft. »Wenn man Inhaber eines Unternehmens ist, erlebt man häufig Situationen wie die folgende: Man kämpft darum, die täglichen Rechnungen zu bezahlen, beschäftigt sich mit Personalfragen, hat keine Zeit mehr für andere wichtige Dinge, muss fast unmögliche Termine einhalten – all das kann einen gehörig unter Stress setzen«, berichtet Daniel. »Dawn hilft mir, das große Ganze im Blick zu behalten, bespricht viele Dinge mit mir, und so komme ich dann wieder zur Ruhe. Auch in praktischer Hinsicht ist sie mir eine große Hilfe. Einmal war unser gesamtes Team von 30 Leuten nonstop damit beschäftigt, eine Designinstallation fertig zu stellen, und alle mussten dafür am Sonntag ins Büro kommen, da tauchte plötzlich Dawn auf und brachte für uns alle ein komplettes Mittagessen mit.«

Daniels und Dawns Beispiel steht für eine Partnerschaft auf der privaten Ebene. Es gibt viele andere Fälle in der Arbeitswelt, in denen es überaus wichtig ist, mit der richtigen Person an der Seite zu arbeiten. Josh Van Raalte ist ein britischer PR-Berater, der zusammen mit einem Partner eine eigene Agentur namens Brazil gegründet hat. Er verfügte über große Berufserfahrung und hätte sich ohne Weiteres auch alleine selbstständig machen können. Doch er entschied sich anders: »Ich bin motivierter, wenn ich mit einem Partner zusammenarbeite. Eine Firma zu gründen, ist immer schwierig, und mit einem Partner kann man gemeinsam Lösungen finden – beide verfügen über dieselbe Motivation und arbeiten für ein gemeinsames Ziel«, erklärt er. »Das hat mir geholfen, mich auf das Geschäft zu konzentrieren und mich nicht durch äußere Einflüsse ablenken zu lassen – wie zum Beispiel die Familie, was häufig der Fall ist, wenn man zuhause arbeitet, so wie es bei mir anfangs war. Ich hatte mein Büro im Keller unseres Hauses eingerichtet.«

Doch war es tatsächlich die Art der Partnerschaft, die es Josh ermöglichte, sich aus arbeitsbezogenen Stimmungstiefs herauszukämpfen, die ihn sonst behindert hätten? »Ja, viele Male, wenn ich mich mit Fragen beschäftigen musste, die mit Mitarbeitern, finanziellen Belangen, Kunden oder der Geschäftsstrategie zu tun hatten«, erzählt er. »Der Umgang mit Mitarbeitern war das Wichtigste – wenn alle in einer Firma an einem Strang ziehen, erhält man ein besseres Feedback.«

Interessanterweise glaubt Josh, dass er mit einem Mitgeschäftsführer nicht dasselbe erreicht hätte. Er wollte einen Partner. »Wenn man ein Unternehmen gründet, funktioniert es meiner Ansicht nach besser, wenn es zwei Eigentümer gibt statt nur einen. Die Motivationen der beiden Eigentümer verstärken sich gegenseitig. Als ich Brazil gründete, hätte ich es auch allein machen und jemanden einstellen können, anstatt mir einen Partner zu suchen. Aber ich dachte, in einem solchen Zwei-Mann-Betrieb würde dann schnell eine Kluft entstehen und diese andere Person würde dadurch auch nicht so motiviert wie ich – denn sie hätte weniger Interesse am Erfolg der Firma gehabt. Wäre der zweite Mann kein Partner, so meine Befürchtung, hätte er wahrscheinlich auf einem geregelten Arbeitstag von neun bis fünf bestanden, und der Erfolg des Unternehmens wäre ihm auch weniger zugute gekommen, als das bei mir der Fall war. Das ist meiner Meinung nach der Vorteil, wenn man einen Partner hat statt nur einen Mitgeschäftsführer.«

Diese Beispiele für gegenseitige Unterstützung stellen wir in diesem Kapitel aus einem besonderen Grund dar: Sie erinnern uns daran, dass man Gefühle wie Glück und Zufriedenheit bzw. Unzufriedenheit zwar bei einzelnen Menschen untersuchen kann, sie häufig aber auch stark von anderen Menschen abhängen. Was sagen nun Psychologen in Anbetracht der Tatsache, dass das persönliche Umfeld uns derart beeinflusst, über die Natur des Glücks?

Das Glücksrad

Zahlreiche Forschungsarbeiten haben sich mit dem Thema »Wohlbefinden« beschäftigt, einem Begriff der sehr unterschiedliche Bedeutungen haben kann. Zunächst müssen wir das »psychologische«, »mentale« oder »subjektive« Wohlbefinden (um das es im vorliegenden Buch in erster Linie geht) vom »physischen« Wohlbefinden unterscheiden, wohl wissend, dass psychisches und physisches Wohlbefinden sich gegenseitig beeinflussen.

Definitionen des subjektiven Wohlbefindens beziehen sich häufig auf einen Zustand, den der New Yorker Psychologieprofessor Jonathan Freedman als »Glück im Sinne von innerem Frieden und Zufriedenheit« oder aber als

»Glück im Sinne von Spaß und Aufregung« beschreibt.[4] Man kann sich auf diese beiden sehr unterschiedlichen Arten wohlfühlen – entweder entspannt, ruhig und gelassen oder lebhaft, enthusiastisch und beschwingt. Bei beiden Arten handelt es sich um positive Emotionen; diese unterscheiden sich jedoch hinsichtlich der Intensität, mit der man sich mental energiegeladen oder kraftvoll fühlt. Psychologen beschreiben diesen Unterschied häufig mit Bezug auf die erreichte mentale »Aktivierung«. Unter Verwendung verwandter Bezeichnungen können wir auch sagen, dass Menschen, die mental aktiviert sind, »beseelt«, »emotional erregt«, »beflügelt«, »high«, »belebt«, »überdreht«, »lebendig«, »aufgekratzt«, »munter« oder »quirlig« sind.

Positive Glücksgefühle können entweder stärker aktiviert (zum Beispiel im Sinne von Begeisterung und Freude) oder weniger stark aktiviert sein (mit nur geringer mentaler Energie – entspannt und zufrieden). Und natürlich gilt dies auch auf der negativen Seite, dem Unglücklichsein. Wenn man sich schlecht fühlt, kann man unglücklich sein in einem aktivierten, energiegeladenen, überdrehtem Sinne. In diesem Fall ist man ängstlich, angespannt und besorgt. Andererseits können unglückliche Gefühle auch mit weniger mentaler Energie unterlegt sein – man ist träge, traurig und bedrückt.

Diese vier Arten von Glück bzw. Unglück äußern sich in den verschiedenen Gefühlen, die entlang des »Glücksrads« angeordnet sind (s. Abb. auf S. 37). Die kreisförmige Struktur des Glücksrads, die Gefühle abbildet, die sich auf die eben beschriebene Weise unterscheiden, wurde anhand von Studien in vielen unterschiedlichen Ländern bestätigt.[5] Von links nach rechts erstreckt sich eine Achse mit der Bezeichnung »Freude/Vergnügen« – sie gibt an, wie gut oder wie schlecht wir uns fühlen. Je weiter links die Gefühle angesiedelt sind, umso unglücklicher ist eine Person.

Doch Glück bzw. Unzufriedenheit können auch entlang der vertikalen Achse differieren. Diese Achse gibt an, wie stark diese Gefühle aktiviert, energiegeladen und aufgewühlt sind. Je weiter oben die Gefühle auf der vertikalen Achse stehen, umso stärker aktiviert sind sie. Der obere rechte Bereich des Glücksrads deckt also jene Art des Glücks ab, die energiegeladen ist, im Bereich links unten ist niedrig aktiviertes Unglücklichsein angesiedelt und so weiter.

---

4   Siehe dazu: J. Freedman, *Happy people: What happiness is, who has it, and why,* New York 1978.
5   Einzelheiten und weiterführende Informationen dazu, wie auch zu den übrigen Forschungsergebnissen in diesem Buch, finden sich in dem stärker fachwissenschaftlich ausgerichteten Begleitband: Peter Warr, *Work, happiness, and unhappiness,* New York 2007.

Als Betrachter überlegt man wahrscheinlich, wo man sich selbst in dieses Rad einordnen würde. Ist man generell eher glücklich oder unglücklich (eher auf der linken oder eher auf der rechten Seite des Rads), und erlebt man das eigene Glücklich- bzw. Unglücklichsein im allgemeinen intensiv oder weniger energiegeladen (eher oben oder eher unten)? Und wie stark empfindet man diese Gefühle? Ordnet man sich in Bezug auf die Arbeit anders ein als im Hinblick auf das Privatleben? Man kann auch an Bekannte oder Freunde denken: In welche unterschiedlichen Segmente des Kreises würden sich diese einordnen?

Als Nächstes können wir die zahlreichen im Glücksrad aufgeführten Emotionen vereinfachend in vier Grundtypen einteilen. Fassen wir dazu als erstes die zwei Arten von Glück auf der rechten Seite unter den Bezeichnungen »Begeisterung« und »Behaglichkeit« zusammen, und die beiden Arten des Unglücklichseins auf der linken Seite unter »Angst« und »Niedergeschlagenheit«. Diese vier Möglichkeiten sind im Glücksrad in den jeweiligen Kreissegmenten eingetragen.

Und damit kehren wir zurück zu unserer Eingangsfrage: Sind Sie, Ihre Mitarbeiter, Ihre Kollegen, Kunden oder Klienten glücklich mit ihrer Arbeit? Anstatt nach einer allumfassenden Antwort zu suchen, kann man nun die vier Hauptarten von Glück betrachten: Welcher der vier Sektoren bringt die Gefühle, die Sie gegenüber Ihrer Arbeit häufig haben, am besten zum Ausdruck? Und wie stark sind diese Gefühle? Natürlich verändern sich Gefühle

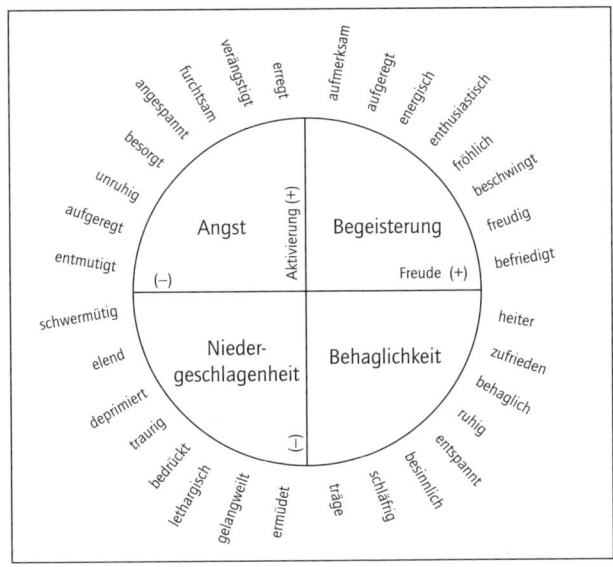

Das Glücksrad

im Laufe der Zeit, man muss daher einen angemessenen, aussagekräftigen
Zeitraum für die Betrachtung wählen, vielleicht einen Zeitabschnitt, der die
Gegenwart und die jüngere Vergangenheit gleichermaßen abdeckt.

Wenn Sie wissen, dass Sie glücklich sind ...

... Nun, dann könnten Sie in die Hände klatschen.[6] Oder Sie könnten einen
weiteren Fragebogen ausfüllen. Nur zu – auch wenn Sie der Meinung sein
sollten, dass Sie *nicht* glücklich sind. Psychologen haben eine Reihe von Begriffen entwickelt und getestet, anhand derer Menschen ihre Empfindungen
gegenüber der Arbeit und anderen Aspekten des Lebens beschreiben können.
Wir möchten an dieser Stelle die arbeitsbezogenen Gefühle von Glück und
Zufriedenheit bzw. Unzufriedenheit im Rahmen des Glücksrads betrachten.

Fragebogen 2 (S. 39) deckt die vier Grundtypen von Gefühlen ab. Wie Sie
sehen, wird hier nach *arbeitsbezogenen* Gefühlen gefragt (im Sinne von Erwerbsarbeit) und nicht nach allgemeinen Gefühlen über das Leben insgesamt.

Dieser Fragebogen kann dazu verwendet werden, unterschiedliche Gruppen von arbeitsbezogenen Gefühlen zu bewerten[7], doch betrachten wir zunächst nur das Gefühl von Glück in all seinen Spielarten – also die Bewertung
aller positiven und negativen Items. (In jedem Fall: Sollten Sie den Durchschnittswert für eine bestimmte Art von Gefühl ermitteln wollen, addieren
Sie einfach die jeweilige Punktezahl (also 1 bis 5), die Sie zu den für Sie
relevanten Begriffen angekreuzt haben und teilen Sie die Summe anschließend durch 6.) Für die positiven Gefühle von Glück addiert man die Punkte zu den Begriffen Nr. 1, 2, 5, 6, 9 und 10, für die negativen Gefühle der
Unzufriedenheit zählt man die Punkte für die Begriffe Nr. 3, 4, 7, 8, 11 und
12 zusammen und teilt beide Male die Summe durch 6. Schauen Sie dann,
wo sich Ihre beiden Durchschnittswerte bei den fünf Antwortmöglichkeiten
einordnen lassen. So erhalten Sie einen Anhaltspunkt für die Beantwortung
der eingangs gestellten Frage.

---

6   Dieser Satz bezieht sich auf ein bekanntes englisches Kinderlied. A. d. Ü.
7   Die ursprüngliche Version dieses Fragebogens wurde von Peter Warr in einem Aufsatz
    im Journal of Occupational Psychology (Nr. 60, 1990, S. 193-210) veröffentlicht. Er
    wurde vielfach eingesetzt und beruht auf den Ergebnissen zahlreicher Studien, die
    von Chris Stride, Toby Wall und Nick Catley zusammengefasst wurden in dem Artikel
    *Measures of job satisfaction, organizational commitment, mental health and job-related
    well-being: A benchmarking manual*, 2. Auflage, Chichester 2007.

Fragebogen 2: Arbeitsbezogene Gefühle ermitteln
Welche Gefühle hatten Sie in den letzten paar Wochen in Bezug auf Ihre Arbeit?
Entscheiden Sie sich bei jeder der nachfolgenden zwölf Beschreibungen für eine der
angebotenen fünf Möglichkeiten.

Name: .... Datum: ....

	Ich war/fühlte mich	überhaupt nicht	nur ein wenig	ziemlich	sehr	extrem	Summe
1	begeistert	1	2	3	4	5	
2	zufrieden	1	2	3	4	5	
3	ängstlich	1	2	3	4	5	
4	bedrückt	1	2	3	4	5	
5	aufgeregt	1	2	3	4	5	
6	behaglich	1	2	3	4	5	
7	angespannt	1	2	3	4	5	
8	deprimiert	1	2	3	4	5	
9	interessant	1	2	3	4	5	
10	entspannt	1	2	3	4	5	
11	besorgt	1	2	3	4	5	
12	elend	1	2	3	4	5	
Summe »Glück« (graue Felder) ÷ 6							
Summe »Unzufriedenheit« (weiße Felder) ÷ 6							

Gemischte Gefühle

Wie wir bereits ausgeführt haben, können Gefühle »globaler« (das ganze Leben betreffend) oder »domänenspezifischer« Art sein. Fragebogen 2 kann auf beide Ebenen angewendet werden (dazu muss man nur den ersten Satz der Anleitung umformulieren), doch im Rahmen dieses Buches wollen wir uns auf den Bereich der Arbeit konzentrieren. Die individuelle Einordnung im arbeitsbezogenen Glücksrad wird durch das beeinflusst, was man in der Arbeit erlebt. Ein Mitarbeiter, der mit unvernünftigen oder widersprüchlichen Anforderungen bombardiert wird, wird sich wahrscheinlich ängstlich und angespannt fühlen – unglücklich und aktiviert im oberen linken Sektor.

Wenn jemand nichts zu tun hat oder die Arbeit als sinnlos oder unbedeutend empfindet, werden seine Gefühle eher im unteren linken Sektor des Glücksrades angesiedelt sein – unglücklich, aber eher niedergeschlagen als ängstlich.

Zu berücksichtigen sind auch Unterschiede zwischen verschiedenen Berufen bzw. Aufgabenfeldern. Arbeitsbezogene Gefühle von Managern (sowohl Gefühle von Glück bzw. Zufriedenheit als auch Unzufriedenheit) sind im Durchschnitt stärker aktiviert und energiegeladener – und daher eher im oberen Bereich des Diagramms angesiedelt. Sie äußern sich entweder als Begeisterung oder als Angst. Auch zwischen Männern und Frauen zeigen sich Unterschiede hinsichtlich ihrer Reaktionsmuster: Frauen äußern häufiger als Männer die negativen Gefühle Angst oder Niedergeschlagenheit.

Man beachte, dass wir nach Gefühlen unterscheiden, die entweder positiv (Formen des Glücks: wie Begeisterung und Behaglichkeit) oder negativ (Formen des Unglücklichseins: wie Angst und Niedergeschlagenheit) sind. Denn häufig ist es sinnvoll, jedes dieser Gefühle für sich selbst zu betrachten, anstatt die positiven und die negativen Empfindungen zu einer Gesamtstimmungslage zu verbinden. Das Fehlen des einen Gefühls bedeutet nicht zwangsläufig, dass das andere tatsächlich vorhanden ist. Wenn jemand nicht unglücklich ist, heißt das nicht automatisch, dass er sich zufrieden und glücklich fühlt, ebenso wie die Abwesenheit von Krankheit nicht bedeutet, dass sich die betreffende Person bester Gesundheit erfreut, oder dass jemand, der keine Schulden hat, reich wäre.

Es gibt noch einen weiteren Grund für eine isolierte Betrachtung positiver und negativer Emotionen, der mit dem Begriff der »Ambivalenz« verbunden ist, der Tatsache also, dass eine bestimmte Sache widersprüchliche Gefühle hervorruft. Wie auch auf andere wichtige Aspekte des Lebens zutreffend, kann man den eigenen Job gleichzeitig mögen und nicht mögen. Arbeit hat eine Vielzahl unterschiedlicher Aspekte, von denen einige weniger angenehm sein können als andere. Der amerikanische Autor Studs Terkel schrieb in der Einleitung zu einer Sammlung von Betroffenenberichten, die Beschäftigte über ihre Arbeit verfasst hatten:

> *Dieses Buch befasst sich zwar mit Arbeit, doch seiner Natur nach handelt es von Gewalt – von Gewalt, die der Seele und dem Körper angetan wird. Es handelt von Magengeschwüren und Unfällen, von hitzigen Streitereien und Faustkämpfen, von Nervenzusammenbrüchen und davon, wie ein Hund herumgestoßen zu werden. Es handelt in erster Linie (oder zuvörderst) von täglichen*

Demütigungen. Den Tag zu überstehen, ist schon Triumph
genug für die vielen Menschen unter uns, die mit Verletzungen
umherlaufen ... Darüber hinaus handelt es auch von dem Streben
nach einem täglichen Sinn ebenso wie nach dem täglichen Brot,
nach Anerkennung ebenso wie nach Geld, nach Erstaunen anstatt
nach Erstarrung, kurz gesagt, dem Streben nach einer Art von Leben
anstatt nach einer Art von Sterben zwischen Montag und Freitag.[8]

In etwas schlichteren Worten beschreibt ein Lokomotivführer seine ambivalenten Empfindungen:

Manche Leute mögen ihre Arbeit, andere nicht. Mir gefällt mein Job.
Er gefällt mir wirklich sehr. Aber manchmal habe ich keine Lust, zur
Arbeit zu gehen. Wissen Sie, manchmal habe ich einfach keine Lust,
an diesem Tag zur Arbeit zu gehen. Ich will lieber zu Hause bleiben
in meiner kleinen privaten Welt. Aber dann gibt es auch Tage, da
kann ich es fast nicht glauben, dass ich für diese Arbeit bezahlt
werde.[9]

Und viele Leser werden gewiss auch die Ansichten dieses Beschäftigten nachvollziehen können:

Offen gesagt, ich hasse die Arbeit. Natürlich könnte ich genauso
wahrhaftig sagen, dass ich die Arbeit liebe; dass es sich dabei
um eine außerordentlich interessante Tätigkeit handelt; dass sie
faszinierend ist; dass ich wünschte, ich müsste sie nicht machen;
dass ich wünschte, ich hätte einen Job, in dem ich anständig
verdienen kann. Das sind sechs subjektive Aussagen über die Arbeit,
die in meinem Fall alle zutreffend sind.[10]

Bei derart gemischten Gefühlen verwundert es nicht, dass es vielen Menschen schwer fällt zu sagen, ob sie in ihrem Job glücklich sind oder nicht.

---

8   Studs Terkel, *Working* (überarbeitete Neuausgabe), Harmondsworth 1975, S. 1.
9   J. Bowe, M. Bowe und S. Streeter, *Gig: Americans talk about their jobs*, New York 2000, S. 199.
10   R. Fraser, Work: *Twenty personal accounts*, Harmondsworth 1968, S. 273.

Weitere Aspekte von Glück bzw. Unglück

Wir haben uns bisher auf Aspekte konzentriert, die in der Tat als die Grundbausteine des Glücks betrachtet werden können – unterschiedliche Emotionen, die sich den vier verschiedenen Grundtypen von Gefühlen zuordnen lassen. Diese können einzeln auftreten, sich aber auch mit anderen Themen verbinden und dadurch Erfahrungen hervorrufen, die komplizierter sind. Wir haben bereits über die Arbeitszufriedenheit gesprochen. Jetzt möchten wir uns mit weiteren positiven Reaktionen auf die Arbeit befassen – der Arbeitsmoral, dem »Involvement«, dem Engagement, der Selbstverwirklichung, dem Bewusstsein, etwas Sinnvolles und Wichtiges zu tun, dem Zustand des »Flow«, der Erfahrung »authentischen« Glücks, und der »Self-Validation« –, aber auch mit negativen Reaktionen wie arbeitsbezogenem Stress, Überanstrengung und »Burnout«. All dies sind letztendlich Formen von Glück oder Unglück, obwohl wir sie nicht immer in diese Kategorien einordnen.

Formen arbeitsbezogenen Glücks

Es ist bemerkenswert, dass Arbeitgeber und Manager zwar einerseits sehr an ihrem eigenen Glück und dem ihrer Familie interessiert sind, sie aber dennoch unsicher sind, ob sie sich auch um das ihrer Mitarbeiter kümmern sollen. Das liegt zum Teil an dem Unterschied zwischen »globalem« und »domänenspezifischem« (hier arbeitsbezogenem) Glück. Arbeitgeber mögen ihren Beschäftigten zwar viel Glück in einem globalen, das ganze Leben umfassendem Sinne wünschen, (auch wenn sie das nicht für »ihre Sache« halten), während sie sich zugleich sträuben, die Auswirkung ihrer betrieblichen Abläufe und der Unternehmenskultur (des »Arbeitsklimas«) auf das Glück und Wohlbefinden ihrer Mitarbeiter zu berücksichtigen.

Zudem betrachten manche Firmenchefs Glück am Arbeitsplatz als eine eher verschwommene Idee, die das Hauptziel des Unternehmens, seinen wirtschaftlichen Erfolg, nicht befördert oder sogar beeinträchtigen kann. Darauf lässt sich zweierlei erwidern. Zum einen besteht unbestreitbar ein Zusammenhang zwischen dem Wohlbefinden der Mitarbeiter und ihrer Leistung; in *Kapitel 1* wurden diesbezügliche Forschungsergebnisse zitiert, die diesen Zusammenhang nicht nur für einzelne Mitarbeiter, sondern auch für Unternehmen insgesamt belegen – eine glückliche Belegschaft zahlt sich aus! Und zweitens ändert sich dieser Eindruck schnell, wenn andere Bezeichnungen für letztlich denselben Sachverhalt verwendet werden. Man nehme beispielsweise den Begriff »Arbeitsmoral«.

Fast jede Führungskraft ist erpicht auf eine hohe Arbeitsmoral in ihrem Team oder ihrer Organisation, davon ausgehend, dass positive Gefühle im Job dazu führen, dass sich die Mitarbeiter engagiert für ein Ziel einsetzen. Der Begriff »Arbeitsmoral« bezieht sich dabei aber auf nichts anderes als auf Gefühle, die im oberen rechten Bereich des Glücksrads zu finden sind (»Begeisterung«) und erwiesenermaßen Verhaltensweisen fördern, welche die Organisation an das von ihr angestrebte Ziel bringen. Der Begriff »Arbeitsmoral« wird häufig nur auf Gruppen von Menschen angewendet; entsprechende Programme zielen darauf ab, die Arbeitsmoral ganzer Teams und Abteilungen zu fördern.

In der Forschung wurde die Arbeitsmoral nur selten unter diesem Schlagwort untersucht, doch wenn es Ihnen als Führungskraft widerstrebt, Maßnahmen zu propagieren, die auf eine Steigerung des Team-Wohlbefindens zielen, können Sie das selbe Ziel auch unter der Titulierung »Maßnahmen zur Steigerung der Arbeitsmoral« ansteuern. In jedem Fall ergibt sich eine Verbindung zwischen positiven Einstellungen und guten Leistungen. Auch Ihre Kollegen auf der Führungsebene, denen es widerstrebt, Mitarbeiterzufriedenheit oder gar Glück als Unternehmensziel zu betrachten, werden wahrscheinlich die Bereitschaft aufbringen, sich mit Vorschlägen zur Verbesserung der Arbeitsmoral zu befassen.

Während sich Psychologen vergleichsweise wenig mit Arbeitsmoral als Forschungsgegenstand beschäftigt haben, wurde das »Job Involvement« in den vergangenen Jahrzehnten ausführlich untersucht. Dabei ging man der Frage nach, inwieweit sich Beschäftigte mit ihrer Arbeit verbunden fühlen. Inwieweit stimmen sie Aussagen wie »Ich lebe für meine Arbeit« oder »Meine Arbeit ist mir das Wichtigste« zu? Üblicherweise werden bei solchen Untersuchungen fünf Antwortmöglichkeiten vorgegeben: »Lehne ich entschieden ab«, »Lehne ich eher ab«, »Weiß ich nicht«, »Stimme ich eher zu« und »Stimme ich entschieden zu«. Zu Aussagen, die ähnlich absolut wie die oben zitierten ausfallen, wird man selten die Reaktion »Stimme ich entschieden zu« erhalten, die Antworten dürften sich meist im mittleren Bereich zwischen »Lehne ich eher ab« und »Stimme ich eher zu« bewegen.

Eine gegenwärtig gern verwendete Version dieses Konzepts ist die Frage nach dem »Engagement« für die Arbeit. In den Fragebögen werden dabei zum Beispiel folgende Aussagen verwendet: »Ich lasse mich mitreißen von meiner Arbeit«, »Meine Arbeit begeistert mich« oder »Ich gehe in meiner Arbeit auf.« Es überrascht nicht, dass Menschen, die bei diesen Fragen eine hohe Punktzahl erreichen (Leute, die »engagiert« sind in ihrem Job), auch hohe Werte erzielen bei aktivierten Glücksgefühlen im oberen rechten Bereich des Glücksrads. Die Verbindung zur »Arbeitsmoral« liegt auf der Hand.

Ähnliche Themen waren bereits in den 1960er- und 1970er-Jahren populär, als die amerikanischen Psychologen Frederick Herzberg und Abraham Maslow die Bedürfnisse nach »Selbstverwirklichung« und »psychologischem Wachstum« hervorhoben, zusätzlich zu den offenkundigeren Bedürfnissen wie Essen, Wärme, Sex und so weiter. Viele Menschen, so betonten sie, haben ein (vielleicht auch vages) Gefühl, dass sie die in ihnen schlummernden Potenziale nicht voll zur Entfaltung bringen können oder nicht »wirklich sie selbst« sind. Professor Herzberg wies in diesem Zusammenhang darauf hin, dass Arbeitsplätze sehr wohl so gestaltet werden könnten, dass sie die Arbeitnehmer in dieser Richtung unterstützen und dass dies auch vermehrt getan werden sollte; eine derartige Veränderung, so behauptete er, würde auch die Produktivität erhöhen.

Ein Aspekt, der hierher gehört, ist die Erkenntnis, dass die Ausübung eines Jobs für einen Menschen eine große persönliche Bedeutung haben und sein Selbstwertgefühl stärken kann. Dabei stellt sich das Gefühl ein, man verbringt die Zeit mit Tätigkeiten, bei denen man die eigenen Möglichkeiten nutzen, das eigene Potenzial erschließen kann, vielleicht auch zum Wohlergehen anderer. Glück in diesem Sinne brachte Pamela Goldberg, die Leiterin der britischen Breast Cancer Campaign, zum Ausdruck, als sie mit uns über ihre Arbeit sprach:

> *Ein paar Tage nach den Anschlägen vom 11. September 2001 erhielt ich den Anruf einer befreundeten Anwältin. Wir arbeiteten gerade am Rand der City – es gab das Gerücht, dass auch London hätte angegriffen werden sollen –, und sie sagte, sie beneide mich, und ich fragte, warum. Sie antwortete, weil du weißt, warum du das tust, was du machst. Wir alle sind heute Morgen in die Arbeit gekommen und haben uns gefragt, was soll das Ganze eigentlich?*

Ein einflussreicher Gedanke in diesem Forschungsbereich war die »Flow«-Theorie, die von Mihaly Csikszentmihalyi entwickelt und verbreitet wurde. Csikszentmihalyi arbeitete ursprünglich an der Universität Chicago, lebt jetzt aber in Kalifornien. »Flow« ist der mentale Zustand, in dem man sich befindet, wenn man sich voll auf eine schwierige Aufgabe konzentriert, zu deren Bewältigung man alle erforderlichen Fähigkeiten besitzt und die man unbedingt erfolgreich zu Ende führen möchte – gewissermaßen ein Schaffens- oder Tätigkeitsrausch, in dem man sich in einer Sache »verliert« und in dem die Zeit wie im Flug zu vergehen scheint. Professor Csikszentmihalyi hat darauf hingewiesen, dass die intensive und konzentrierte Aufmerksamkeit in solchen Situationen von dem Gefühl begleitet werden kann, mit seinen Handlungen und der Umgebung eins zu sein. (Als Beispiele zur Verdeutlichung nennt er Bergsteigen, Schachspielen oder die Lösung eines kniffligen, aber interessanten Problems.) In dieser Hinsicht ist Glück in der Arbeit wie auch in anderen Lebensbereichen ebenso davon abhängig, diesen Flow-Zustand, wie all die anderen positiven Gefühle, die wir bereits erwähnt haben, möglichst häufig zu erleben.

Ähnliche Gedanken liegen auch der heute weit verbreiteten »Positiven Psychologie« zugrunde, die von Professor Martin Seligman von der University of Pennsylvania begründet wurde. Er entwickelte Themen »authentischen Glücks«, wobei er zwischen dem unterscheidet, was er das »angenehme Leben« und das »gute Leben« nennt.[11]

Bei Ersterem handelt es sich um jene Art von Glück, über die wir bislang gesprochen haben – sich wohl zu fühlen und keinen Schmerz zu empfinden. Doch die zweite Art des Glücks, die »authentische«, entsteht demnach vor allem, wenn Menschen persönliche Stärken und Tugenden in sinnvoller Weise für ihre Selbstverwirklichung einsetzen. Solche Tätigkeiten sind weniger deutlich mit dem Gefühl von Glück im herkömmlichen Sinn subjektiven Wohlbefindens verbunden, sondern kommen dem oben eingeführten Konzept der Selbstverwirklichung nahe.

Ähnliche Ideen wurden auch von dem an der Universität Harvard lehrenden amerikanischen Psychologen Tal Ben-Shahar entwickelt. Er definiert Glück als »das gleichzeitige Erleben von Spaß und Bedeutung«[12], wobei er betont, dass der Schwerpunkt auf der »Bedeutung« liegt. Damit meint er das Gefühl, etwas zu tun, was einem wichtig ist, Zielen verpflichtet zu sein, die einem wirklich am Herzen liegen, und dabei eine gewisse Selbstverwirklichung zu erfahren. Nach dieser Definition (die etwas eingeschränkter ist als viele andere) kann man Spaß haben (zum Beispiel ein tolles Essen genießen), aber dennoch nicht als glücklich gelten, weil Glück zusätzlich das Gefühl einer tieferen persönlichen Bedeutung erfordert.

Ähnlich wie es bei der Selbstverwirklichung der Fall ist, so ist auch die Erfahrung von Bedeutung im Hinblick auf die tägliche Arbeit nur schwer

---

11 Siehe dazu: Martin Seligman, *Authentic happiness,* New York 2002. Weitere Informationen zur Positiven Psychologie finden sich auf der Internetseite www.ppc.sas. upenn.edu.
12 Tal Ben-Shahar, *Happier,* New York 2007, S. 33.

zu beschreiben, sie lässt sich aber auf kleinere und doch für die jeweilige Person wichtige Tätigkeiten zurückführen. In diesem Sinne lassen sich Menschen als glücklich bezeichnen, die stolz sind auf die Qualität dessen, was sie hervorgebracht haben oder auf die Hilfe, die sie anderen haben zuteil werden lassen oder die sich über Fähigkeiten freuen, die sie sich angeeignet haben; sie haben das Gefühl, dass sie etwas Lohnenswertes und Bedeutendes geleistet haben.

Weder Csikszentmihalyi noch Seligman haben sich mit der Arbeitswelt beschäftigt und beide erwähnen jenen im speziellen Sinne arbeitsbezogenen Glückszustand fast überhaupt nicht. Doch ihre Gedanken scheinen zumindest auf bestimmte Gruppen von Beschäftigten anwendbar – insbesondere auf solche, die sich nicht mit offenkundig unangenehmen Tätigkeiten (z. B. Toiletten reinigen) befassen und mit finanziellen Nöten herumschlagen müssen. »Authentisches Glück« kann allgemein auch für das Glück oder die Zufriedenheit am Arbeitsplatz relevant sein, aber viele Menschen haben im Job mit Problemen oder Sorgen zu kämpfen, die sich gefühlsmäßig auf direktere Weise äußern (vgl. die Gefühle im Glücksrad).[13] Gleichwohl: Wenn wir das Glück und die Arbeitszufriedenheit der Mitarbeiter verbessern wollen, sollten wir darüber nachdenken, wie wir für mehr »Bedeutung« sorgen können und nicht nur für »Spaß«. Damit werden wir uns in den *Kapiteln 9* und *10* beschäftigen, wo wir noch einmal auf Professor Ben-Shahar zurückkommen werden.

Formen arbeitsbezogenen Unglücks

Zum Schluss dieses Kapitels wenden wir uns doch noch den negativen Seiten zu und beleuchten einige Formen jobbezogenen Unglücks bzw. Unglücklichseins. Forscher und Massenmedien verbreiten gerne die Vorstellung, die Menschen seien am Arbeitsplatz heute viel »gestresster« als früher. In unzähligen Studien und vielen verschiedenen Ländern wurden Beschäftigte danach gefragt, inwieweit sie sich unter Stress gesetzt fühlen und welche Aspekte ihrer Arbeit sie als besonders Stress erzeugend betrachten.

Es gibt keine klare Trennlinie zwischen dem Gefühl, im Job unter Stress

---

13 Das Konzept der Selbstverwirklichung und verwandte Ideen wurden in Bezug auf die Arbeitswelt auch in dem wissenschaftlichen Werk untersucht, das diesem Buch zugrunde liegt (siehe dazu Anmerkung 5, S. 36). Dort werden sie zusammengefasst als Formen der »Selbstvalidierung« (Selbstbestätigung) – ein Aspekt von Zufriedenheit und Glück, der sich von der herkömmlichen Vorstellung subjektiven Wohlbefindens unterscheidet, mit der wir uns hier in der Regel beschäftigen.

(oder »unter Belastung«) zu stehen, und der schlichten Abneigung gegen die Arbeit. Zudem haben in jüngster Zeit Veränderungen gesellschaftlicher Normen (die man auch als »Moden« bezeichnen könnte) dazu geführt, dass es heute fast schon zum guten Ton gehört, sich über »Stress« zu beklagen, während man früher einfach nur »unzufrieden« oder »unglücklich« gewesen wäre. Möglicherweise haben die offensichtlich steigenden Zahlen gestresster Beschäftigter zumindest zum Teil auch damit zu tun, dass Menschen heute viel eher bereit sind, sich selbst auf diese Weise zu beschreiben. Trends sind ein mächtiger Einflussfaktor.

Wichtig ist auch, darauf hinzuweisen, dass nicht alle Formen von Stress schlecht sind. Sportler zum Beispiel setzen sich selbst unter enormen Druck, ohne sich zu beklagen. Viele Menschen möchten bei ihrer Arbeit gefordert werden, und Bewerber geben häufig an, eine »neue Herausforderung« zu suchen – mit anderen Worten: Sie möchten etwas mehr Stress erleben als in ihrem gegenwärtigen Job. Zudem kann kurzfristiger Stress durchaus auch dazu dienen (auch wenn man dies im Augenblick ganz anders empfinden mag), später größere Ziele zu erreichen, die einen wirklich glücklich machen. Diesen Fragen werden wir in *Kapitel 5* nachgehen.

»Stress« wurde ursprünglich als eine schwere psychische Belastung definiert (wie die Belastung, die etwa durch viel Verkehr oder Sturm auf eine Brücke ausgeübt wird), doch diese spezifische Bedeutung wurde im Lauf der Zeit immer mehr ausgeweitet (man könnte auch sagen »aufgebläht«). Vieles wird heute als Stress verursachend eingestuft, was man früher schlicht als unangenehm oder unerfreulich bezeichnet hätte. Natürlich kann ein Job bestimmte unangenehme Aspekte haben, aber nur wenige davon sind wirklich »Stress erzeugend« in dem Sinne, dass sie den Betroffenen einer übermäßigen Belastung aussetzen.

Ein weiterer Begriff, der ebenfalls häufig überstrapaziert wird, ist der durch die Arbeit verursachte »Burnout«. Dieser Begriff wurde ursprünglich nur für Beschäftigte in bestimmten Dienstleistungsbereichen entwickelt, die ständig mit anderen Menschen zu tun haben (zum Beispiel Krankenschwestern oder Sozialarbeiter). Entsprechende Fragebögen über das Burnout-Syndrom bezogen sich auf Haltungen der Geringschätzung und des Zynismus gegenüber Klienten, Patienten und Arbeitsaufgaben sowie auf Versagens- und Unzulänglichkeitsgefühle – die von den Betroffenen geäußerte Überzeugung, dass das eigene Handeln nicht viel bewirkt. Doch ähnlich wie »Stress« wurde auch der Begriff »Burnout« in populärwissenschaftlichen Abhandlungen auf nahezu jede negative Reaktion gegenüber Herausforderungen im Job ausgedehnt.

Wir halten einen solch breiten Bezugsrahmen für wenig hilfreich und möchten uns bei dem Begriff »Burnout« lieber auf die der ursprünglichen Idee zugrunde liegenden Aspekte konzentrieren – auf Gefühle der emotionalen Erschöpfung. Diese werden erfasst durch Aussagen wie »Am Ende eines Arbeitstages fühle ich mich ausgebrannt« und »Meine Arbeit zehrt mich emotional auf«. Zweifellos treffen Aussagen wie diese auf viele Menschen irgendwann in ihrem Arbeitsleben einmal zu. Wenn man der Frage von jobbezogenem Unglücklichsein nachgeht, sollte man emotionale Erschöpfung dieser Art ebenso berücksichtigen wie andere in diesem Kapitel bereits erwähnte Bausteine negativer Gefühle.

Dass sich die Bedeutung von Begriffen wie »Stress« und »Burnout« geändert haben, um einer bestimmten Sichtweise der Gesellschaft gerecht zu werden, verweist letztendlich auf eine generelle Problematik. Bisweilen beruhen Glück und Zufriedenheit bzw. das Gefühl unglücklich zu sein und Unzufriedenheit zum Teil auch darauf, was andere Menschen denken. Man mag manchmal gemischter Gefühle und unsicher sein, ob man die eigene aktuelle Stimmungslage wirklich als »glücklich« oder »zufrieden« bezeichnen kann. Wenn eine Situation vieldeutig und unklar ist, neigen Menschen laut wissenschaftlichen Studien dazu, die Meinungen anderer heranzuziehen. Halten die Kollegen sich selbst für glücklich? Hieß es in diesem Zeitschriftenartikel nicht, dass heute fast jeder gestresst wäre? Warum wirken meine Kollegen immer so zufrieden mit ihrem Job? Ist es nicht so, dass alle anderen zufriedener und glücklicher sind als ich? (Ähnliche Denkhaltungen gibt es auch im Hinblick auf Geld und Sex.) Daher macht es manchmal Sinn, einen Schritt zurückzutreten und sich in Ruhe über die eigenen jobbezogenen Gefühle klar zu werden. Inwieweit sind dies wirklich »meine« Gefühle und inwieweit werden sie von den Vorstellungen anderer Leute beeinflusst? Wie würde zum Beispiel ein neu eingestellter Kollege (der von der im Betrieb herrschenden »Mode« noch unbeeinflusst ist) den Job empfinden?

Zwischenfazit

In den ersten Kapiteln dieses Buches wurde der Rahmen für eine detailliertere Untersuchung von Arbeitsbereichen bzw. beruflichen Tätigkeiten und Persönlichkeit abgesteckt. Fassen wir kurz zusammen:

Das Streben nach Glück ist universell und gilt in allen Lebensbereichen. Es in der Erwerbsarbeit zu finden, ist mit besonderen Problemen verbunden, denn fast jeder ist gezwungen, einer Arbeit nachzugehen, auch wenn er oder sie im Moment vielleicht gerade nicht arbeiten möchte oder der aktuelle Job bestimmte Tätigkeiten verlangt, die schwierig oder unangenehm sind. Dennoch sind Menschen, die eine Arbeit haben, im Allgemeinen glücklicher als Arbeitslose. Unter anderem deswegen ist die Erwerbsarbeit von zentraler Bedeutung für das Funktionieren nahezu jeder Gesellschaft.

Glück und Zufriedenheit im Job sind dabei nicht nur für das persönliche Wohlergehen wichtig, sie fördern auch die Arbeitsleistung und können zum Erfolg eines Unternehmens beitragen. Mitarbeiter, die ihre Arbeit mögen, bringen sich besser in das Unternehmen ein. Das Ganze kann man auch unter dem Begriff der »Arbeitsmoral« betrachten, die ebenfalls eine Form von Glück darstellt.

Glück kann in unterschiedlichen Kontexten und Dimensionen auftreten, wobei die Arbeitszufriedenheit von besonderer Bedeutung ist. Zudem sind Emotionen wie Freude, Spaß und dergleichen die Bausteine für komplexere gefühlsmäßige Reaktionen wie z.B. das »Job Involvement«. Spezifische negative Emotionen wie Anspannung oder Traurigkeit fördern in ähnlicher Weise allgemeine Gefühle des Unglücklichseins.

Mittels zweier Fragebögen haben Sie bzw. Ihre Mitarbeiter oder Klienten das gegenwärtige Maß an Arbeitszufriedenheit bzw. an arbeitsbezogenem Glück ermittelt. In den folgenden drei Kapiteln gilt es nun, diese allgemeinen Gefühle auf konkrete Arbeitsstellen, -aufgaben und -situationen herunterzubrechen.

4

Wie Glück entsteht:
Die »Wichtigen Neun« Schlüsselmerkmale

Kapitel 3 haben wir abgeschlossen mit einigen Hinweisen darauf, welche »Zutaten« für das Entstehen von Wohlbefinden ausschlaggebend sind. Nun wollen wir darauf aufbauend zeigen, wie man hinsichtlich dieser zentralen Aspekte eine Job-Bewertung vornehmen kann. Dazu betrachten wir in diesem Kapitel zunächst noch verschiedene, auch nicht auf Erwerbsarbeit bezogene, Kontexte. In den *Kapiteln 5* und *6* untersuchen wir dann eingehender, inwieweit diese allgemeinen Merkmale vor allem bei Erwerbsarbeit von Bedeutung sind.

Äußere Quellen für Glück und Unglück

Beginnen wir mit einem Buch, das Co-Autor Peter Warr 1987 veröffentlichte: *Work, unemployment and mental health.*

Darin wurde herausgearbeitet, was wir hier als die »Wichtigen Neun« bezeichnen wollen – die neun wichtigsten äußeren Quellen für Glück bzw. Zufriedenheit oder Unzufriedenheit. Sie sind für alle Lebenssituationen relevant und bestimmen wie sich verschiedene Lebensphasen und -situationen, wie zum Beispiel Arbeiten und Arbeitslosigkeit oder Berufstätigkeit und Ruhestand, in psychologischer Hinsicht unterscheiden. Im Einzelnen werden sie wie folgt bezeichnet:

> *Die »Wichtigen Neun«: Schlüsselmerkmale für die Entstehung von*
> *Glück und Zufriedenheit*
> *1. Persönlicher Einfluss*
> *2. Einsatz eigener Fähigkeiten*
> *3. Anforderungen und Ziele*

4. Abwechslung
5. Klare Aufgaben und Perspektiven
6. Soziale Kontakte
7. Geld
8. Angemessenes physisches Umfeld
9. Anerkennung und Wertschätzung

Diese neun elementaren Merkmale beeinflussen unser Gück auf vielfältige Weise. Der erste und entscheidende Aspekt in jeder Lebenssituation ist die Möglichkeit *persönlichen Einfluss* ausüben zu können. Um etwas Positives zu erreichen oder sich vor Schaden zu schützen, muss man in der Lage sein, zumindest etwas von dem, was man möchte, auch durchzusetzen. Dabei geht es nicht notwendigerweise um »Einfluss« im ganz großen Stil – etwa an der Spitze eines Konzerns oder als Minister im Kabinett –, sondern um das Gefühl, nicht machtlos dem Lauf der Dinge ausgeliefert zu sein. Das ist einerseits wichtig, um Schmerz zu vermeiden und sich möglicherweise auch das Leben etwas angenehmer zu gestalten, aber auch deshalb, weil man dadurch ein Gefühl für die eigene Existenz, die eigene »Handlungsfähigkeit« bekommt – man spürt, dass man eine »reale Person« ist und kein Spielball der Ereignisse. Positiver ausgedrückt: Um das tun zu können, was uns wirklich wichtig ist, ist es von entscheidender Bedeutung, dass wir die Welt, in der wir leben, beeinflussen können.

Ein gewisser Einfluss auf den Gang der Dinge ist auch deshalb hilfreich, weil das bedeutet, dass wir auch andere Punkte aus der Liste der »Wichtigen Neun« zum Guten verändern können – für uns selbst oder auch für die Menschen in unserem Umfeld. Wenn es einer Person zum Beispiel völlig an Merkmal Nr. 1 mangelt und sie keinerlei persönlichen Einfluss darüber hat, was in ihrem Leben passiert (zum Beispiel wenn jemand schwer krank ist oder beruflich in einer totalen Sackgasse steckt), wird der Betroffenen auch kaum in Situationen kommen, in denen er seine Fähigkeiten einsetzen (Merkmal Nr. 2) oder für mehr Abwechslung (Merkmal Nr. 4) sorgen kann. Und natürlich wird das Maß des persönlichen Einflusses selbst wiederum von den übrigen Merkmalen mitbestimmt. Ein Mangel an Geld (Merkmal Nr. 7) beispielsweise lässt wenig Spielraum für eine abwechslungsreiche Gestaltung von Aktivitäten (Merkmal Nr. 4), was dafür sorgen würde, dass wir uns glücklicher fühlen könnten.

Das zweite entscheidende Merkmal auf unserer Liste ist der *Einsatz der eigenen Fähigkeiten*. Menschen brauchen die Möglichkeit, ihre Fähigkeiten und Fertigkeiten anzuwenden, also das tun zu, worin sie gut sind – einerseits um Probleme zu lösen und Ziele zu erreichen, aber auch, weil es oft schon allein für sich befriedigend ist, die eigenen Fähigkeiten und das eigene Wissen zum Tragen zu bringen. (In diesem Zusammenhang kommen die in Ka*pitel 3* erwähnten Konzepte von »Selbstverwirklichung«, »Flow« und »Bedeutung« wieder ins Spiel.)

Jeder Mensch hat sich im Laufe der Jahre ein großes Verhaltensrepertoire angeeignet und dieses eingeübt. Diese Verhaltensweisen laufen oft so automatisiert ab, dass wir gar nicht mehr merken, wie geschickt oder versiert wir in bestimmten Dingen sind. In anderen Fällen sind wir uns stärker bewusst, dass wir mit unserem persönlichen Wissen Probleme auf eine Art lösen, die vielen anderen gar nicht zur Verfügung steht. Anspruchsvolle Tätigkeiten erfolgreich zu meistern, ist für ein positives Selbstwertgefühl und ein stabiles Selbstvertrauen von entscheidender Bedeutung. Nimmt man jemandem die Möglichkeit, seine Fähigkeiten und Talente zu nutzen, wird sich diese Person schnell in sich zurückziehen und deprimiert werden.

Ein Beispiel: Bronte Blomhoj, vormals Personalleiterin des Unternehmens Innocent Drinks, machte sich selbstständig und gründete in London das Unternehmen Scandinavian Kitchen, ein Café und Lebensmittelgeschäft. Mit ihrem Job bei Innocent Drinks war sie zwar sehr zufrieden gewesen und arbeitet auch noch gelegentlich für diese Firma, aber sie wollte etwas Eigenes auf die Beine stellen. Sie ist überzeugt, dass die Fähigkeiten der Menschen, die sie beschäftigt, das A und O sind: »Wir wollen die Leute so gut ausbilden, dass sie, wenn das möchten, später ihr eigenes Unternehmen gründen können – oder auch nicht, wenn sie das nicht wollen.« In ihrem neuen Unternehmen kommen nicht nur ihre bereits vorhandenen Fähigkeiten, Menschen zu qualifizieren und zu fördern, intensiv zum Einsatz, sie und ihre Belegschaft entwickeln auch laufend neue Fertigkeiten.

Beim dritten Merkmal handelt es sich um *Anforderungen und Ziele,* die vom Umfeld an uns herangetragen werden – die Erwartung, dass wir etwas bestimmtes tun. Zufriedenheit hängt zwar häufig davon ab, selbst gesetzte Ziele zu erreichen, oft aber erwächst sie auch aus der Erfüllung von Vorgaben, denen wir aufgrund unserer Funktion oder Rolle gerecht werden müssen. Wer in einem bestimmten Beruf arbeitet, eine Familie zu versorgen hat, Mitglied eines Sportvereins ist, dem Gemeinderat angehört oder eine andere verantwortungsvolle Position bekleidet, von dem wird erwartet, dass er bestimmte Ziele anstrebt und erreicht. Solche von außen festgelegte Ziele zwingen uns dazu, aktiv zu werden, uns anzustrengen, wie wir das sonst vielleicht nicht getan hätten, und oft auch Hindernisse zu überwinden, die wir nicht überwunden hätten, hätten wir diese Rolle oder diese Funktion nicht inne – und sie machen uns vielleicht glücklich, weil wir am Ende etwas erreicht haben, was wir uns vorgenommen hatten.

Dazu kommt, dass auch der Prozess selbst, das Tun, für sich genommen schon befriedigend sein kann: »Voller Erwartung zu einer Reise aufzubrechen«, wird von manchen Menschen als vergnüglicher empfunden als das eigentliche »Ankommen« am Ziel. Dieser Aspekt wurde auch von US-Präsident Barack Obama im Januar 2009 in seiner Rede zum Amtsantritt angesprochen: »Nichts ist befriedigender für den Geist, bestimmender für den Charakter, als alles für eine schwierige Aufgabe zu geben.«

Das vierte Hauptmerkmal von Glück ist ein gewisses Maß an *Abwechslung* im Leben. In einer Situation festgefahren zu sein oder immer wieder das Gleiche tun zu müssen, führt zu Niedergeschlagenheit. Das liegt zum Teil daran, dass wir uns über Adaptionsprozesse an gleichbleibende Gegebenheiten anpassen – wir »gewöhnen« uns daran (siehe *Kapitel 8*) –, hat oft aber auch damit zu tun, dass in einem Umfeld, das nur wenig Abwechslung bietet, auch einige der anderen »Wichtigen Neun« Merkmale fehlen: *die* Möglichkeit, eigene Fähigkeiten einzusetzen, soziale Kontakte zu knüpfen usw. Kein Wunder, dass Abwechslung oft auch als das »Salz in der Suppe« bezeichnet wird.

Um was es auch geht, Menschen werden immer versuchen, sich der Wiederholung des ewig Gleichen zu verweigern. In der über lange Jahre beliebten britischen Fernsehserie *Doctor Who* gab es viele verschiedene Schauspieler und Charaktere. In einer Folge wurde dann ein neuer Charakter eingeführt, der Master, der in allen 26 Folgen eines Jahres den Schurken spielte. Der Produzent Barry Letts bereute diese Entscheidung in seinen Memoiren zutiefst: Abwechslung war seiner Meinung nach von entscheidender Bedeutung für die Aufrechterhaltung des Zuschauerinteresses. Die Figur tauchte zwar später noch einmal auf, aber nur noch in einer oder zwei Folgen pro Jahr.

Das fünfte Merkmal ist die Möglichkeit einschätzen zu können, was auf einen zukommen kann. Forschungen haben wiederholt gezeigt, dass *klare Aufgaben und Perspektiven* in vielen Situationen für unser Glück wichtig sind, während es Sorgen schüren kann, nicht genau zu wissen, was man tun soll, und das Ergebnis des eigenen Handelns nicht abschätzen zu können. Dies beruht zum Teil darauf, dass es unverzichtbar ist, sich mögliche Folgen des eigenen Handelns vorstellen zu können, wenn man imstande sein will, Entscheidungen darüber zu treffen, was als Nächstes zu tun ist; Entscheidungen und Pläne müssen auf einer gewissen Berechenbarkeit fußen. Ein geringes Maß an Klarheit über die eigene Situation und die Zukunft kann selbst für sehr risikobereite Menschen sehr beunruhigend wirken. Unternehmer können nur selten sicher sein, dass neue Produkte oder Projekte erfolgreich sein werden, dennoch müssen sie sie konsequent vorantreiben; es bleibt ihnen nichts anderes übrig, als mit der unangenehmen Unsicherheit zu leben, in die sie sich begeben haben.

Das sechste Merkmal von Glück sind die *sozialen Kontakte*. Diese sind bekanntlich in vielfacher Hinsicht wichtig, und ihr Fehlen ist häufig eine Ursache für Angst und Depression. Interaktion mit anderen Menschen ist von entscheidender Bedeutung für die Entwicklung von Freundschaften und die Überwindung von Einsamkeit, zudem können andere einem auch helfen, Probleme zu lösen und in schweren Zeiten Trost spenden. Viele Ziele kann man nur durch eine gedeihliche Zusammenarbeit mit anderen erreichen. Andererseits verstärken negative soziale Beziehungen mit unangenehmen oder unfreundlichen Menschen gewöhnlich auch unerfreuliche Gefühle.

Soziale Kontakte sind zudem wichtig, um sich selbst durch Prozesse des »sozialen Vergleichs« besser verstehen zu lernen. Jeder muss eigene Meinungen und Fähigkeiten mit denen anderer vergleichen, um diese besser einschätzen zu können und sie auf der Grundlage eines breiteren Spektrums besser zu verstehen. Allgemeiner ausgedrückt: Von den anderen lernen wir, welche Verhaltensweisen und Gedanken im eigenen sozialen Netzwerk angemessen sind; soziale Normen und Trends beeinflussen Ideen und Meinungen genauso wie die Kleidung und musikalische Vorlieben.

Ein weiteres Merkmal, dessen Fehlen Unzufriedenheit hervorruft, ist natürlich *Geld* (Nr. 7). Wenn bei weitem nicht genügend Geld für notwendige persönliche und familiäre Aufwendungen da ist, wird man zweifellos schwer zu kämpfen haben, um über die Runden zu kommen und darüber nicht in Verzweiflung zu versinken. Wenn man kaum die Kosten für das Lebensnotwendige bestreiten kann, wird man keinen Spielraum haben, um andere Merkmale zu verbessern, wie etwa die Abwechslung (Nr. 4) oder jene Aspekte des sozialen Kontakts (Nr. 6), die mit Ausgaben (z. B. Essen im Restaurant) verbunden sind. Armut kann sich gewissermaßen im Selbstlauf verfestigen, da arme Menschen häufig für manche Dinge mehr bezahlen müssen, sich keine Kosten sparenden Geräte leisten können, oft nur eine Rechnung bezahlen können und die übrigen aber nicht, und dann vielleicht auch noch hohe Zinsen zahlen müssen auf Kredite, die sie aufgenommen haben, um Notsituationen zu überbrücken. Menschen mit geringem Einkommen müssen einen großen Teil ihres Geldes allein für Nahrungsmittel aufwenden, wodurch nur noch wenig übrig bleibt für Freizeit- oder Unterhaltungsangebote. Entsprechende Forschungsergebnisse zeigen denn auch, dass Sorgen und ein unglückliches Grundgefühl bei armen Menschen durchschnittlich am stärksten ausgeprägt sind.

Das achte Merkmal, das Glück maßgeblich beeinflusst, ist ein *angemes-senes physisches Umfeld*. Jeder braucht Schutz vor physischen Gefahren, möchte bei Kälte eine vernünftige Heizung, wünscht sich genügend Platz zum Wohnen und möchte über all die Dinge verfügen, welche die Teilnahme am Alltagsleben ermöglichen. Manchmal ist das physische Umfeld in dieser Hinsicht nicht adäquat, was natürlich das Aufkommen von Glücksgefühlen weitgehend unterbindet. Man beachte, dass wir uns in diesem Kapitel mit dem Leben im Allgemeinen befassen, so dass unter »physischem Umfeld« die allgemeinen Lebensbedingungen eines Menschen zu verstehen sind – die Wohnung, die Einrichtung, die Heizung, die Nachbarschaft usw. In späteren Kapiteln werden wir uns dem physischen Umfeld am Arbeitsplatz zuwenden – dem Arbeitsraum, der Ausrüstung, den Sicherheitsvorkehrungen etc.

Und schließlich ist es für das Entstehen von Glück wichtig, etwas zu tun, mit dem man sich identifizieren kann, wenigstens von Zeit zu Zeit. Eine Funktion zu erfüllen, die mit *Anerkennung und Wertschätzung* verbunden ist (Nr. 9), nutzt anderen, aber auch uns selbst – als Firmenangehöriger, als Elternteil, als Mitglied einer sozialen Vereinigung und so weiter. Die Zunahme der durchschnittlichen Lebenserwartung in vielen Ländern bei-spielsweise erzeugt einen wachsenden Bedarf an Pflegekräften für alte Menschen, die weiter zu Hause leben wollen. Diese Pflegekräfte werden in der Regel ziemlich schlecht bezahlt, doch das ist nicht das Entscheidende, wie eine von ihnen erklärte:»Ich weiß, dass ich helfen kann. Ich tue etwas, das für die Menschen von Bedeutung ist, und das mache ich gern.« Wir werden später Beispiele dafür anführen, wie dieses Merkmal den unter-schiedlichsten Arbeitssituationen eine persönliche Bedeutung, einen Sinn verleihen kann.

Die bereits erwähnte Bronte Blomhoj gründete ihre eigene Firma 2007, nachdem sie als leitende Managerin bei einem Getränkehersteller und davor bei einer Handelsbank gearbeitet hatte. Viele ihrer heutigen Geschäftspart-ner betrachten ihre gegenwärtige Position als einen Rückschritt. »Das halte ich eher für deren Problem«, sagt sie. In ihrer neuen Position hilft sie anderen Menschen bei ihrer Arbeit, und das entspricht dem, was ihr wichtig ist – es ist für sie sinnstiftend und vermittelt ihr das Gefühl, dass ihre Tätigkeit wertvoll ist.

Ob die Arbeit, die man verrichtet, wertvoll und sinnstiftend ist, hat zum Teil auch damit zu tun, wie man sich selbst sieht: Sind die eigenen Aktivi-täten persönlich befriedigend? Lohnt es sich, dafür seine Zeit einzusetzen? Doch neben dem Selbstwertgefühl umfasst dieses neunte Merkmal von Glück auch die Achtung oder Anerkennung durch andere: Inwieweit wird die Aufgabe, die man erfüllt, von der Gesellschaft geschätzt? Wie wird sie im persönlichen Umfeld angesehen?

Diese beiden Sichtweisen, die Eigen- und die Fremdperspektive, können, müssen aber nicht deckungsgleich sein. So können beispielsweise Menschen, die Arbeiten machen, die weithin gemieden werden (Toilettenfrauen, Müllmänner, Kammerjäger und dergleichen), ihre Tätigkeit in mannigfacher Hinsicht als gesellschaftlich wertvoll einstufen und möglicherweise untereinander ein gemeinsames Bewusstsein von der positiven Bedeutung ihrer Arbeit entwickeln.

Glück und Zufriedenheit in unterschiedlichen Lebenssituationen

Die bisherigen Ausführungen dieses Kapitels mögen vielleicht etwas abstrakt erscheinen, doch wir mussten zunächst den Gesamtrahmen darstellen. Im nun folgenden Kapitel werden wir die eben skizzierten neun Schlüsselmerkmale in Bezug zu konkreten Lebenssituationen setzen. Dabei wird sich zeigen: Wenn diese Merkmale in einer Lebenssituation nur schwach ausgeprägt sind, mangelt es auch an Glück und Zufriedenheit. Wir möchten den zu Beginn dieses Kapitels gewählten weiten Blickwinkel beibehalten und die Frage von Glück und Zufriedenheit bzw. Unzufriedenheit zunächst in Kontexten außerhalb der Erwerbsarbeit betrachten: bei Menschen, die sich in der Arbeitslosigkeit oder im Ruhestand befinden oder sich ausschließlich um Haushalt und Familie kümmern. Dieser Blickwinkel wird am Ende Rückschlüsse darauf ermöglichen, was in einem Job wirklich wichtig ist.

Arbeitslosigkeit

Wie stellt sich Arbeitslosigkeit im Hinblick auf die neun Schlüsselmerkmale für Glück dar? In Anbetracht des bisher Gesagten ist es nicht verwunderlich, dass Menschen, die keine Arbeit mehr haben, im Durchschnitt in all diesen Bereichen Defizite empfinden. Der persönliche Einfluss (Merkmal Nr. 1) ist gering, da Erwerbslose weniger Entscheidungs- und Handlungsmöglichkeiten haben. Misserfolge bei der Arbeitssuche, die fehlende Möglichkeit, auf potenzielle Arbeitgeber einzuwirken, und eine zunehmende Abhängigkeit von den Sozialbehörden vermindern die Fähigkeit eines Menschen, Einfluss zu nehmen auf das, was ihm widerfährt. Allein die Tatsache, dass ein potenziell neuer Arbeitgeber den Termin für das Vorstellungsgespräch vorgibt, erinnert die Betroffenen daran, wie sehr sie vom Wohlwollen anderer abhängig sind. Manche Psychologen sprechen in diesem Zusammenhang davon, dass die Betroffenen nur noch eine »Schachfigur« seien und kein »Original« mehr.

Der Mangel an persönlichen Einflussmöglichkeiten, unter dem Arbeitslose leiden, ist schon an sich bedrückend (sich machtlos zu fühlen, wirft einen aus der Bahn). Er bringt auch eine Unfähigkeit mit sich, andere wichtige Merkmale beeinflussen zu können; die Betroffenen haben wenig Spielraum, um sich Abwechslung zu verschaffen, ihre finanzielle Lage oder ihre konkrete Lebensumgebung zu verbessern. Reduzierte Einflussmöglichkeiten entstehen auch, wenn andere Merkmale im Zuge von Arbeitslosigkeit immer weiter abnehmen. So schränkt beispielsweise Geldmangel (Merkmal Nr. 7) die Handlungsmöglichkeiten von Erwerbslosen weiter ein.

Auch das zweite Glücksmerkmal, die Möglichkeit, die eigenen Fähigkeiten zu nutzen, wird durch Arbeitslosigkeit eingeschränkt. Menschen können ihre Fähigkeiten nicht länger in der Arbeit entfalten und haben in der Regel auch nur geringe Chancen, sich neue Fähigkeiten anzueignen. Drittens werden auch die von außen formulierten Ziele weniger, da die Betroffenen keine arbeitsbezogenen Anforderungen mehr erfüllen müssen und das private Umfeld in der Regel nicht in dem Maße ein zielgerichtetes Handeln verlangt. Mehrere Untersuchungen haben gezeigt, dass Arbeitslose häufig Schwierigkeiten haben, ihren Tag zu bewältigen, oft viele Stunden untätig herumsitzen oder viel Zeit vor dem Fernseher verbringen.[1] Dies wird manchmal noch durch gesetzliche Vorschriften verschärft, die von den Betroffenen verlangen, für eine Arbeit jederzeit zur Verfügung zu stehen, wenn sie weiter Unterstützung beziehen wollen. Auf den ersten Blick mag diese Vorgabe vernünftig erscheinen, doch bedauerlicherweise wird damit auch die Aufnahme von ehrenamtlichen Tätigkeiten unterbunden, die ebenfalls ein gewisses Gefühl der Selbstverwirklichung erzeugen könnten.

Das vierte Merkmal, Abwechslung, wird in der Arbeitslosigkeit zum Teil durch den Wegfall von Zielen und Anforderungen (Merkmal Nr. 3, siehe oben) beeinträchtigt, aber auch durch den Verlust des »Gegensatzes« zwischen Arbeit und Freizeit. Zudem wird der persönliche Erfahrungshorizont verengt: Der durch die Erwerbslosigkeit verursachte Einkommensrückgang

---

1 Auch diese Aussagen beruhen auf dem bereits erwähnten Buch von Peter Warr, *Work, happiness, and unhappiness,* New York 2007. Dort werden auf mehr als 50 Seiten gut tausend Studien und Untersuchungen zu diesem Thema zitiert.

führt zu einer generellen Reduzierung von Aktivitäten (z. B. Reisen, kulturelle Anlässe, Besuche etc.).

Auch einige Facetten des fünften Merkmals (klare Aufgaben und Perspektiven) werden durch Arbeitslosigkeit beeinträchtigt. Die Zukunft wird in vielfacher Hinsicht unvorhersehbar, da ungewiss ist, was die Jobsuche ergeben wird, und den Betroffenen jene Informationen fehlen, die für Entscheidungen und Planungen erforderlich sind. Was wird zum Beispiel in drei Monaten sein? Was kann ich in Bezug auf meine Familie, mein Haus und andere wichtige Lebensbereiche planen? Kann ich mir ein bestimmtes Gerät, das ich eigentlich jetzt benötige, anschaffen oder werde ich dieses Geld nächstes Jahr für die Deckung der Grundbedürfnisse brauchen? Zudem sehen sich Erwerbslose bisweilen mit widersprüchlichen oder verwirrenden Anforderungen konfrontiert: Wie soll man sich in dieser ungewohnten Situation verhalten? Was soll man den Familienmitgliedern oder Bekannten sagen? Manche Leser haben vielleicht derartige Probleme schon persönlich erfahren.

Auch die Beziehungen zu anderen Menschen (Merkmal Nr. 6) können in Zeiten der Arbeitslosigkeit einen Rückschlag erleiden, da zum Beispiel Streit über die Verwendung der begrenzten finanziellen Mittel die Harmonie des Familienlebens zerstören oder das niedrige Einkommen die Teilnahme an Veranstaltungen oder anderen sozialen Ereignissen verhindern kann. Weniger Geld zur Verfügung zu haben (Merkmal Nr. 7), ist ein weiteres generelles Problem, und wenn dadurch eine finanzielle Abhängigkeit von anderen Familienmitgliedern entsteht, können die Familienbeziehungen noch zusätzlich belastet werden. Eine geringe Ausprägung des achten Merkmals (angemessenes physisches Umfeld) wird in der Phase der Arbeitslosigkeit gewöhnlich mit einer Einschränkung der finanziellen Mittel in Verbindung gebracht. Arbeitslose müssen manchmal unter sehr schwierigen Bedingungen leben, vor allem wenn sie die Kosten für Heizung, Reparaturen oder Ersatzanschaffungen nicht mehr aufbringen können.

Und schließlich gehen Anerkennung und Wertschätzung (Merkmal Nr. 9) durch unfreiwillige Arbeitslosigkeit verloren. Mit der Entlassung werden die Betroffenen aus einer gesellschaftlich anerkannten Stellung herausgerissen, was häufig zum Verlust des positiven Selbstbilds führt. Man kann sich den Lebensunterhalt nicht mehr selbst verdienen und fühlt sich nicht mehr als vollwertiges Mitglied der Gesellschaft. Wie in *Kapitel 2* ausgeführt, wird Erwerbslosigkeit weithin mit einem Verlust von Ansehen verbunden und mit dem Gefühl, ein »Mensch zweiter Klasse« zu sein. Dies hängt mit der kulturell verankerten Vorstellung zusammen, dass Arbeit etwas Gutes und Wichtiges ist, worauf in *Kapitel 1* verwiesen wurde. Auch wenn durch die Arbeitslosenversicherung die größten materiellen Nöte behoben werden, empfinden manche Betroffene möglicherweise Scham darüber, dass sie von öffentlicher Unterstützung abhängig und anscheinend nicht mehr in der Lage sind, selbst für ihre Familie zu sorgen oder einen Wert schöpfenden Beitrag für die Gesellschaft zu leisten.

Zusammenfassend lässt sich sagen: Die Forschung hat gezeigt, dass Arbeitslosigkeit im direkten Vergleich zu Arbeit als Belastung empfunden wird und dass die Ursache für dieses Ergebnis in den neun Schlüsselmerkmalen zu finden ist: Die beiden Lebenssituationen unterscheiden sich im Durchschnitt in allen neun Punkten, die für unser Wohlergehen von Bedeutung sind, erheblich.

Aber natürlich sind nicht alle Menschen »Durchschnitt«, und manche Arbeitslose sind unzufriedener und unglücklicher als andere. Das liegt zum einen daran, dass das persönliche Umfeld von Arbeitslosen durch eine unterschiedliche Ausprägung der neun Schlüsselmerkmale geprägt ist, hat aber zum anderen auch damit zu tun, dass sich die Menschen hinsichtlich ihrer Einstellungen, Bedürfnisse und sonstigen Eigenschaften unterscheiden. Eine wichtige Rolle spielt dabei das Alter. Es hat sich gezeigt, dass Menschen mittleren Alters Erwerbslosigkeit als besonders schmerzlich empfinden; Menschen dieser Altersklasse sehen sich in der Pflicht, eine Familie zu versorgen und deren Lebensunterhalt zu verdienen. Ein Kollege von einem der beiden Autoren dieses Buches wurde z. B. mit 49 Jahren arbeitslos. Er erlebte seine Situation als sehr belastend, weil er sich große Sorgen darüber machte, ob er in seinem Alter noch einen neuen Job finden würde.

Ein weiterer Aspekt, der die ohnehin schon prekäre Gefühlslage von Arbeitslosen weiter negativ beeinflusst, ist die Gesundheit. Egal ob man einen Job hat oder arbeitslos ist, gesundheitliche Beschwerden verstärken das Gefühl des Unglücklichseins. Entsprechende Studien kommen immer wieder zu dem Ergebnis, dass Arbeitslose, die gesundheitlich angeschlagen sind, sich noch unglücklicher und unzufriedener fühlen. Alle Arbeitslosen leiden darunter, dass die neun Schlüsselmerkmale für Glück nur noch in eingeschränktem Maß vorhanden sind, aber wenn man zusätzlich auch noch physisch krank ist, wird die eigene Lage als noch unglücklicher empfunden.

Neben dem Alter und Gesundheitszustand muss man auch die unterschiedliche Motivation und Antriebskraft von Menschen, die arbeitslos sind, berücksichtigen. Nicht alle sehnen sich gleichermaßen nach einem neuen Job. Am stärksten unter ihrer Situation leiden die, für die Arbeit ein wichtiger Bestandteil des Lebens ist. (Psychologen sprechen in diesem Zusammenhang von einem unterschiedlichen »employment commitment«, einer unterschiedlich ausgeprägten positiven Einstellung zur Arbeit.) Betroffene, die sich im Laufe der Zeit mit ihrer Situation arrangieren, indem sie ihre Bindung an die Arbeit reduzieren, kommen emotional besser mit ihrer Lage zurecht – dass sie keinen Job mehr haben, bedeutet ihnen nicht mehr so viel. (Dadurch vermindern sich allerdings auch ihre Chancen, einen neuen Arbeitsplatz zu finden – ein schwieriges Dilemma).

Die nächste Frage lautet nun: Warum wünschen sich manche Menschen sehnlicher einen Job als andere? Es ist leicht zu erkennen, dass es für diese Motivation zwei Gründe gibt – finanzielle und nicht-finanzielle. (Falls Sie es noch nicht bemerkt haben: Wir sprechen hier zwar von Arbeitslosigkeit, aber wir beziehen uns auch auf Menschen wie Sie, die vielleicht mitten im Job stehen, eine Familie ernähren oder offiziell im Ruhestand sind.)

Manche Menschen bemühen sich besonders entschlossen darum, rasch wieder ein gutes Einkommen zu erzielen, weil ihre schlechte finanzielle Lage sie schlicht dazu zwingt (um den Lebensunterhalt der Familie zu sichern oder anderen Verpflichtungen nachkommen zu können) oder aber, weil sie zu jenem Typ von Menschen gehören, die in einem hohen Maße über Geld motiviert werden. In einem 2008 in der *Times* erschienenen Bericht über die Versammlung einer Vertriebsmannschaft wurde der Teamleiter mit folgenden Worten zitiert: »Diese Leute erwarten von ihrem Job einzig und allein, dass er es ihnen ermöglicht, sich teure Autos kaufen und mehrmals im Jahr in Urlaub fahren zu können.« Für andere Menschen steht zwar bei der Arbeit das Geld weniger im Vordergrund, aber auch ihnen ist es wichtig, ein ordentliches Einkommen zu erzielen.

Auch nicht-finanzielle Motive können ein besonders starkes Engagement bei der Jobsuche auslösen: Für viele Menschen hat das Arbeiten eine tiefe persönliche Bedeutung – entweder aus moralischen Gründen oder aufgrund der psychologischen und sozialen Belohnungen, die sie bei der Arbeit erhalten. In *Kapitel 1* haben wir auf die protestantische Arbeitsethik hingewiesen, die den Wert der Arbeit vor den Augen Gottes, aber auch für die Arbeitenden selbst preist; auch andere Gesellschaften und Kulturen, z. B. im Fernen Osten, haben ähnliche Arbeitsauffassungen hervorgebracht.

Wie groß die Unzufriedenheit ist, die in einer Phase der Erwerbslosigkeit aufkommt, hängt also maßgeblich davon ab, welche Einstellung ein Arbeitsloser gegenüber bezahlter Arbeit an den Tag legt, bzw. wie stark sich ein Mensch, der arbeitslos geworden ist, wieder eine Erwerbsarbeit wünscht. Diese Art von Motivation (wir bezeichnen sie allgemein als »Rollenpräferenz«) liegt auch dem Glück bzw. der Zufriedenheit oder Unzufriedenheit der Menschen in ihren anderen Daseinsweisen zugrunde, etwa als Pensionär/Pensionärin oder Hausmann/Hausfrau. Untersuchungen haben gezeigt, dass diese Rollen das Wohlbefinden von Menschen ebenso stark beeinflussen wie Arbeitslosigkeit – was sowohl mit der Ausprägung der neun Schlüsselmerkmale zu tun hat als auch mit der Einstellung gegenüber der Lebenssituation, in der man sich gegenwärtig befindet.

Ruhestand

Es gibt eine Fülle von Belegen dafür, dass sich manche Menschen, die abrupt aus dem Erwerbsleben ausscheiden, mit diesem Wechsel recht schwer tun. Andere dagegen freuen sich über die neue Situation. Lässt sich hier ein allgemeines Muster erkennen? Dazu müssen wir Vergleichsgruppen von Ruheständlern und Erwerbstätigen, die sich hinsichtlich Alter, Geschlecht und anderer Merkmale möglichst ähnlich sind, einander gegenüberstellen. Aus systematischen Studien, deren Design diese Merkmale berücksichtigt, ergibt sich, dass Pensionäre und Menschen, die noch erwerbstätig sind, im Großen und Ganzen einen ähnlichen Grad an Glück und Zufriedenheit aufweisen. Im Durchschnitt hat der Eintritt in den Ruhestand also keine Auswirkungen auf die Zufriedenheit bzw. Unzufriedenheit der Betroffenen.

Doch für Einzelne ist der Übergang vom Erwerbsleben in den Ruhestand von weit reichender Bedeutung. Worauf beruhen diese großen individuellen Unterschiede? Ja, richtig erkannt: Vieles hängt davon ab, wie stark die neun grundlegenden Glücksmerkmale im Einzelfall ausgeprägt sind. Untersuchungen haben ergeben, dass Ruheständler, in deren Lebenswelt die neun Schlüsselmerkmale in hohem Maße vorhanden sind, zufriedener und glücklicher sind als jene Pensionäre, für die dies nur in geringem Maße gilt. Wer als Ruheständler beispielsweise über ausreichend Geld, soziale Kontakte, Abwechslung und persönliche Einflussmöglichkeiten verfügt, wird wahrscheinlich auch glücklich sein. Ist dies nicht der Fall, wird auch die Zufriedenheit der Betroffenen zu wünschen übrig lassen. Der positive Effekt ist stärker bei Menschen, die in ihrer früheren Arbeit auf einige dieser Faktoren und Merkmale verzichten mussten: Für sie hat sich das Leben deutlich verbessert.

Wie wir festgestellt haben, sind im Fall von Arbeitslosigkeit neben den Unterschieden im Lebensumfeld auch der Gesundheitszustand und die Rollenpräferenz eines Menschen von Bedeutung. Gleiches gilt natürlich analog auch für den Ruhestand. Gesundheitliche Beeinträchtigung geht bei Ruheständlern mit Unzufriedenheit einher; Ähnliches gilt im Hinblick auf ihre Rollenpräferenz: Möchte man lieber im Beruf stehen als im Ruhestand?

Somit können wir ziemlich genau vorhersagen, welche Gefühle sich bei einem Menschen bei Arbeitslosigkeit oder im Ruhestand einstellen werden: Überprüfen Sie dazu einfach die neun Schlüsselmerkmale, die Rollenpräferenz sowie die Gesundheit der betreffenden Person – versuchen Sie, an Leute zu denken, die Sie kennen – et voilà. Natürlich gibt es noch weitere Einflussfaktoren, die dazu beitragen, ob jemand zufrieden oder unzufrieden ist, wie etwa eine gute Partnerschaft oder bestimmte Persönlichkeitsmerkmale, aber gehen wir für jetzt davon aus, dass diese Faktoren bei Beschäftigten und Ruheständlern in gleichem Maße vorhanden sind.

Haushalt und Familie

Ein weiterer Vergleich, dem Psychologen große Aufmerksamkeit widmen, ist jener zwischen erwerbstätigen Frauen und Frauen, die zu Hause bleiben – ein Thema, das häufig auch in Zeitungen und Zeitschriften aufgegriffen wird. Ungeachtet aller gegensätzlichen Behauptungen hat die Forschung eindeutig gezeigt, dass *im Schnitt* zwischen den beiden Gruppen hinsichtlich ihrer Glücks- und Zufriedenheitswerte kein Unterschied besteht. Erwerbstätige und nicht erwerbstätige Frauen sind im Durchschnitt gleich glücklich.[2] Daneben gibt es natürlich individuell abweichende Ansichten und Einstellungen. Manche sind überzeugt, Kinder aufzuziehen ist eine Vollzeitbeschäftigung und sollte entsprechend gewürdigt werden, andere reagieren eher negativ, wenn jemand sich als Hausfrau oder Hausmann bezeichnet.

Viele Frauen sind eindeutig sehr unglücklich damit, zu Hause bei den Kindern bleiben zu müssen, für andere wiederum ist es das reinste Glück. Das hängt maßgeblich davon ab, was diese Menschen wollen, sprich: von ihrer »Rollenpräferenz«. In einer klassischen Studie aus den 1980er-Jahren wurde untersucht, inwieweit verheiratete amerikanische Frauen sich niedergeschlagen und deprimiert fühlen; dabei stellte sich heraus, dass diese Gefühle im Durchschnitt nichts mit dem Beschäftigungsstatus der Frauen zu tun hatten. Stattdessen ergab sich ein Zusammenhang zwischen der Rollenpräferenz – ob die Befragte zu Hause bleiben oder einer Erwerbstätigkeit

---

2 Wenn man Menschen danach fragt, wie sie sich im Großen und Ganzen fühlen, ist es sinnvoll, generell vom »Glücklichsein« anstatt von »Unglücklichsein« zu sprechen, denn das entspricht unserer Grunderfahrung. Groß angelegte Studien haben ergeben, dass unser Glücksniveau durchschnittlich leicht über der neutralen Marke liegt – was manchmal auch als »positivity off-set« bezeichnet wird.

nachgehen wollte – und der gegenwärtigen Position. Wie zu erwarten, zeigte sich folgendes Bild: Die Frauen waren weniger deprimiert, wenn sie in der von ihnen bevorzugten Funktion tätig waren, unabhängig davon, um welche es sich handelte.[3]

Es ist nicht überraschend, dass sich eine Frau, die lieber einen Job haben möchte anstatt zu Hause zu bleiben, im Job wohler fühlt. Generalisierungen über Frauen im Allgemeinen (wie sie in den Medien häufig vorkommen) sind also nicht unbedingt hilfreich. Es kommt vielmehr auf die Rollenpräferenz an, und darauf anzuerkennen, dass es keinen grundlegenden Unterschied zwischen den Gefühlen, die Frauen in beiden Rollen entwickeln können, gibt.

Will man die Rollen im Einzelfall vergleichen, sind auch hier die oben dargestellten neun Schlüsselmerkmale für Glück entscheidend. Ein Betroffener, der zu Hause bleibt, kann in seinem Leben zum Beispiel zu einem hohen Grad über die erstrebenswerten Merkmale verfügen – wenn er oder sie seine/ihre individuellen Fähigkeiten einsetzt, über ausreichend Geld verfügt, vielfältige soziale Kontakte besitzt, einen abwechslungsreichen Tagesablauf hat usw. Andere dagegen sind vielleicht beschränkt auf einfache, monotone Tätigkeiten, verfügen möglicherweise nur über wenig Geld, haben nur geringen sozialen Austausch, befinden sich also in einer Situation, in der die neun grundlegenden Glücksmerkmale insgesamt nur schwach ausgeprägt sind.

Es liegt nahe, dass im zweiten Fall die Werte für Glück und Zufriedenheit geringer ausfallen werden als im ersten.

Allgemein lässt sich somit festhalten, dass Zufriedenheitsvergleiche zwischen unterschiedlichen arbeitsbezogenen Rollen (erwerbstätig, erwerbslos, beschäftigungslos, im Ruhestand) immer von den neun Schlüsselmerkmalen abhängen. Zusätzlich spielen modifizierende Variablen wie die oben erwähnten eine Rolle: die persönliche Rollenpräferenz sowie Gesundheit bzw. Krankheit. Doch auch die Persönlichkeit und andere individuelle Charakterzüge sind wichtig. Damit werden wir uns im nächsten Kapitel befassen.

---

3   Diese Darlegungen verweisen auf den Unterschied zwischen Menschen, die »erwerbslos« sind und der umfassenderen Kategorie jener, die »beschäftigungslos« sind. Menschen, die als »erwerbslos« registriert sind, suchen per Definition eine neue Arbeitsstelle, während zu den »Beschäftigungslosen« neben der ersten Gruppe auch jene Menschen gezählt werden, die nicht unbedingt eine bezahlte Arbeit suchen. Die Forschungsergebnisse können hinsichtlich dieser beiden Gruppen unterschiedlich ausfallen, wenngleich dies in der Literatur nicht immer berücksichtigt wird.

Zu viel des Guten?

Manche Leser mögen jetzt vielleicht denken, mit diesen Glücksmerkmalen sei etwas nicht in Ordnung. Vielleicht haben sie einige davon sogar im Übermaß, werden dadurch aber nicht glücklicher. Anstatt sie noch weiter zu verstärken, wollen Sie sie vielleicht viel lieber reduzieren. Wer zum Beispiel in der Arbeit mit großen Herausforderungen oder Problemen konfrontiert ist, eine Familie zu organisieren hat, sich um die eigenen betagten Eltern kümmern muss und auch noch am gesellschaftlichen Leben teilnehmen möchte, wünscht sich wahrscheinlich keine weiteren *Anforderungen und Ziele* (Merkmal Nr. 3) mehr.

Einige Studien haben sich dieser Problematik angenommen und sind der Frage nachgegangen, ob eine Verstärkung der entscheidenden Umweltfaktoren nur bis zu einem bestimmten Grad wünschenswert ist. Vielleicht gibt es diesbezüglich einen Punkt, ab dem eine weitere Verstärkung (zum Beispiel dass man immer noch mehr Zielen gerecht werden soll) zu einer Verminderung statt einer Förderung des Wohlbefindens führt.

Dieses Muster wurde für mehrere der neun Schlüsselmerkmale dokumentiert. Es wurde zum Beispiel für Merkmal Nr. 3 (Anforderungen und Ziele) nachgewiesen: Man wünscht sich ein gewisses Maß (keine »Unterforderung«), aber auch nicht zuviel davon (keine »Überforderung«). Gleiches gilt für Merkmal Nr. 1, den persönlichen Einfluss. Obwohl es für den Selbstwert und das persönliche Wohlbefinden wesentlich ist, Dinge beeinflussen zu können, kann es auch hier ein Zuviel geben. Wenn die Umwelt zu hohe Anforderungen an einen stellt und verlangt, dass man zu viele Entscheidungen gleichzeitig treffen soll, können sich Sorgen und Ängste einstellen; man fürchtet, Fehler zu machen, fühlt sich überfordert und wird allgemein unzufrieden. Ähnlich verhält es sich bei einem sehr hohen Maß an Abwechslung (Merkmal Nr. 4). Man hat dann vielleicht so viele Dinge zu erledigen, dass man sich auf keine Sache mehr richtig konzentrieren kann und nicht mehr die Zeit findet, sich auf bestimmten Gebieten wirkliche Fertigkeiten anzueignen (Merkmal Nr. 2), und die verschiedenen Aktivitäten, die man ausführen soll, geraten sich schließlich in die Quere.

Diese neun Schlüsselmerkmale, die das Lebensumfeld bestimmen, sind also tatsächlich wichtig für unser Glück, aber sie dürfen nicht im Übermaß vorhanden sein. Man könnte auch sagen, dass zwischen einem Merkmal und dem subjektiven Wohlbefinden kein »lineares« Verhältnis besteht – dass Glück bei steigender Stärke eines bestimmten Merkmals nicht in gerader Linie, also direkt proportional, zunimmt. Vielmehr besteht ein »nicht-linearer«

Zusammenhang. In obigem Beispiel äußert sich der nicht-lineare Zusammenhang in Form eines umgedrehten U. Ausgehend vom unteren Bereich eines Merkmals wird die Zufriedenheit allmählich zunehmen (also an der linken Seite des umgedrehten U nach oben steigen). Dies ist zum Beispiel der Fall, wenn man mehr Gelegenheit erhält, Einfluss auf die Umwelt zu nehmen. Bei zunehmendem persönlichen Einfluss wird das persönliche Glück bzw. die Zufriedenheit schließlich ein Höchstmaß erreichen, um anschließend auf der anderen Seite des U wieder nach unten zu wandern. Dies ist der Fall, wenn immer mehr Entscheidungen und Verantwortlichkeiten an einen herangetragen werden, die man irgendwann nicht mehr bewältigen kann.

Im nächsten Kapitel werden wir sehen, was dieses nicht-lineare Muster für den Zusammenhang von Jobeigenschaften und jobbezogenem Glück bedeutet, aber zuvor müssen wir uns noch mit einem weiteren Aspekt befassen, der das gesamte Thema mit zusätzlicher Komplexität versieht. (Wir wollen es natürlich möglichst einfach halten, aber das Leben ist eben nicht immer einfach.) Einige der neun Glücksmerkmale wirken etwas anders als eben skizziert. Nehmen wir das Bedürfnis Geld zu verdienen. Lässt sich das Verhältnis zwischen dem Einkommen eines Menschen und seinem Glück bzw. seiner Zufriedenheit ebenfalls in Form eines umgedrehten U darstellen? Wenn man zu wenig davon hat, spielt Geld zweifellos eine große Rolle, und es ist gewiss hilfreich, wenn das Einkommen, ausgehend von einem niedrigen Gehaltsniveau, steigt. Aber kann man auch *zu viel* Geld haben – im Sinne eines umgedrehten U? Die Forschung antwortet auf diese Frage mit nein; die Zufriedenheit nimmt nicht weiter zu bei einer fortgesetzten Steigerung eines ohnehin schon hohen Einkommensniveaus, aber sie sinkt danach normalerweise auch nicht. Mehrere Untersuchungen haben gezeigt, dass bei ärmeren Menschen ein engerer Zusammenhang zwischen Einkommen und Zufriedenheit besteht als bei Bessergestellten, dass sich aber auf einem sehr hohen Einkommensniveau kein allgemeines Abflauen des Glücks bzw. der Zufriedenheit mehr einstellt.

Geldmangel verursacht also zweifellos Sorgen und Unbehagen, und Einkommenssteigerungen, die von einem sehr niedrigen Niveau ausgehen, verbessern eindeutig das Wohlbefinden. Doch wenn ein bestimmtes Niveau erreicht ist, haben weitere Einkommenssteigerungen nur noch eine begrenzte Auswirkung auf unser Glück, und es kommt zu einer Stabilisierung, nicht aber zu einem Rückgang.

Es gibt Lottogewinner, die sich mit ihrem plötzlichen Reichtum unglücklich fühlen, doch im Allgemeinen haben Unterschiede zwischen zwei sehr hohen Einkommensniveaus keinen Einfluss mehr auf das Wohlbefinden der

Betreffenden. Wenn man sehr wohlhabend ist, spielt Geld im täglichen Leben keine große Rolle mehr; andere Aspekte des Lebens erlangen dann größere Bedeutung für unser Glücklich- oder Unglücklichsein. In diesem nichtlinearen Muster zeigt sich also ein enger Zusammenhang zwischen Geld und Glück im niedrigen bis mittleren Einkommensbereich (mehr Geld macht den Menschen glücklicher, wenn er arm ist), während in den oberen Einkommensklassen der Zusammenhang von Geld und Glück deutlich abflacht bzw. sich auf hohem Niveau stabilisiert (der Unterschied der Zufriedenheit bei einem hohen und sehr hohem Einkommen ist vernachlässigbar, und die Einkommenshöhe wird im Allgemeinen auch nicht zu einem Rückgang der Zufriedenheit führen).

Die Liste der »Wichtigen Neun« Schlüsselmerkmale lässt sich somit unterteilen in (1) Merkmale, die bei einer sehr starken Ausprägung eher schaden (und zu »Überforderung« und ähnlichen Problemen führen), und (2) Merkmale, bei denen auch ein sehr hohes Niveau glücklich macht, wobei jedoch das genaue Maß der Ausprägung im oberen Bereich keine große Rolle mehr spielt (wie im Falle von sehr viel Geld).

In allen Fällen führt ein Fehlen des Merkmals zu Unzufriedenheit, sodass Steigerungen im unteren bis mittleren Bereich positivere Gefühle nach sich ziehen.

Wenn Menschen mit einer sehr starken Ausprägung bestimmter Merkmale konfrontiert werden, nimmt *in einigen, aber nicht in allen Fällen* die Wahrscheinlichkeit zu, dass sich bei den Betroffenen Ängste und Verunsicherungen einstellen und sie sich mehr Sorgen machen, als dies bei einer mittelgradigen Ausprägung des jeweiligen Merkmals der Fall wäre. Zu den Glücksmerkmalen, die sich in Form eines »umgedrehten U« darstellen, gehören die ersten sechs Merkmale auf der Liste: persönlicher Einfluss, Nutzung eigener Fähigkeiten, Anforderungen und Ziele, Abwechslung, klare Aufgaben und Perspektiven sowie soziale Kontakte. Eine stärkere Ausprägung dieser Merkmale führt im unteren bis mittleren Bereich zwar zu mehr Glück, sind sie jedoch in sehr hohem Maß vorhanden, schaden sie eher. Eine Steigerung bei den drei übrigen Merkmalen (Geld, angemessenes physisches Umfeld und Wertschätzung) fördert Glück ebenfalls bis in den mittleren und hohen Bereich, ihre Wirkung stagniert dann jedoch. Wenn sich diese drei Elemente auf hohem bis sehr hohem Niveau weiter verstärken, verändert sich die Zufriedenheit nicht mehr wesentlich. Weder verschlechtert sich das Wohlbefinden, noch verbessert es sich.

Lesern, die zum Zwecke der Gesundheitsvorsorge Nahrungsergänzungsmittel einnehmen, wird hier vielleicht einiges bekannt vorkommen. Sie wissen sicherlich, dass Vitamine von entscheidender Bedeutung für die Gesundheit sind, allerdings nur bis zu einer gewissen Dosis. Nach einer bestimmten eingenommenen Menge wirkt eine Erhöhung der Dosis nicht mehr gesundheitsfördernd, sondern kann sogar schaden. Daher wurden für viele Vitamine »Richtlinien« oder »Empfehlungen« für die täglich einzunehmende Dosis entwickelt. Ähnliches gilt für die neun grundlegenden Glücksmerkmale: Ohne sie ist man unglücklich (so wie ein Vitaminmangel Menschen krank macht), aber wenn ein gewisses Niveau erreicht ist (wie die »täglich empfohlene Einnahmemenge«), bringt es keinen Nutzen mehr, noch mehr davon zu haben, sondern schadet eher.[4] Daher sprechen wir in diesem Buch gelegentlich vom »Vitamin-Modell«. Das soll keine Empfehlung darstellen, Pillen einzunehmen, es sollen vielmehr Merkmale benannt werden, die für ein schönes Leben unverzichtbar sind, die aber bei einer stetigen Verstärkung auch schädlich wirken können; sowohl für Vitamine als auch für die neun Glücksmerkmale gibt es ein optimales Maß.

Und was bedeutet das für die Arbeitswelt?

Was bedeutet das nun alles für die Arbeitswelt? Allgemeine Fragen von Glück und Zufriedenheit bzw. Unzufriedenheit sind gewiss faszinierend, aber in diesem Buch geht es letztendlich um die Arbeit.

Dieses Kapitel hat die Grundlagen entwickelt und ist daher von allgemeiner Bedeutung: Die neun Schlüsselmerkmale gelten für alle Lebensbereiche. Jeder Bereich (zum Beispiel Familie, Freunde, Arbeit) kann anhand dieser neun Begriffe beschrieben werden: Sie beeinflussen unser Glück auf immer gleiche Weise, wo wir uns auch immer bewegen. Doch diese allgemeinen Aussagen müssen für jeden Lebensbereich durch domänenspezifische Aspekte ergänzt werden. So ist zum Beispiel in der Familie die emotionale Beziehung zwischen den Partnern eine Frage, die das Wohlergehen stark beeinflusst, dieser Aspekt lässt sich aber nicht unbedingt auf alle andere Domänen übertragen.

---

4   Forschungsergebnisse und konzeptionelle Folgen eines »Vitamin«-Modells im Hinblick auf Glück bzw. Zufriedenheit und Unzufriedenheit werden ausführlich in dem in Anmerkung 1 erwähnten Buch diskutiert. Eine kurze Zusammenfassung findet sich in dem von Peter Warr verfassten Kapitel »Environmental ›vitamins‹, personal judgements, work values, and happiness« in: C. L. Cooper (Hg.), *The Oxford handbook of organizational well-being*, Oxford 2009.

Was unser Glück im Arbeitsleben angeht, müssen wir die neun allgemeinen Schlüsselmerkmale um drei weitere, arbeitsspezifische Aspekte ergänzen: unterstützende Vorgesetzte, gute Aufstiegschancen und ein von Fairness geprägtes Arbeitsklima. Mehr dazu im nächsten Kapitel.

Glück und Zufriedenheit im Job hängen somit von zwölf Schlüsselmerkmalen ab. Neun davon haben wir in diesem Kapitel vorgestellt, drei weitere werden wir gleich einführen. In den *Kapiteln 5* und *6* werden wir uns speziell der Arbeitswelt widmen und untersuchen, inwieweit sich die neun allgemeinen und die drei arbeitsspezifischen Merkmale auf die Arbeitszufriedenheit auswirken.

Zwischenfazit

Dieses Kapitel hat in Bezug auf sechs entscheidende Themenfelder bereits späteren Kapiteln vorgegriffen. *Erstens* ist unser Glück in jedem Lebensbereich davon abhängig, dass neun Schlüsselmerkmale vorhanden sind. Dazu gehört auch Geld, denn ein Mangel an Geld kann zweifellos Unbehagen verursachen und zu Unzufriedenheit führen. Doch um zu verstehen, warum Menschen sich fühlen, wie sie sich fühlen, muss man noch acht weitere psychologisch bedeutsame Aspekte des Umfelds beachten.

Zweitens zeichnen sich unterschiedliche arbeitsbezogene Lebenssituationen (beschäftigt sein, arbeitslos sein, Hausfrau oder Rentner sein etc.) durch eine unterschiedliche Mischung der neun grundlegenden Glücksmerkmale aus. Es gibt eindeutige Zusammenhänge zwischen der in einer bestimmten Situation vorhandenen durchschnittlichen Ausprägung dieser Merkmale und dem Ausmaß an Glück bzw. Zufriedenheit und Unzufriedenheit.

Drittens ist – jenseits statistischer Durchschnittswerte – das Lebensumfeld eines jeden Menschen durch ein spezifisches Profil der neun Schlüsselmerkmale gekennzeichnet. *Innerhalb* einer bestimmten Rolle oder Funktion (zum Beispiel beim Vergleich zweier ähnlicher Arbeitsstellen) werden Zufriedenheitsunterschiede zum großen Teil durch die personenspezifische, individuelle Ausprägung dieser neun Merkmale bestimmt. Zwei Menschen, die dieselbe Arbeit verrichten, weisen folglich Zufriedenheitsunterschiede auf, die sich darauf zurückführen lassen, wie sie in ihrem Leben insgesamt mit diesen Schlüsselmerkmalen ausgestattet sind.

Viertens gibt es keine zu verallgemeinernde Beziehung zwischen Glück und dem Maß, in dem ein bestimmtes Merkmal in einem bestimmten Umfeld ausgeprägt ist: Eine kontinuierliche Verstärkung eines Merkmals führt nicht zu sich kontinuierlich steigerndem Glück. In Bezug auf einige der Merkmale kann man sogar »zu viel des Guten« tun. Bei anderen kommt es ab einem bestimmten Ausprägungsniveau zu einer Stagnation; in diesem Fall wirkt sich ein immer höheres Maß (zum Beispiel an Geld) nicht weiter nutzbringend aus, es schadet aber auch nicht. Wir wissen, welche der neun Merkmale in welche der beiden Kategorien gehören.

Fünftens müssen neben den neun allgemeinen, für alle Lebensbereiche gültigen Merkmalen in bestimmten Kontexten noch weitere Aspekte berücksichtigt werden. In der Arbeitswelt sind drei weitere Elemente wichtig. Untersuchungen über die Arbeitszufriedenheit müssen daher insgesamt zwölf Hauptattribute – die »Top Twelve« – eines jeden Arbeitsplatzes ins Blickfeld nehmen: die neun allgemein gültigen Schlüsselmerkmale und die drei domänenspezifischen Merkmale.

Diese fünf Themenfelder bilden den Kern dessen, was gelegentlich als »Vitamin-Modell« der äußeren Quellen von Glück und Zufriedenheit bezeichnet wird. Im Rahmen dieses Modells werden die entscheidenden Einflüsse auf das Leben einzelner Menschen herausgearbeitet und deren »nicht-lineare« Wirkungszusammenhänge untersucht.

Und schließlich gibt es, *sechstens*, im Menschen selbst liegende Aspekte, die die Entwicklung von Glück bzw. Zufriedenheit oder Unzufriedenheit beeinflussen. Wir haben die Unterschiede erwähnt, die mit dem Gesundheitszustand oder dem Alter zu tun haben (zum Beispiel in der Arbeitslosigkeit), und auch den Rollenpräferenzen kommt große Bedeutung zu. Wünscht sich jemand zum Beispiel dringend einen bezahlten Job oder bleibt jemand lieber zu Hause und kümmert sich um Haushalt und Familie? Diese Präferenzen spielen eine wichtige Rolle neben und zusätzlich zu den »Vitaminen« – angesprochen sind hiermit die individuellen Zufriedenheitsmerkmale. Weitere individuelle Faktoren wie Denkhaltungen und Persönlichkeitsmerkmale werden wir in späteren Kapiteln behandeln. Glück hängt also in gleichem Maß von uns selbst ab, wie davon, was uns widerfährt.

5

Wie Arbeitszufriedenheit entsteht – Teil 1: Die glückliche Mitte finden

Zunächst ein kleiner Ausblick darauf, worum es in diesem und im nächsten Kapitel geht. Wir werden zwölf Schlüsselmerkmale von Arbeit dahingehend untersuchen, inwieweit sie dazu beitragen, dass sich Beschäftigte in ihrer Arbeit wohl fühlen oder nicht. Zudem werden wir einige weitere spezifische Aspekte unter die Lupe nehmen. So bezieht sich beispielsweise das dritte Merkmal auf unserer Liste auf die Anforderungen, die mit einem Job im Allgemeinen verbunden sind, doch diese Anforderungen fallen je nach Stelle ganz unterschiedlich aus. Daher müssen wir bestimmte Teilaspekte jeweils separat betrachten.

Die einzelnen Schlüsselmerkmale und deren Teilaspekte sind natürlich je nach Arbeitskontext mehr oder weniger wichtig, doch jeder von uns wird in seinem Arbeitsleben zweifellos bereits mit den meisten Fragen in Berührung gekommen sein, die wir in diesen beiden Kapiteln anschneiden. Die Lektüre soll Sie dazu anregen, über Ihre eigene Arbeitssituation nachzudenken, aber auch über die Ihrer Mitarbeiter, Kunden und Klienten. Zum Abschluss legen wir einen Fragebogen vor, der Ihnen hilft, Ihre Gedanken zu strukturieren.

Zwölf Schlüsselmerkmale für Zufriedenheit am Arbeitsplatz

Die »Top-12-Charakteristika« eines Jobs, die den größten Einfluss auf unser Glück bzw. unsere Zufriedenheit oder Unzufriedenheit haben, wurden im vorhergehenden Kapitel kurz beschrieben. Der Kasten auf der folgenden Seite enthält eine Übersicht dazu und nimmt zugleich einige weitere Differenzierungen vor.

Ein spezifischer Arbeitskontext ist durch eine niedrige, mittlere oder hohe Ausprägung dieser Merkmale gekennzeichnet. In manchen Jobs sind mehrere der aufgeführten Merkmale gleichzeitig vorhanden: Wer über viel Einfluss verfügt (Merkmal Nr. 1), wird wahrscheinlich auch seine individuellen Fähigkeiten (Merkmal Nr. 2) voll zur Entfaltung bringen können. Wenn andererseits nur ein geringes Maß an Abwechslung (Merkmal Nr. 4) gegeben ist, bedeutet dies wahrscheinlich auch, dass an den betreffenden Arbeitnehmer nur geringe Anforderungen (Merkmal Nr. 3) gestellt werden.

Bei der Analyse und ggf. Veränderung der zwölf Schlüsselmerkmale für jobbezogenes Glück ist jedoch stets Vorsicht geboten: Man sollte im konkreten Einzelfall immer mögliche individuelle Modifizierungen im Blick behalten. Je nach Job und Person wird insbesondere die Gewichtung der einzelnen Schlüsselmerkmale, also die Bedeutung, die den einzelnen Elementen zugeschrieben wird, unterschiedlich ausfallen. Der Grund dafür liegt in unterschiedlichen individuellen Präferenzen – darauf werden wir in den *Kapiteln 7* und *8* eingehen.

Die Zwölf Schlüsselmerkmale für Zufriedenheit am Arbeitsplatz

1. **Persönlicher Einfluss**
   Allgemein: Über einen gewissen Ermessensspielraum und Unabhängigkeit verfügen und die Möglichkeit haben, Entscheidungen zu treffen
2. **Einsatz eigener Fähigkeiten**
   Allgemein: Die Möglichkeit haben, die eigenen Kenntnisse und Fähigkeiten einzusetzen
   Teilaspekte: 2a: Fähigkeiten einsetzen, die man bereits besitzt
         2b: Sich neue Fähigkeiten aneignen
3. **Anforderungen und Ziele**
   Allgemein: Leistungen erbringen müssen, die man als herausfordernd erlebt
   Teilaspekte: 3a: Anspruchsniveau der Aufgaben
         3b: Konflikt zwischen verschiedenen Anforderungen
           eines Jobs
         3c: Konflikt zwischen Anforderungen der Arbeit
           und des Privatlebens
4. **Abwechslung**
   Allgemein: Abwechslung in der Tätigkeit und/oder am Arbeitsplatz
5. **Klare Aufgabe und Perspektiven**
   Allgemein: Wissen, was von einem erwartet wird, wie man die Aufgaben erledigt und was in Zukunft geschehen wird

6. **Soziale Kontakte**
   Allgemein: Interaktion mit anderen Menschen
   Teilaspekte: 6a: Häufigkeit der Kontakte, unabhängig von ihrer Qualität
   6b: Die angenehme und hilfreiche Seite von Interaktionen
7. **Geld**
   Allgemein: Für die Arbeitsleistung gut bezahlt werden
8. **Angemessenes physisches Umfeld**
   Allgemein: Akzeptable Bedingungen, ergonomische Arbeitsplatzgestaltung
   Teilaspekte: 8a: Angenehme Arbeitsumgebung
   8b: Sicherheit des Arbeitsumfelds
9. **Anerkennung und Wertschätzung**
   Allgemein: Eine Arbeit haben, die für einen selbst von Bedeutung ist
   Teilaspekte: 9a Sozialer Status
   9b: Andere Menschen unterstützen und fördern
   9c: Möglichkeit, das eigene Selbstwertgefühl zu steigern
10. **Unterstützende Vorgesetzte**
    Allgemein: Vorgesetzte haben, die das Wohlergehen ihrer Mitarbeiter fördern
11. **Gute Karrierechancen**
    Allgemein: In der Lage sein, zuversichtlich in die Zukunft zu blicken
    Teilaspekte: 11a: Gegenwärtige Arbeitsplatzsicherheit
    11b: Chancen auf beruflichen Aufstieg oder andere positive Veränderungen
12. **Fairness**
    Allgemein: Teil einer Organisation sein, die ihre Mitglieder und andere fair behandelt
    Teilaspekte: 12a: Einen Arbeitgeber haben, der seine Mitarbeiter gerecht behandelt
    12b: Einen Arbeitgeber haben, der ehrlich mit Kunden, anderen Menschen und der Umwelt umgeht

In *Kapitel 4* wurde der Gedanke formuliert, dass es im Hinblick auf Glück und Zufriedenheit einen Wendepunkt gibt, ein Niveau, auf dem die Ausprägung bestimmter Einflussmerkmale eine Sättigung erreicht, mit der Folge, dass eine weitere Verstärkung des Merkmals irrelevant wird oder sogar der weiteren positiven Entwicklung von Zufriedenheit abträglich sein kann. Die Beziehung zwischen Arbeitszufriedenheit und der quantitativen Ausprägung (gering, mittel oder hoch) der zwölf Schlüsselmerkmale ist nicht linear. Wie wir dargelegt haben, besteht vielmehr ein »nicht-linearer« Zusammenhang, ähnlich wie bei der Vitaminzufuhr. Vitamine entfalten nur bis zu einer bestimmten Menge, der »empfohlenen Tagesdosis«, eine für den Körper förderliche Wirkung. Wird diese Dosis überschritten, bringt die Einnahme zusätzlicher Vitaminpillen keinen Nutzen mehr und macht unter Umständen sogar krank.

In *Kapitel 4* haben wir außerdem gezeigt, wie sich diese Vitamin-Analogie auf die verschiedenen Facetten der allgemeinen Lebenszufriedenheit übertragen lässt. So haben Studien ergeben, dass ein höheres Einkommen (Merkmal Nr. 7) die Menschen nur bis zu einem bestimmten Gehaltsniveau glücklicher macht. Oberhalb dieses Niveaus führt mehr Geld nicht mehr zu größerer Zufriedenheit oder zu noch mehr Glück.

In diesem und den darauf folgenden Kapiteln wollen wir nun endlich in die Arbeitswelt eintauchen. Wie im Leben insgesamt kann man auch in diesem Bereich die ersten sechs Einflussmerkmale überdosieren – man kann zu viel des Guten tun. So sind etwa moderate Anforderungen bei der Arbeit (Merkmal Nr. 3) im Allgemeinen durchaus wünschenswert (kaum jemand möchte den ganzen Tag Däumchen drehen), aber extrem hohe Anforderungen sorgen für eine schlechte Stimmung (man möchte nicht überfordert werden). Anders verhalten sich dagegen die Merkmale Nr. 7 bis 12: Jenseits des auf einem recht hohen Niveau liegenden Wendepunkts führt eine weitere Verstärkung der Merkmale zu keiner weiteren nennenswerten Veränderung der Arbeitszufriedenheit. So ziehen zum Beispiel *äußerst* angenehme Arbeitsbedingungen (Nr. 8a) im Vergleich zu *sehr* angenehmen Arbeitsbedingungen keine weitere Steigerung des Wohlbefindens mehr nach sich.

6 Job-Vitamine, die bei Überdosierung gefährlich werden

Wir möchten nun die Schlüsselmerkmale bezogen auf die Arbeit eingehender betrachten. Dazu fassen wir einige Studien zusammen, in denen die Auswirkungen dieser Merkmale auf die *Arbeitszufriedenheit* von Beschäftigten untersucht wurden. Zudem werden wir auf konkrete Erfahrungsberichte einzelner Menschen eingehen. In diesem Kapitel befassen wir uns mit den ersten sechs Schlüsselmerkmalen, den »Vitaminen«, wie wir sie oben genannt haben – jene Merkmale also, bei denen man sich vor einer zu hohen Dosierung hüten sollte. Die übrigen sechs behandeln wir im folgenden Kapitel – jene Merkmale, die keine weitere Wirkung mehr zeigen, sobald man ein Maß erreicht hat, das »ausreichend« ist.

Merkmal 1: Persönlicher Einfluss

Menschen möchten gerne das Gefühl haben, dass sie eine gewisse Kontrolle ausüben können über das, was sie erleben und was ihnen widerfährt. Dieses Bedürfnis nehmen sie auch mit, wenn sie in die Arbeit gehen. Es überrascht daher nicht, dass sich die meisten Beschäftigten mehr Entscheidungskompetenzen und -spielräume wünschen – was erledigt werden soll, wie die Aufgaben zu bearbeiten sind, in welcher Reihenfolge etc. Heute wird viel über »empowerment«, über Mitwirkung und Mitgestaltung, gesprochen – hier bietet sich eine Möglichkeit dazu.

Zahlreiche Untersuchungen in verschiedenen Ländern haben ergeben, dass das Ausmaß der Einflussmöglichkeiten im Job eng mit der empfundenen Arbeitszufriedenheit oder anderen Formen von arbeitsbezogenem Glück verbunden ist. Größere Gestaltungsfreiräume im Job gehen aber auch einher mit einer stärkeren allgemeinen Zufriedenheit – der Lebenszufriedenheit insgesamt sowie einer generell positiven Einstellung gegenüber den Dingen. Menschen, die ihre Einflussmöglichkeiten auf das, was sie in der Arbeit tun, als angemessen hoch beschreiben, zeigen mit höherer Wahrscheinlichkeit auch allgemein ein höheres Maß an Glück und Zufriedenheit sowie ein größeres arbeitsbezogenes Wohlbefinden.

Insbesondere Manager und Führungskräfte können natürlich beträchtlichen Einfluss auf ihre eigene, aber auch auf die Arbeit anderer Menschen ausüben. Sie sind oft für eine große Zahl von Mitarbeitern verantwortlich und fällen Entscheidungen, die viele Menschen betreffen oder sich sogar auf das Fortbestehen des gesamten Unternehmens auswirken. Die meisten von uns verfügen im Job jedoch über weit begrenztere Möglichkeiten der Einflussnahme. Uns liegt vielleicht in erster Linie daran, selbst zu bestimmen, wie wir bestimmte Arbeitsschritte gestalten, bestimmte Abläufe festzulegen, gelegentlich den Zeitplan zu verändern oder die Möglichkeit zu einem kurzen Gespräch mit Kollegen zwischendurch zu haben.

Die technischen Möglichkeiten (E-Mail, Internet, Videokonferenzen etc.) erlauben es heute bis zu einem gewissen Grad, die Arbeitsabläufe freier zu gestalten. So ist es zum Beispiel heute schon viel leichter möglich, vom Home-Office aus zu arbeiten. Das gilt insbesondere für Manager und Selbstständige, von denen diese Arbeitsform gerade deswegen geschätzt wird, weil sie ihnen mehr Gestaltungsfreiheit im Tages- und Arbeitsablauf ermöglicht. Untersuchungen haben allerdings gezeigt, dass die »freie Zeiteinteilung« im Home-Office manchmal auch dazu genutzt wird, Mitarbeiter zu unbezahlten Überstunden zu bewegen, da die Leute sich verpflichtet fühlen – oder dazu gedrängt werden –, weiter zu arbeiten, bis eine angefangene Aufgabe erledigt ist.

Es wäre falsch, den Wunsch vieler Beschäftigter nach größerem persönlichem Einfluss als einen Versuch zu deuten, sich vor harter Arbeit zu drücken. Viele Forschungsergebnisse belegen, dass es Beschäftigten Freude bereitet, wenn ihnen die Möglichkeit eingeräumt wird, ihre Leistungsfähigkeit zu verbessern. Zum einen, weil es ihnen selbst ein gutes Gefühl gibt, aber auch weil sie so dazu beitragen können, dass auch Kollegen ihren Job gemacht bekommen. Gute Arbeit zu leisten und dazu über eine gewisse Autonomie zu verfügen, kann sehr befriedigend sein.

Das erste Schlüsselmerkmal beeinflusst also in erheblichem Maß, ob Menschen in ihrem Job glücklich oder weniger glücklich sind. Es nimmt eine gewisse Sonderstellung ein – auch weil es sich auf zahlreiche andere Merkmale direkt auswirkt. Wer seine Arbeitsabläufe mehr oder weniger autonom gestalten kann, ist zum Beispiel in der Lage, die zeitliche Abfolge bestimmter Aufgaben zu beeinflussen oder widerstreitende Anforderungen von Privatleben und Arbeit besser unter einen Hut zu bringen (Merkmal 3b). Er kann wahrscheinlich auch etwas mehr Abwechslung in seinen Arbeitsalltag bringen (Nr. 4) oder die Zusammenarbeit im Team verbessern (Nr. 6). Betrachten wir es einmal von der anderen Seite: Wer nur sehr wenig persönlichen Einfluss und Gestaltungsfreiräume bei seiner Arbeit hat, muss sich mit allen möglichen unangenehmen Dingen herumschlagen, gegen die er nicht viel unternehmen kann. Und folglich wird er auch seine Arbeit nicht besonders lieben.

Wenn es um die positiven Auswirkungen persönlicher Einflussmöglichkeiten am Arbeitsplatz geht, wird in der Forschung auch von »Job crafting« gesprochen. Im Laufe der Zeit formen viele Menschen ihre Arbeitsabläufe dahingehend, dass diese sich mit ihren Interessen und Fähigkeiten im Einklang bringen lassen. Sie übernehmen vielleicht auf informeller und freiwilliger Basis zusätzliche Aufgaben, die ihnen Spaß machen (zum Beispiel wenn ein Werkstattmechaniker neue Kollegen ausbildet oder eine Friseurin Kundinnen Tipps zur Haarpflege gibt), oder sie verändern ihre sozialen Interaktionen oder andere Merkmale des Jobs in eine Richtung, die ihnen besser entspricht.

Natürlich sind dem Grenzen gesetzt, doch die Tatsache, dass Job crafting weit verbreitet ist, bedeutet, dass unterschiedliche Mitarbeiter mit derselben Berufs- oder Stellenbezeichnung oftmals sehr unterschiedliche Dinge sehr unterschiedlich tun. Dass sie einen Teil ihrer Tätigkeiten erfolgreich mitgestalten und formen können, kann das von ihnen erfahrene Glück bzw. ihre Zufriedenheit oder Unzufriedenheit stark beeinflussen.

Die Möglichkeit, über bestimmte Handlungen selbst zu entscheiden, umfasst auch Entscheidungen über andere Menschen. Wenn man über eine gewisse persönliche Autonomie verfügt, kann man sich eher von Leuten fernhalten, die einem möglicherweise Schwierigkeiten bereiten, und kann sich andererseits verstärkt mit solchen umgeben, denen man Vertrauen entgegenbringt – was sich sehr vorteilhaft auswirken kann. Simon Lawrence, Geschäftsführer der Firma Information Arts, ist überzeugt, dass es sein arbeitsbezogenes Wohlbefinden maßgeblich gefördert hat, dass seine Ehefrau in der Firma mitarbeitet. »Ich habe mein Beratungsunternehmen 1998 als Ein-Mann-Betrieb gegründet und konnte meine Frau dafür gewinnen, mir bei der Buchhaltung zu helfen. Als ich die Firma im Jahr 2000 in eine Kommanditgesellschaft umwandelte, bat ich sie, in dem wachsenden Unternehmen den Posten der Finanzdirektorin zu übernehmen, und seitdem steht sie mir weiter zur Seite«, erzählt er. »Sie hat den Beruf mit großartiger Unterstützung von vielen Seiten on-the-Job gelernt, und obwohl sie keine ausgebildete Buchhalterin ist, nie auch nur einen nennenswerten Fehler gemacht. Und was am wichtigsten ist, ich vertraue ihr absolut – in allen Fragen, bei denen gesunder Menschenverstand gefragt ist. Ich bin nicht immer einer Meinung mit ihr, aber ich schätze ihre Ehrlichkeit und ihre Integrität – und mir gefällt es sehr, dass wir alle Höhen und Tiefen teilen können.« Dass Simon in der Lage war, sich seine Mitarbeiter selbst auszusuchen, war für seine Arbeit von entscheidender Bedeutung und hat maßgeblich dafür gesorgt, dass die Arbeit ihm Freude bereitet.

Wir wissen, dass ein gewisses, mittleres Maß an Entscheidungsbefugnis zur Entstehung positiver Gefühle am Arbeitsplatz beiträgt. Aber wie wirkt sich eine sehr hohe Ausprägung dieses Merkmals aus? Fühlen sich Beschäftigte weniger wohl, wenn sie ein extrem hohes Maß an Verantwortung übernehmen, äußerst weit reichende Entscheidungen treffen und ungewöhnlich große Gestaltungsfreiräume erhalten? Nun denn: Studien haben eindeutig gezeigt, dass bei vielen Menschen die Arbeitszufriedenheit abflaut und sich verringert, wenn sie aufgrund sehr weit gefasster Einflussmöglichkeiten gezwungen sind, zahlreiche und schwierige Entscheidungen zu treffen. Im Durchschnitt empfinden es Menschen nicht als begrüßenswert, ein gewisses Niveau an Autonomie und persönlichem Einfluss zu überschreiten. Wenn ihre Gestaltungs- und Entscheidungskompetenzen noch weiter zunehmen, spüren sie womöglich Angst, fühlen sich überfordert und kommen mit dem eigentlich positiven Job-Merkmal »persönlicher Einfluss« nicht mehr zurecht. Der Wendepunkt wird überschritten, das Merkmal schlägt ins Negative um. So entlässt zum Beispiel niemand gerne Mitarbeiter, doch um ein Unternehmen zu retten, muss das manchmal getan werden – von jener Person, die die Entscheidungsbefugnis dazu besitzt. Der Nachteil des persönlichen Einflusses wird insbesondere dann offensichtlich, wenn man zwischen zwei Optionen wählen muss, die gleichermaßen schwierig oder gleichermaßen negativ sind. Soll man in einer wirtschaftlichen Notlage 1000 Leute an einem Standort oder je 500 Leute an zwei verschiedenen Standorten entlassen? Wie soll man die Auswahl treffen? Und wie steht es mit den übrigen schwierigen Entscheidungen, die man fällen muss, um das Unternehmen zu erhalten?

Merkmal 2: Eigene Fähigkeiten nutzen

Haben Sie sich schon einmal mit dem beschäftigt, was Psychologen das »Anspruchsniveau« nennen? Der Begriff bezieht sich darauf, wie hoch wir in einer bestimmten Situation unsere Chancen auf künftigen Erfolg einschätzen bzw. welchen Leistungsanspruch wir dabei an uns selbst stellen; diese Thematik wurde erstmals in den 1940er-Jahren untersucht. Forscher haben herausgefunden, dass Menschen, wenn sie eine Reihe von Aufgaben ausführen sollen, die Anforderungen, die sie an sich selbst stellen, allmählich höher schrauben: Sie setzen sich immer höhere und schwierigere Ziele, an denen sie ihre persönlichen Fähigkeiten messen.

Wie bei den anderen »Vitamin-Merkmalen«, kann man sich auch auf diesem Gebiet mehr vornehmen, als einem gut tut. Ein Manager erzählte uns einmal, die unzufriedensten Menschen, die er bisher kennen gelernt habe, seien Unternehmer gewesen, die in ihrem Geschäft »ganz groß« herauskommen wollten. Schön, aber was heißt »groß«? Größer als man vergangene Woche war? So groß wie Donald Trump? Wann ist man groß genug? Ein unerreichbares Anspruchsniveau kann viele Probleme verursachen.

Doch bis zu einem gewissen Punkt ist es in der Regel höchst befriedigend, die eigenen Fähigkeiten zu nutzen und zu erweitern. Die eigenen Fertigkeiten einzusetzen, ermöglicht nicht nur, eine Aufgabe erfolgreich zu bewältigen, es macht auch Spaß, eine Abfolge anspruchsvoller Tätigkeiten reibungslos durchzuführen – man kann etwas tun, was man gut beherrscht. Andererseits stellt es eine sehr frustrierende Erfahrung dar, wenn man die eigenen Fähigkeiten und Fertigkeiten nicht einsetzen und entfalten kann – man bekommt das Gefühl, dass man seine Zeit vergeudet. Es ist daher bedauerlich, dass viele Beschäftigte den Forschern berichten, dass sie in ihrem Job nur wenig Möglichkeiten haben, ihre Fähigkeiten zu nutzen oder Dinge zu tun, die helfen könnten, ihre Fähigkeiten zu verbessern.

Natürlich gehen viele Tätigkeiten, in der Arbeit wie auch in anderen Lebensbereichen, leichter von der Hand, wenn man im Laufe der Zeit eine gewisse Routine entwickelt. Manche eher einfache Tätigkeiten lassen sich im Leben nicht umgehen, vor allem wenn man in bestimmten Dingen zum Experten geworden ist und einem die entsprechenden Tätigkeiten einfach leicht fallen. Doch um, in welcher Rolle auch immer, glücklich zu werden, muss eine gewisse Balance gefunden werden zwischen Phasen einfacher Routinetätigkeiten und solchen, in denen man stärker gefordert wird und seine Fähigkeiten weiterentwickeln muss, um schwierige Aufgaben zu bewältigen. Viele Studien haben gezeigt, dass die Möglichkeit, eigene Fähigkeiten einzusetzen, einer der wirkungsvollsten Faktoren für Freude in der Arbeit ist. Wenn es darum geht, die Ursachen für Glück zu erforschen, müssen wir der Frage nachgehen, inwieweit dieses »Vitamin« vorhanden ist.

Neben dem Einsatz von bereits vorhandenen Fähigkeiten (Nr. 2a auf der Liste von S. 72), geht es im Job auch um die Möglichkeit, sich neues Fachwissen und neue Fähigkeiten anzueignen (Nr. 2b). Dieser Entwicklungsgedanke ist sowohl auf kurze als auch auf lange Sicht wichtig. Zum einen versetzen uns neu erworbene Fähigkeiten in die Lage, neuartige Probleme, mit denen wir in der Gegenwart konfrontiert sind, anzupacken und sie ermöglichen uns zudem, andere Schlüsselmerkmale im Job positiv zu beeinflussen – indem man Entscheidungsbefugnisse nutzt (Merkmal Nr. 1), sich neue Ziele setzt (Nr. 3) und für mehr Abwechslung in der Arbeit sorgt (Nr. 4).

Ein weiterer Nutzen des Lernens im Arbeitskontext ist längerfristiger Natur. Um in anspruchsvollere berufliche Positionen zu wechseln, muss man sich häufig neues Fachwissen aneignen und über klar definierte Qualifikationen verfügen. Die formalen Anforderungen mögen zwar manchmal etwas irrelevant erscheinen, doch die übrigen Bewerber werden ihre Aus- oder Weiterbildungszeugnisse vorlegen, und wer nicht mit dergleichen aufwarten kann, ist von vornherein im Nachteil.

Die eigenen Fähigkeiten auszubauen, ist für jüngere Menschen, die noch eine längere Berufslaufbahn vor sich haben, besonders wichtig. Ältere Arbeitnehmer zeigen dagegen häufig ein recht geringes Interesse, etwas Neues zu lernen. Neben der kürzeren Dauer ihres restlichen Arbeitslebens verweisen Ältere oft darauf, dass sie »aus der Übung« seien, was das Lernen an sich betrifft, und vielleicht befürchten sie auch, sich möglicherweise aufgrund langsamerer Lernfortschritte gegenüber ihren jüngeren Kollegen zu blamieren. Nichtsdestotrotz haben Untersuchungen immer wieder bestätigt, dass Beschäftigte, die sich um berufliche Weiterbildung bemühen, altersunabhängig eine höhere Arbeitszufriedenheit erfahren als ihre Kollegen.

Schließlich darf man nicht vergessen, dass Weiterbildung das Selbstwertgefühl steigert, auch wenn sich dieser Aspekt nur schwer quantifizieren lässt.

Man hat durch eigene Anstrengung etwas erreicht, man weiß mehr als vorher, kann stolz auf sich sein und spürt, dass man noch »voll funktionsfähig« ist. Das ist ein Beispiel dafür, wie wichtig »Bedeutung« und »Sinn« für die Erfahrung von Glück sind (vgl. *Kapitel 3*); die Aneignung neuer Fertigkeiten erzeugt *summa summarum* ein Gefühl persönlicher Selbstverwirklichung und ist auch in praktischer Hinsicht hilfreich.

Merkmal 3: Anforderungen und Ziele

Der dritte Punkt auf der Liste der zwölf wichtigsten Job-Merkmale ist das Erfordernis, dass man Ergebnisse erzielen muss, für die es einer gewissen Anstrengung bedarf. Es stimmt nicht, dass sich Menschen möglichst leichte Arbeit wünschen, die sie nicht sonderlich herausfordert. Anspruchslose Aufgaben sind sicherlich zeitweise attraktiv (man kann auf positive Weise entspannen; vgl. den Bereich rechts unten in dem auf S. 37 dargestellten Glücksrad). Doch: Mit einem Job ist man dauerhaft beschäftigt, Tag für Tag, Woche für Woche, jahraus, jahrein. Ständige Unterforderung führt rasch zu Langeweile – immer nur die gleichen einfachen Tätigkeiten zu verrichten, die keine Herausforderung beinhalten, stumpft ab. Unterforderung erzeugt auch deshalb Unzufriedenheit, weil sie oft mit anderen negativen Faktoren verbunden ist: geringe Möglichkeiten, persönlichen Einfluss zu entfalten (Nr. 1) oder die eigenen Fähigkeiten einzusetzen (Nr. 2), wenig Abwechslung (Nr. 4) und sehr übersichtliche Arbeitsaufgaben und Perspektiven (Nr. 5).

Stattdessen sollte darauf geachtet werden, dass Mitarbeiter am Arbeitsplatz mit einem moderaten Niveau an Anforderungen konfrontiert werden (Nr. 3a). Glück kann entstehen, wenn wir über uns hinauswachsen, gefordert werden, uns mit neuartigen Situationen auseinandersetzen und Dinge tun müssen, die sich am Ende auch für uns persönlich lohnen. Menschen möchten etwas erreichen, auch wenn dieses etwas in den Augen anderer nur von geringer Bedeutung ist, und dieses »*Etwas-erreichen-wollen*«, erzeugt Anforderungen vielfältiger Natur. Menschen, die in der Mitte ihrer beruflichen Laufbahn stehen, äußern oft den Wunsch, die Arbeitsstelle zu wechseln, um sich »neuen Herausforderungen zu stellen« – sie wollen auf eine andere Weise als bisher gefordert und beansprucht werden.

Natürlich bringen größere Herausforderungen Probleme und Schwierigkeiten, aber auch positive Gefühle mit sich (wie in *Kapitel 3* ausgeführt, ist häufig das eine ohne das andere nicht zu haben), doch aus vielen Erhebungen zur Arbeitszufriedenheit ergibt sich, dass die Zufriedenheitswerte ansteigen, wenn die Arbeitsanforderungen erhöht werden. Dies gilt allerdings nur bis zu einem bestimmten Niveau. Weitere Forschungsergebnisse verweisen zudem auf einen signifikanten Zusammenhang zwischen Arbeitsanforderungen und der *globalen* Lebenszufriedenheit von Menschen.

Besondere Beachtung sollte man der Tatsache schenken, dass arbeitsbezogene Ziele miteinander verbunden sind. Das Erreichen eines großen Ziels bedeutet, dass man auch auf dem Weg dorthin immer wieder Teilerfolge erlebt. Ein großes Ziel mag zunächst schwierig, unerreichbar oder Angst einflößend erscheinen, doch in der Regel passiert man auf dem Weg Etappenziele, die einfacher zu erreichen sind und jeweils für sich Befriedigung vermitteln. So muss eine Führungskraft beispielsweise im Zuge einer umfassenden Reorganisation eines Unternehmens (ein großes und schwieriges Ziel) vielleicht einen Bericht für die Firmenleitung anfertigen (ein kleineres Ziel); diese überschaubare Aufgabe kann sich als angenehm und befriedigend erweisen, obwohl man vielleicht im Hinblick auf das übergeordnete Ziel mit Schwierigkeiten rechnet. Wenngleich ein großes, hochgestecktes Ziel tatsächlich schwierig zu erreichen sein mag und Ängste auslöst, kann man doch auf dem Weg dorthin immer wieder Befriedigung erfahren, indem man überschaubare Zwischenaufgaben erfolgreich bewältigt.

Doch auch dieses Merkmal kann – sowohl im Arbeitskontext wie im Leben insgesamt – zu einem Problem werden, wenn es in sehr hohem Maße ausgeprägt ist. Unterforderung (sehr geringe Ansprüche) ist unerwünscht, denn sie erzeugt Langeweile (in der linken unteren Ecke des Glücksrads in *Kapitel 3*, siehe S. 37), doch Überforderung (derart großen Ansprüchen ausgesetzt sein, dass man ihnen nicht mehr gerecht werden kann), schadet auf andere Weise – sie verstärkt Belastungen und Spannungen (in der rechten linken Ecke des Glücksrads). Die Betroffenen bekommen das Gefühl, dass die Aufgaben, die sie erfüllen sollen, zu schwierig oder zu zahlreich sind oder beides.

Einige Studien haben sich mit dem Thema Überforderung in Hinblick auf unerwünschte Arbeitsunterbrechungen, wie sie im Alltag häufig vorkommen, beschäftigt. Bei einer ohnehin schon sehr anspruchsvollen Arbeit unterbrochen oder gestört zu werden, macht natürlich alles noch schlimmer – unerwartete Anrufe, dringende E-Mails, gravierende technische Probleme, administratives Durcheinander, plötzliche Störungen durch Kollegen und so weiter. Untersuchungen haben gezeigt, dass in manchen Büros auf diese Weise täglich fast eine Stunde Arbeitszeit vergeudet wird, was nicht nur zusätzlichen Ärger und Aufregung verursacht, sondern auch persönliche Arbeitspläne durcheinander wirft: Einiges von dem, was eigentlich heute noch erledigt werden sollte, muss auf einen anderen Zeitpunkt in einem ohnehin schon dichten Terminkalender verschoben werden.

Die negativen Folgen von Überbelastung werden manchmal als »Burnout« oder als »emotionale Erschöpfung« bezeichnet (siehe dazu *Kapitel 3*). Kennzeichen dafür sind ein intensives Gefühl der Angespanntheit und der Überbeanspruchung, häufig verbunden mit körperlichen Symptomen wie Verdauungsproblemen, Schlafstörungen oder anderen Veränderungen, die häufig zunächst unbemerkt bleiben, etwa erhöhter Blutdruck und dergleichen.

Wie immer man die Folgeerscheinungen bezeichnen mag, es ist unbestreitbar, dass sehr hohe Belastung zu Schwierigkeiten führt, wenn dieser Zustand längere Zeit anhält. Nahezu alle Tätigkeiten, die auf anspruchsvolle Ziele ausgerichtet sind, führen uns an unsere persönliche Belastungsgrenze heran – das gehört zu einem aktiven und erfolgreichen Leben. Für die Wechselwirkungen zwischen Arbeitsbeanspruchung und Arbeitszufriedenheit sind Häufigkeit und Dauer der Belastung von entscheidender Bedeutung: Kurze Phasen starker Beanspruchung können akzeptiert werden (und der Erfolg wirkt dann umso beflügelnder – siehe dazu das Interview mit Nicky Pattinson weiter hinten) –, aber lange, ohne Unterbrechung andauernde Überbelastung erzeugt Probleme. Auch das dritte Schlüsselmerkmal gehört somit zu den »Job-Vitaminen«, bei denen ein »gesunder Mittelweg« gefunden werden muss.

Damit kommen wir zum Gedanken des »Flow«, jener besonderen Erfahrung (vgl. *Kapitel 3*), die sich einstellt, wenn die mit einer Aufgabe verbundenen Herausforderungen zwar beträchtlich, aber beherrschbar sind, und wenn den Betreffenden die Anwendung ihrer Kenntnisse und Fertigkeiten das Gefühl vermittelt, dass sie »ganz in der Arbeit aufgehen«. Die Betroffenen selbst verwenden dafür verschiedene Bezeichnungen. Ein Sportler wird vielleicht davon sprechen, er sei »an seine Grenzen« gegangen. Dieser »Flow«-Effekt« tritt in ganz unterschiedlichen Bereichen auf – beim Klettern in einer Felswand, beim Lösen eines Rätsels, beim Musizieren oder beim Versuch, ein schwieriges Problem in der Arbeit anzupacken. »Flow« ist eine erstrebenswerte Phase höchster Konzentration, in der die Zeit in Windeseile vergeht und einem das eigene Handeln fast völlig mühelos erscheint. Das ist zwar keine alltägliche Erfahrung, aber viele Leser werden Ähnliches schon ab und an bei ihrer Arbeit erlebt haben. Ein solches Erlebnis stellt sich nur dann ein, wenn die Herausforderung (ein Aspekt des Merkmals Nr. 3) hoch ist und die hohen Anforderungen an der Grenze der persönlichen Leistungsfähigkeit bzw. leicht darüber liegt. Viele Menschen schätzen diese »Flow«-Erfahrung (wenngleich sie die technische Bezeichnung dafür nicht kennen). Um diese Erfahrung zu machen, müssen sie sich in ein Umfeld begeben, in dem sie mit anspruchsvollen Aufgaben und Herausforderungen konfrontiert werden.

In der Liste der *Top-12-Job-Merkmale* haben wir zwei Teilaspekte hoher Anforderungen aufgeführt, die häufig Probleme verursachen: Konflikte infolge widersprüchlicher Anforderungen am Arbeitsplatz (Nr. 3b) sowie Konflikte infolge widersprüchlicher Anforderungen zwischen Arbeit und Familie (Work-Life-Balance; Nr. 3c) Am Arbeitsplatz tragen unterschiedliche Leute unterschiedliche Anforderungen an einen heran. Es werden Dinge verlangt, die sich gegenseitig in die Quere kommen und nicht alle in der geforderten Zeit ausgeführt werden können; die erfolgreiche Verwirklichung eines Zieles bedeutet zudem häufig, dass auf ein anderes Ziel verzichtet werden muss. Solche Ereignisse kann man nicht immer vermeiden, und wenn wir einen Job auf seine Arbeitsinhalte hin analysieren, müssen wir abermals nach Häufigkeit und Intensität fragen: Kommt es zwischen den verschiedenen Anforderungen so häufig zu Konflikten, dass daraus ernsthafte Belastungen resultieren?

Von steigender Relevanz ist auch Merkmal Nr. 3c, Konflikte infolge widersprüchlicher Anforderungen zwischen Arbeit und Familie. Die Zeit und die Energie, die für den Beruf aufgewendet werden, stehen nicht mehr für die Familie oder den Haushalt zur Verfügung. Beide Sphären lassen sich infolge weit reichender gesellschaftlicher, technologischer und wirtschaftlicher Entwicklungen immer schlechter voneinander trennen und kommen sich dadurch immer häufiger in die Quere. Es überrascht nicht, dass sich Konflikte zwischen Arbeit und Privatleben intensivieren, je mehr Zeit jemand am Arbeitsplatz verbringt – das gilt insbesondere im Falle von Vollzeit-Jobs.

Aus diesem Grund bevorzugen viele Mütter, die kleine Kinder zu Hause haben, eine Teilzeit-Beschäftigung. In Großbritannien arbeiten fast 50 Prozent der weiblichen Erwerbstätigen in Teilzeit, aber nur 10 Prozent der Männer. Bemerkenswert dabei: Bei Männern, die in Teilzeit arbeiten, handelt es sich meistens um junge Studenten oder Ältere, die sich bereits teilweise aus dem Arbeitsleben zurückgezogen haben (Altersteilzeit), und kaum um Männer mittleren Alters; dagegen befinden sich teilzeitbeschäftigte Frauen überwiegend in der Mitte ihres Berufslebens und kümmern sich gleichzeitig um ihre Kinder. Die Zufriedenheitswerte sprechen eindeutig für die Teilzeit-Lösung: Mehr als 90 Prozent der teilzeitbeschäftigten Frauen in Großbritannien sind nach eigenen Angaben zufrieden mit ihrem Teilzeit-Status – sie haben eine annehmbare Balance zwischen Arbeit und Privatleben gefunden.

Viele Frauen sind sich allerdings sehr wohl der Tatsache bewusst, dass die Zeit, die sie für Familienarbeit aufwenden, ihren beruflichen Erfolg beeinträchtigen kann – hinsichtlich ihrer Aufstiegschancen, einer Gehaltserhöhung, neuer Aufgabengebiete und dergleichen. Ähnlich wie für

Konflikte zwischen verschiedenen Zielen innerhalb des Berufs (Nr. 3b) gibt es auch für Konflikte zwischen Erwerbs- und Familienarbeit (Nr. 3c) keine perfekte Lösung. Wie in anderen Fällen muss man auch hier die für den jeweils konkreten Einzelfall angemessenen Kompromisse schließen.

Der Konflikt zwischen Beruf und Privatleben ist natürlich bei den Betroffenen jeweils unterschiedlich stark ausgeprägt und auch von zahlreichen unterschiedlichen Aspekten abhängig. Auch in diesem Zusammenhang ist es wichtig, die Ausprägung aller zwölf Schlüsselmerkmale innerhalb der konkreten Lebensumstände zu betrachten. Wenn man beispielsweise bereits mit beruflichen Problemen überlastet ist, werden gleichzeitige Anforderungen der Familie die Situation wahrscheinlich noch verschlimmern. Ist man dagegen mit einer nicht sonderlich anspruchsvollen Arbeit betraut, kann man mehr Zeit und Energie für die Familie – und auch für die berufliche Weiterentwicklung – aufbringen. Aus der Perspektive der Schlüsselmerkmale betrachtet: Wenn man über ein gutes Einkommen verfügt (Merkmal Nr. 7), kann man sich möglicherweise auch Kinderbetreuer, Putzkräfte oder andere Helfer leisten, die dazu beitragen können, den Konflikt zu entschärfen. Doch auch wohlhabende Eltern können in dieser Frage in eine Konfliktsituation geraten: Die Einstellung einer Kinderbetreuerin wird bisweilen – unberechtigterweise – als eine Vernachlässigung der elterlichen Pflichten, als mangelnde Zuwendung oder sogar als Indiz für fehlende Kinderliebe bewertet.

Konflikte zwischen Erwerbs- und Familienarbeit werden auch davon bestimmt, welche Bedeutung die Betroffenen den beiden Domänen beimessen (in *Kapitel 8* geht es um die Gewichtung und um persönliche Präferenzen). Wer sich in beiden Domänen gleich stark engagiert, wird besonders unter dem Konflikt leiden, denn er versucht, zwei sich widersprechenden Anforderungen gerecht zu werden. Wenn jedoch entweder die Arbeit oder die Familie eindeutig den Vorrang genießen, wird man mit der Situation besser zurechtkommen: Der einen Domäne kann man sich mit vollen Kräften widmen – man hat sie »gut im Griff« – während Probleme in der anderen als nicht allzu belastend empfunden werden. In Untersuchungen hat sich gezeigt, dass Männer seltener als Frauen von Konflikten zwischen diesen beiden Bereichen berichten; daraus lässt sich leicht ableiten, welcher Aspekt für sie größere Bedeutung besitzt.

Untersuchungen des Schlüsselmerkmals Nr. 3 haben bestätigt, was die meisten Menschen ohnehin wissen: Ein moderates Maß an äußeren Anforderungen ist wünschenswert, denn es fördert die Handlungsfähigkeit und die Bereitschaft, sich mit Dingen zu beschäftigen, die über die eigenen Belange hinausgehen. Sehr hohe Anforderungen dagegen erzeugen Ängste und

Spannungen, die sowohl aus den Ansprüchen des Berufs erwachsen als auch aus dem Konflikt zwischen Beruf und den übrigen Lebensbereichen.

Dennoch sollten wir die Auswirkungen unterschiedlicher, sich widersprechender Anforderungen nicht übermäßig pessimistisch beurteilen. Oft ist es durchaus hilfreich, wenn sich Mitarbeiter nicht nur mit einer einzigen Art von Problemen beschäftigen. Überschneidungen zwischen Berufs- und Privatleben zum Beispiel können sich sowohl negativ als auch positiv auswirken. So wurde festgestellt, dass sich Arbeitszufriedenheit auch außerhalb der Arbeitszeit in positivem Verhalten niederschlägt. Menschen, die in ihrem Job glücklich sind, gehen nach Feierabend gut gelaunt nach Hause und bringen sich gerne in Familienprojekte ein. Deutliche Kontraste zwischen unterschiedlichen Umfeldern können sogar dazu beitragen, dass man in beiden besser zurechtkommt; mit solchen Kontrasteffekten werden wir uns in *Kapitel 8* noch genauer befassen.

Ein Beispiel: Nicky Pattinson hat ein eigenes Unternehmen geführt und arbeitet heute als Motivationsrednerin. Sie erzählt ihre eigene Lebensgeschichte und beleuchtet dabei einige Aspekte der ersten drei »Job-Vitamine«.

Im Alter von 39 Jahren – zuvor hatte ich eine Firma mit 2,4 Millionen Dollar Jahresumsatz geleitet – musste ich Sozialhilfe beantragen, nachdem eines meiner Kinder tödlich verunglückt war (durch einen Unfall in der Kinderkrippe) und ich meine Eltern und mein Haus verloren hatte. Zudem ging meine Ehe auf dramatische Weise in die Brüche. Ich kann ohne Übertreibung sagen, dass ich in jeder Hinsicht am Ende war – emotional, körperlich und finanziell, denn ich musste mit rund 90 Dollar in der Woche über die Runden kommen.

In den folgenden zwei Jahren versuchte ich in einem kleinen Cottage zu überleben und zog meinen 5-jährigen Jungen allein auf. Das war wirklich ein harter Kampf.

Doch was dann folgte, erschien mir wie ein Wunder. Ich lernte in unserer Stadt die Frau eines Geschäftsinhabers kennen. Sie war fasziniert davon, wie wir (mein damaliger Ehemann und ich) aus einem Marktstand, der in der Woche 1600 Dollar eingenommen hatte, in nur zwei Jahren ein Unternehmen mit einem Jahresumsatz von 2,4 Millionen Dollar aufgebaut hatten. Nachdem ich ihr einiges darüber erzählt hatte, bat sie mich, mit ihrem Mann zu reden, der laut eigener Aussage niemanden finden konnte, »der wirklich alles verkaufen kann«.

Ich war nervös − noch nie im Leben (und auch seither nicht mehr) habe ich so gezittert −, doch am Ende lief es darauf hinaus, dass ich mit einem Jahresgehalt von 26.000 Dollar in besagter Firma anfing und einen Firmenwagen erhielt. Mein Sohn und ich hatten seit zwei Jahren kein Auto mehr besessen.

Am ersten Arbeitstag − ich stützte mich darauf, was ich auf den Wochenmärkten gelernt hatte, modifizierte es und wendete es auf einen neuen Bereich an. Kurz: Ich betrieb Kaltakquise am Telefon. Am ersten Arbeitstag vereinbarte ich bereits vier Termine. Aus dem Nichts. Nur mit dem Telefon, einer Liste von Leuten und einem halb verschlissenen Terminkalender (der schon von jemand anderem benutzt worden war). Um das Ganze ins rechte Licht zu rücken: Mein Vorgänger auf diesem Posten hatte in acht Monaten keine vier Termine zustande gebracht.

Sechs Wochen später saß ich in meinem Büro, da kam der Chef herein und legte mir ein Fax auf den Tisch. Einer dieser Termine hatte zu einem Auftrag in Höhe von 354.000 Dollar geführt. Ich glaube, ich starrte das Schreiben zehn Minuten lang an.

Dieses Fax veränderte alles − für das Unternehmen, denn der Umsatz verdoppelte sich im Handumdrehen, und alle Geldsorgen verflogen im Nu. Auch für die Mitarbeiter in der Firma änderte sich einiges (die Firma war eine Design-Agentur, und der neue Kunde war ein weithin bekanntes Unternehmen). Es war sehr beflügelnd, dass man eine bekannte Firma zu den Kunden zählen konnte. Doch am meisten veränderte sich für MICH. In den Augen der anderen wandelte ich mich unverzüglich von einer gescheiterten Existenz zu einer Star-Verkäuferin.

Doch auch in meinen eigenen Augen veränderte ich mich. Ich veränderte mich so weit, dass ich bereits im ersten Jahr einen Jahresumsatz von fast 1,6 Millionen Dollar erzielte. Erfolg bringt einen wieder auf die Beine. Er erweckte mich wieder zum Leben, nachdem ich schon fast tot gewesen war.

Der Rest – nun ... es war phänomenal. Das Unternehmen hieß Propaganda, es war verantwortlich für so erfolgreiche Marken wie GHD-Hairstyler, macht heute mehrere Millionen Umsatz und gehört zu den größten Firmen seiner Branche im Land.

Ich wechselte zu anderen Unternehmen, reiste durch Europa und besuchte die Vereinigten Staaten und vervollkommnete meine Fähigkeiten. Dann bat mich jemand, auf einer Unternehmertagung zu sprechen und zu erzählen, wie ich es geschafft hatte, meine Kenntnisse und Fertigkeiten, die ich in einem kleinen Marktstand erworben hatte, dahingehend weiterzuentwickeln, dass ich unterschiedlichsten Unternehmen Millionenumsätze bescheren konnte.

Ich bin jetzt eine sehr erfolgreiche Rednerin – doch ehrlicherweise muss ich sagen, auch heute noch, wenn ich von jenem Tag in Holmfirth erzähle, als dieses Fax kam ... da zittert meine Stimme immer noch und meine Augen werden feucht.

Merkmal 4: Abwechslung

Häufig hört man Bemerkungen wie »Abwechslung wirkt Wunder« oder »Das kenne ich schon in- und auswendig!« Wir wünschen uns eine gewisse Abwechslung bei dem, was wir tun, und bei den Menschen, die uns umgeben. Doch zu jeder Arbeit (wie auch zu allen anderen Tätigkeiten im Leben, die über lange Zeiträume durchgeführt werden) gehört die Wiederholung bestimmter Kernaktivitäten: Man muss denselben Handgriff oder dieselbe Tätigkeit immer und immer machen.

Auch beim Schlüsselelement Nr. 4 (hier als »Abwechslung« tituliert), geht es darum, die *»glückliche Mitte«* zu finden. Man kann mit einer Arbeit zufrieden sein, obwohl einem Teile davon langweilig oder monoton erscheinen. Ein Mann, der in der Herstellung von Computer-Chips beschäftigt ist, erzählte uns: »Ich mag meine Arbeit sehr. Manchmal gibt es Dinge, die ein bisschen langweilig sind, aber im Grunde mag ich meine Arbeit. ... Hin und wieder wiederholt sich einiges, aber das ist in vielen Jobs der Fall. Wenn ich noch einmal von vorn anfangen könnte, würde ich wieder diese Arbeit wählen.«[1]

---

1   Siehe dazu J. Bowe, M. Bowe und S. Streeter (Hg.), *Gig: Americans talk about their Jobs,* New York 2000, S. 106.

Die Forschung hat eindeutig gezeigt, dass bei einem geringen Maß an Abwechslung die Arbeitszufriedenheit und auch andere Arten von arbeitsbezogenen *Glücksgefühlen* nur gering ausgeprägt sind. Das hat zum Teil damit zu tun, dass eine gewisse Abwechslung dem Wunsch der Beschäftigten entspricht (siehe oben), aber auch damit, dass wenig abwechslungsreiche Jobs auch in anderer Hinsicht belastend oder beeinträchtigend sind. Monotone, eintönige Arbeit bedeutet zum Beispiel, dass man auch nur geringe Möglichkeiten hat, eigene Fähigkeiten einzubringen (Merkmal Nr. 2) und dass die Anforderungen wahrscheinlich in hohem Maße klar und eindeutig sind (eine übermäßige Ausprägung des Merkmals Nr. 5). Unzufriedenheit tritt auch ein, wenn wir mit einer als negativ beurteilten Situation »vertraut« geworden sind und uns »an die Gegebenheiten anpassen« (ohne davon überzeugt zu sein), denn dann erscheinen uns Situationen, die sich stets wiederholen (jene, die wenig Abwechslung bieten), weniger angenehm als zuvor (vgl. dazu auch *Kapitel 8*).

Manche Beschäftigte finden eigene, informelle Wege und Mittel, um eintönige Arbeiten etwas abwechslungsreicher zu gestalten – Formen von Job crafting, die wir bereits im Zusammenhang mit Merkmal Nr. 1 (persönlicher Einfluss) beschrieben haben. Sie verändern vielleicht ihr Arbeitstempo im Verlauf des Tages, setzen sich persönliche Unterziele im Rahmen ihrer Gesamtaufgabe, verändern die Abfolge einzelner Tätigkeiten, versuchen jeden Tag etwas anders zu gestalten als bisher usw. Um solche Veränderungen umzusetzen, muss man natürlich einen gewissen Einfluss auf die eigene Arbeitssituation haben (»Vitamin« Nr. 1). Tatsächlich gehen Abwechslungsarmut/ Monotonie und geringe Gestaltungsspielräume in vielen Jobs Hand in Hand.

Nicht nur ein eintöniger Job kann zu Unzufriedenheit führen, sondern auch übermäßige Abwechslung. Wenn Menschen in ihrer Arbeit sehr häufig mit veränderten Zielen konfrontiert werden, fühlen sie sich wahrscheinlich überfordert (Merkmal Nr. 3), und die Situation kann leicht außer Kontrolle geraten (Merkmal Nr. 1), wenn man ständig von einer Aufgabe zur anderen springen muss und manche Aufgaben unerledigt bleiben. Es ist daher in der Personalpraxis wichtig, Element Nr. 4 nicht aus den Augen zu verlieren und darauf zu achten, dass Stellen weder durch allzu häufige Wiederholungen bzw. allzu große Monotonie, noch durch eine allzu große Abwechslung charakterisiert sind. Die »Würze des Lebens« kann bisweilen auch ein bisschen zu scharf sein.

Merkmal 5: Klare Aufgaben und Perspektiven

Viele Menschen hassen Ungewissheit. Andere nehmen die Dinge gelassener, doch im Allgemeinen fühlen wir uns unwohl oder verunsichert, wenn wir nicht wenigstens eine grobe Vorstellung davon haben, wie sich die Dinge weiterentwickeln werden.

Unvorhersehbarkeit bedeutet einerseits, dass wir nicht planen und nicht entscheiden können, was wir als Nächstes tun wollen; uns fehlt die Grundlage, um mögliche Ergebnisse einschätzen und darauf basierende Entscheidungen treffen zu können. In mehrdeutigen Situationen fühlen wir uns manchmal macht- und hilflos – und das behagt uns nicht. Andererseits haben Untersuchungen bestätigt, dass sich auch ein zu hohes Maß an Klarheit nachteilig auswirken kann. Wenn die Anforderungen und die Zukunftsaussichten vollständig vorhersehbar sind, kann sich nichts Neues oder Überraschendes ergeben und man kann auf die Ereignisse auch persönlich keinen Einfluss nehmen. Man weiß genau, was geschehen wird, und man kann nichts tun, um etwas daran zu ändern. Man kommt sich vor wie ein Rädchen in einem Getriebe, das sich einfach nur in die Richtung bewegt, die jemand anderes festgelegt hat.

Das Muster des umgedrehten U, das Schlüsselmerkmal Nr. 5 kennzeichnet (vgl. auch *Kapitel 4*), gilt sowohl im Allgemeinen wie auch am Arbeitsplatz im Speziellen – man kann zu viel oder auch zu wenig Klarheit haben. Viele Mitarbeiter sind verunsichert, wenn das Arbeitsumfeld in hohem Maße vieldeutig und unklar ist, und sie sind gelangweilt, wenn alles völlig vorhersehbar und bekannt ist. Ein in England erschienenes, sehr erfolgreiches Buch zu diesem Thema trug den Titel *Between boredom and anxiety* (Zwischen Langeweile und Angst) – das ist der neuralgische Punkt bzw. die »glückliche Mitte«, die wir finden müssen: Dort wird ein Maximum an Wohlbefinden erreicht.

Vieldeutige Arbeitskontexte rufen bei den Betroffenen manchmal Gefühle von Unsicherheit darüber hervor, was genau zu tun ist. Viele Beschäftigte berichten, dass sie häufig unsicher sind, was in ihrer Position von ihnen erwartet wird. Das erzeugt Unbehagen, und sie wissen nicht recht, wie sie sich verhalten sollen. In solchen mehrdeutigen Situationen ist den Mitarbeitern unklar, was von ihnen verlangt wird und ob es zu einer Belohnung oder Bestrafung führen wird, wenn sie sich für ein bestimmtes Vorgehen/eine bestimmte Lösung entscheiden. Mit dieser Art von Verunsicherung kommen viele Arbeitnehmer nur schwer zurecht. Manchmal wird die Vieldeutigkeit durch das widersprüchliche Verhalten des oder der Vorgesetzten hervorgerufen und verstärkt. Wenn ein Vorgesetzter zu unterschiedlichen Zeiten widersprüchliche Signale im Hinblick darauf aussendet, was er als angemessenes Verhalten betrachtet, oder wenn verschiedene Vorgesetzte (z. B. in einer Matrix- oder einer Projektorganisation) unterschiedliche Vorstellungen darüber äußern, was ein angemessenes Verhalten sei, werden die Mitarbeiter mit großer Wahrscheinlichkeit verunsichert oder ängstlich reagieren.

Ein weiterer Aspekt von Schlüsselmerkmal Nr. 5 »Klare Aufgaben und Perspektiven« ist das Bedürfnis, Feedback zu erhalten – etwas zu erfahren über die Konsequenzen ihrer Handlungen: »Wie mache ich das?«, »War das eine gute Entscheidung für mich?« Manchmal ergibt sich Feedback unmittelbar aus einer Situation, wenn etwa bestimmte Ereignisse zeigen, ob eine Entscheidung/ Problemlösung zum gewünschten Ergebnis geführt hat. Doch ob etwas als »Erfolg« zu bewerten ist oder nicht, ist in großem Maße subjektiv und von der Perspektive des Betrachters abhängig. Die Ansichten darüber gehen häufig auseinander. In solchen Fällen braucht man Feedback von anderen relevanten Personen – den Vorgesetzten oder den Arbeitskollegen. Wenn diese keine Messlatte liefern können, anhand der man die eigenen Handlungen beurteilen kann, wird man sich wahrscheinlich unsicher und unbehaglich fühlen.

Natürlich erhalten Menschen gern ein positives Feedback und möchten hören, dass sie ihre Sache gut machen. Doch sowohl für individuelles als auch für organisationales Lernen ist auch korrektives Feedback nötig, das auf Unzulänglichkeiten hinweist und Verbesserungsvorschläge enthält. Es besteht ein Unterschied zwischen »Anerkennung aufgrund guter Leistung« (was stets positiv ist) und »Feedback bezüglich Ihrer Leistung« (was positiv, aber auch negativ sein kann), wenngleich beide Arten von Feedback z. B. in Mitarbeitergesprächen häufig miteinander vermischt werden. Neben dem unmittelbaren Feedback kann in Unternehmen auch in regelmäßigen Abständen – meist in einem Ein- oder Zweijahresrhythmus – eine formelle Leistungsbewertung stattfinden. Leistungsbewertungen sollen nicht nur die Profitabilität des Unternehmens steigern (wenn dies auch häufig der eigentliche Grund für ihre Durchführung ist); viele Beschäftigte erhoffen sich in diesen Gesprächen auch Informationen, die ihnen helfen, besser zu werden.

Erhebungen haben gezeigt, dass Menschen, die mit ihrer Arbeit unzufrieden sind, oft auf solche Mehrdeutigkeiten und Unklarheiten verweisen: Sie möchten mehr Klarheit bezüglich der Arbeitsanforderungen und/oder mehr Feedback zu ihrer Leistung. Bei der Untersuchung der Arbeitszufriedenheit ist es somit wichtig, die Ausprägung von Merkmale Nr. 5 »Klare Aufgaben und Perspektiven« genau anzusehen. Ein gewisses Maß an Unsicherheit ist gut (so gehen Menschen in Situationen, die ihnen nicht als allzu gefährlich erscheinen, gerne ein gewisses Risiko ein. Und eine gewisse Risikobereit-schaft ist häufig die Voraussetzung für unternehmerische Spitzenleistun-gen). Doch insgesamt müssen wir auch hier wieder einen »glücklichen Mit-telweg« finden.

Merkmal 6: Soziale Kontakte

Das sechste unserer zwölf Schlüsselelemente kann von größter Bedeutung sein. Wie ist es um die sozialen Kontakte eines Mitarbeiters bestellt? Wie intensiv und wie angenehm sind diese Kontakte? Wie immer, wenn wir uns im Bereich der persönlichen Beziehungen bewegen, sind Höhen und Tie-fen zu erwarten. Aber wenn wir nun der Frage nachgehen, wie es mit der Zufriedenheit in einem Job im Allgemeinen bestellt ist: Tragen die sozialen Kontakte hier eher dazu bei, dass der Betreffende sich glücklich oder un-glücklich fühlt?

Wichtig ist zunächst die Kontakthäufigkeit: Wie oft steht jemand am Ar-beitsplatz in Kontakt zu anderen Menschen? (Siehe dazu Nr. 6a auf der Liste auf S. 73) Einige Studien haben diesen Aspekt im Hinblick darauf unter-sucht, welche psychologischen Auswirkungen Großraumbüros im Vergleich zur herkömmlichen Trennung in kleinere Büroräume haben. Menschen in einem einzigen großen Raum zusammenzufassen, bietet den eindeutigen Vorteil größerer Flexibilität, erleichtert spätere Modifikationen und erlaubt potenziell eine bessere Kommunikation. Doch Untersuchungen haben auch ergeben, dass die Betroffenen gefühlsmäßig sehr unterschiedlich darauf reagieren. In abgetrennten Räumen genießen die Mitarbeiter mehr Privat-sphäre, mehr Ruhe, um sich zu konzentrieren, und sie können besser beein-flussen, wann und mit wem sie sprechen wollen. In einem Großraumbüro dagegen kann man den anderen nicht aus dem Weg gehen, häufig wird über zu viel Lärm und zu häufige Störungen geklagt und auch darüber, dass man nur schwer private Gespräche führen kann.

Möglicherweise denken Sie an dieser Stelle, »Das ist doch alles relativ« und das ist es in der Tat. Unterschiedliche Arbeitstätigkeiten erfordern ein unterschiedliches Maß an Zurückgezogenheit bzw. unterschiedlich viele Ge-spräche unter vier Augen, und – wie wir nicht müde werden zu betonen – unterschiedliche Menschen haben unterschiedliche Vorlieben. Da man es nicht allen gleichzeitig recht machen kann, sind für uns in Bezug auf dieses »Job-Vitamin« die konkreten Gefühle der Betroffenen selbst entscheidend. Wird das Ausmaß der sozialen Kontakte in der Arbeit als zu gering, als zu hoch oder als gerade richtig empfunden?

Dazu kommt die Frage, an welches Interaktionsniveau ein Mensch gewöhnt ist. Einer der Autoren dieses Buches, Guy Clapperton, berichtet von seinen eigenen Erfahrungen:

> *Ich habe viereinhalb Jahre bei einer Wirtschaftszeitschrift gearbeitet, wo es ein Großraumbüro gab und es immer ziemlich laut war. Als ich anschließend in die Freiberuflichkeit wechselte, erlebte ich einen Schock, weil es plötzlich nur noch mich und die beiden Katzen gab. Ich gewöhnte mich daran, aber einige Jahre später war es für einen Auftrag erforderlich, dass ich in einem anderen Büro Texte verfasste. Als ich dort zu arbeiten anfing, beobachteten die anderen Mitarbeiter amüsiert, wie ich darauf wartete, dass ein wenig Ruhe einkehrte, bevor ich mit der Arbeit anfing. Natürlich kann es in einem geschäftigen Büro per Definition keine Ruhe geben, weder für mich noch für irgendjemand anderen.*

> *Die Pointe bestand darin, dass ich, als ich das nächste Mal mein altes Großraumbüro besuchte, dort eine schalldichte Wand vorfand, die man eingezogen hatte, um den Lärm der übrigen Zeitschriftenredaktionen abzuhalten, die ebenfalls auf diesem Stockwerk produziert wurden. Doch obwohl die Leute dort jetzt effizienter arbeiteten und auch zufriedener waren, hatten sie für die Mitarbeiter der anderen Magazine ihre Glaubwürdigkeit eingebüßt und waren in Kollegenkreisen ständigen Scherzen ausgesetzt. Das plagte sie mehr als alles andere.*

Wie die übrigen »Job-Vitamine«, die in diesem Kapitel behandelt werden, können auch permanente enge soziale Kontakte belastend wirken und ungute Gefühle verursachen. Ein Bekannter erzählte uns, er habe sich einmal von einigen Klienten dazu gedrängt gefühlt, unbedingt an einem Bowling-Abend teilnehmen zu müssen. Er war nicht vertraut mit der mittlerweile auch in Großbritannien verbreiteten amerikanischen Variante des Bowlings. Er und mehrere seiner Kollegen fühlten sich sehr unwohl, als sie auf der Kegelbahn Schuhe anziehen mussten, die vorher bereits andere Leute getragen hatten, und zudem machten die anderen Teilnehmer spöttische Bemerkungen über sie, weil sie so noch nie Bowling gespielt hatten.

In allen Gesellschaften der Welt haben sich Strukturen und Formen des Zusammenlebens entwickelt, die die Vorteile sozialer Kontakte zum Tragen bringen, zugleich aber auch dafür sorgen, dass den Menschen eine gewisse

Privatsphäre erhalten bleibt. Im Beispiel dieses Bowling-Abends war diese Privatsphäre nicht mehr gewährleistet. Denkt man gründlicher darüber nach, erscheint es bemerkenswert, dass die Betroffenen dieselben sozialen Kontakte in der Arbeit über eine so lange Zeit aufrechterhalten konnten. Die Arbeit ist das einzige Umfeld, in dem Menschen dauerhaft mit anderen Menschen zusammen sind, mit denen sie kein Verwandtschaftsverhältnis verbindet und deren Gesellschaft sie nicht frei wählen können.

Der zweite Aspekt (Nr. 6b) dieses »Job-Vitamins« ist für viele Menschen von besonderer Bedeutung, nämlich die Frage, wie angenehm sich die sozialen Interaktionen gestalten. Viele Beschäftigte berichten, dass andere Menschen die Hauptursache für ihre Unzufriedenheit bei der Arbeit sind. Das bezieht sich üblicherweise auf als unangenehm empfundene Kollegen, aber auch Kunden und andere Stakeholder des Unternehmens können selbstverständlich Ursache für negative Gefühle sein. Mitarbeiter von Call-Centern, Busfahrer, Verkäufer in Ladengeschäften und sogar Krankenschwestern berichten häufig von Beleidigungen, kritischen Bemerkungen und gering schätzender Behandlung durch Menschen, mit denen sie bei ihrer täglichen Arbeit zu tun haben.

Manchmal liegt die Ursache für die Unzufriedenheit schlicht daran, dass man die Leute denen man begegnet, nicht mag, dass die »Chemie« nicht stimmt. Das gilt für das berufliche Umfeld als auch für alle weiteren Lebensbereiche. Das Problem besteht aber nicht immer darin, dass unterschiedliche Persönlichkeiten und Verhaltensmuster aufeinanderprallen; es kann auch aus fortgesetzter Ablehnung, Kränkung, Mobbing oder Belästigung erwachsen. Ein gefährlich tiefes Niveau von Schlüsselmerkmal Nr. 6 »Soziale Kontakte« kann unabsichtlich entstehen, aber auch durch absichtliche Beleidigungen, soziale Isolierung, unflätige E-Mails, böswilligen Klatsch oder andere Formen der Erniedrigung aktiv herbeigeführt werden. Ein Kollege eines der beiden Autoren dieses Buches musste sich in den 1990er-Jahren lange Zeit in dem Büro, in dem er arbeitete, Witze über seine Kleidung und sein (hohes) Körpergewicht gefallen lassen. Manche dieser Hänseleien waren vielleicht nicht böse gemeint, aber sie beeinträchtigten seine Motivation und sein Leistungsvermögen erheblich und würden heute wahrscheinlich nicht mehr toleriert werden.

Doch auch positive soziale Kontakte sind in der Arbeitswelt stark ausgeprägt. Die Leute mögen es, sich über ihre Arbeit und über Themen außerhalb der Arbeit zu unterhalten, sie können Ideen zur Lösung praktischer oder persönlicher Probleme austauschen und erhalten beziehungsweise bieten sich gegenseitig die Unterstützung, die im Alltagsleben unverzichtbar ist. Untersuchungen über die Ursachen von Arbeitszufriedenheit verweisen häufig auf die Bedeutung der Arbeitskollegen. Manchmal bieten Kollegen eine wichtige, wenngleich begrenzte Hilfestellung, etwa indem sie dazu beitragen, dass »ich es überhaupt aushalte an diesem Arbeitsplatz«, und zweifellos können sich auch intensivere Freundschaften am Arbeitsplatz entwickeln.

Können an und für sich wünschenswerte soziale Kontakte auch im Übermaß vorhanden sein? Studien zeigen, dass das durchaus möglich ist. Es ist zwar angenehm, von Kollegen bei der Arbeit Unterstützung zu erhalten, doch es kann auch lästig werden, wenn sie ihre Hilfe auch dann aufdrängen, wenn man sie gar nicht braucht. Oder es kann einem auf die Nerven gehen, wenn ein Kollege ständig auf einen »Plausch« vorbeikommt. Unterstützung durch andere Menschen fördert zweifellos unser Wohlbefinden im Job, sie kann aber auch ein Übermaß annehmen, störend oder schlicht bevormundend wirken. Auch hier kann es also zu viel des Guten geben.

Die sozialen Bedürfnisse können sich auch entsprechend der übrigen Lebensumstände eines Beschäftigten verändern. Beispielsweise trat ein Kollege von uns in die Redaktion einer Verbraucherzeitschrift ein, nachdem er einige Zeit alleine zu Hause gearbeitet hatte. In den ersten Monaten erschien es ihm noch ganz angenehm, nach der Arbeit mit ein paar Kollegen in einer Kneipe auf der anderen Straßenseite ein Bier trinken zu gehen. Als er bei dieser Zeitschrift aufhörte, war er verheiratet, besaß ein Eigenheim und ging nach der Arbeit lieber nach Hause, anstatt sich weiter im sozialen Umfeld seines Arbeitsplatzes aufzuhalten; der Druck, sich den anderen anzuschließen und »mitzukommen auf einen kleinen Schluck«, war ihm jetzt eher lästig.

Zwischenfazit

In diesem Kapitel haben wir die ersten sechs der zwölf wichtigsten Schlüsselmerkmale für Glück und Zufriedenheit am Arbeitsplatz behandelt – jene, bei denen man auch »zu viel des Guten« tun kann. Wir haben sie folgendermaßen bezeichnet:

1. Persönlicher Einfluss
2. Einsatz der eigenen Fähigkeiten, mit den beiden wichtigen Aspekten: Anwendung der vorhandenen Fähigkeiten und Aneignung weiterer Fertigkeiten
3. Anforderungen und Ziele, wobei folgende drei Aspekte zu untersuchen sind: das allgemeine Anforderungsniveau, Konflikte zwischen verschiedenen Anforderungen im Beruf sowie Konflikte zwischen Arbeit und Privatleben

4. Abwechslung

5. Klare Aufgaben und Perspektiven

6. Soziale Kontakte, mit den beiden Aspekten: Intensität und Annehmlichkeit der Interaktionen

Zahlreiche Hinweise aus der Forschung – und vielfältige persönliche Erfahrungen – belegen, dass diese sechs Merkmale von großer Bedeutung für Glück und Zufriedenheit bzw. Unzufriedenheit bei der Arbeit sind. Spezielle Probleme entstehen, wenn diese Merkmale zu gering ausgeprägt sind (ähnlich wie bei Vitaminmangel), aber auch ein Übermaß kann sich negativ auswirken (wie die Überdosierung eines Vitaminpräparats) – zu viel des Guten ist schädlich.

Später werden wir uns damit befassen, wie diese verschiedenen Aspekte von unterschiedlichen Menschen individuell wahrgenommen und erlebt werden. Nun müssen wir noch die übrigen Punkte auf der Liste der zwölf Schlüsselmerkmale in die Betrachtung einbeziehen – darum geht es im folgenden Kapitel.

6

Wie Arbeitszufriedenheit entsteht –
Teil 2: Wann ist genug wirklich genug?

Wir gehen davon aus, dass zwölf Schlüsselmerkmale für die Entstehung von Glück und Zufriedenheit bzw. Unzufriedenheit im Job ausschlaggebend sind. Wie wir in *Kapitel 4* bereits ausgeführt haben, sind die ersten neun davon für jeden beliebigen Lebensbereich von entscheidender Bedeutung. Alle diese Merkmale verursachen Probleme, wenn sie nur gering ausgeprägt sind – ähnlich wie bei einem Vitaminmangel. Die Merkmale Nr. 1 bis 6, die wir im vorhergehenden Kapitel behandelt haben, sind zudem schädlich, wenn sie in sehr hohem Maße ausgeprägt sind. Die übrigen sechs Merkmale (Nr. 7-12) haben in der Regel einen gleich bleibenden Einfluss auf unsere Gefühle, sobald eine bestimmte Schwelle im mittleren bis oberen Bereich erreicht ist. Ab diesem Niveau hat die weitere Steigerung eines bereits gut ausgeprägten Merkmals keinen zusätzlichen Nutzen mehr – das Sättigungsniveau ist bereits erreicht.

Den Sättigungspunkt erkennen:
Merkmale Nr. 7 bis 12

Betrachten wir nun diese sechs Job-Merkmale mit »konstanter Wirkung«: jene, die bei geringer Ausprägung zu Unzufriedenheit führen und bei mittlerer als auch bei hoher Ausprägung zu Zufriedenheit. Ein weiterer Anstieg führt bei diesen Merkmalen nicht zu mehr oder zu noch größerem Glück im Vergleich zu jenem, das wir bei einem mittleren Ausprägungsniveau bereits erreichen. Wieder ausgehend von der Liste auf auf Seite 72 f. sehen wir uns nun das siebte Merkmal genauer an – Geld.

Merkmal 7: Geld

Für viele Menschen steht beim Thema »Arbeit« das Einkommen eindeutig im Vordergrund; sie wollen unbedingt viel Geld verdienen. Hierzu ein Beispiel eines selbstständigen Putzmannes, der sich der ungewöhnlichen Aufgabe verschrieben hat, nach Morden oder anderen Gewalttaten den Tatort zu säubern. Dabei handelt es sich zweifellos um einen unangenehmen, ja grauenhaften Beruf, »doch mein Ziel ist Wohlstand, ganz klar … Ich will richtig reich werden – so reich, dass ich einen Bodyguard brauche, wo immer ich unterwegs bin. Ich will in der Lage sein, zu tun, was ich möchte, und zwar jederzeit. Wenn ich einen Helikopter brauche, um irgendwo hin zu kommen, dann will ich mir diesen Hubschrauber kaufen können. Das ist die Art von Wohlstand, von der ich spreche. Und das werde ich erreichen oder ich werde beim Versuch dabei sterben.«[1]

Natürlich vermittelt ein hohes Einkommen vielen Menschen ein Wohlgefühl, auch wenn nicht alle ein solches Maß an Entschlossenheit aufbringen wie der genannte Putzmann. Mit einem hohen Einkommen kann man den Lebensunterhalt bestreiten und sich auch einen gewissen Luxus und andere Annehmlichkeiten leisten. Doch wie Untersuchungen in verschiedenen Ländern (siehe *Kapitel 4*) gezeigt haben, erhöht sich das Wohlbefinden durch ein weiter steigendes Einkommen nicht mehr, sobald man ein bestimmtes, als angemessen empfundenes Niveau erreicht hat.

Viele wissenschaftliche Studien wie auch Beispiele aus dem realen Leben stützen diese Aussage. Im Jahr 2004 gaben die amerikanischen Psychologen Allen Kanner und Tim Kasser ein Buch mit Titel *Psychology and consumer culture: The struggle for a good life in a materialistic world* heraus.[2] »Wenn das Geld in den Mittelpunkt rückt und für das Allerwichtigste gehalten wird, leiden die Motivation und das Wohlbefinden«, erklärte Kasser bei der Vorstellung des Buches. »Gehaltssteigerungen … ziehen keine adäquate Steigerung des Wohlbefindens nach sich.« Zu besagter Studie wurde Kanner angeregt, als er feststellte, dass sich bei Kindern mit Verhaltensstörungen Berufswünsche und berufliche Zielsetzungen auffällig verändern. Früher hatten sie Baseball-Spieler, Tänzerinnen oder Astronauten werden wollen, nun aber sagten sie, sie wollten reich werden. Die Thematik, die sich hier abzeichnet,

---

1   J. Bowe, M. Bowe und S. Streeter (Hg.), *Gig: Americans talk about their jobs,* New York 2000, S. 102 f.
2   Herausgegeben in Washington DC von der American Psychological Association.

betrifft nicht nur Kinder. Die im Buch erläuterten Studien über Erwachsene zeigen, dass das Streben nach Geld um seiner selbst willen die Zufriedenheit eher untergrub, anstatt sie zu fördern. Viele arbeiteten bis zur Erschöpfung, um noch mehr Geld zu verdienen, damit sie ihren extravaganten Lebensstil aufrechterhalten oder sogar noch aufwändiger gestalten konnten, und schadeten dabei sich selbst und ihrem Umfeld.

Das soll nicht heißen, dass ein Mangel an Geld etwas Positives sei. Man mag nun trefflich darüber streiten, welches Einkommen denn »angemessen« ist (dem nationalen Durchschnitt entsprechend? So viel wie die Freunde? Oder ein bisschen mehr als im letzten Job oder im vergangenen Jahr?), aber eines ist unbestreitbar: Es gibt einen finanziellen Wendepunkt was Glück angeht. Unterhalb dieses Punktes hat die Höhe des Einkommens großen Einfluss auf unsere Gefühlslage (sowohl im Beruflichen als auch was unser Lebensglück insgesamt angeht), doch auf höheren Einkommensniveaus löst sich diese Verbindung weitgehend auf. Manchen Menschen, die sich erfolgreich darum bemüht haben, reich zu werden, stellt sich dann die quälende Frage: »Was soll ich jetzt tun?« Sie müssen andere Ziele und Motivationen finden, und das ist nicht einfach, nachdem sie sich viele Jahre allein dem Geldverdienen verschrieben hatten.

Somit müssen wir die allgemeine Vorstellung, dass »Geld nicht glücklich macht«, etwas erweitern. Es kann dies leisten, so lange man arm ist, doch für gut bezahlte Beschäftigte werden andere Themen aus der Liste unserer zwölf Schlüsselmerkmale wichtiger. Wenn man finanziell gut gestellt ist und immer noch nur ans Geldverdienen denkt, wird man im Allgemeinen nicht glücklich werden, und auch bei den übrigen elf Merkmalen kann in solchen Fällen einiges schief gehen. Im Hinblick auf den Beruf ist das Einkommensniveau nur eine der Grundlagen für Glück. Sobald man »wohlsituiert« ist, muss man sich um die anderen Aspekte kümmern.

Merkmal 8: Angemessenes physisches Umfeld

Auch das physische Arbeitsumfeld, die Arbeitsräume und die ergonomische Arbeitsplatzgestaltung, ist häufig eine Ursache für Klagen, gelegentlich auch für Freude. Dieses Merkmal lässt sich in zwei Teilaspekte unterteilen (vgl. auch die Liste auf Seite 72 f.): die Annehmlichkeit des Arbeitsumfelds (Nr. 8a) und dessen Sicherheit im Hinblick auf physische Beeinträchtigungen (Nr. 8b). Es muss nicht besonders betont werden, dass eine geringe Ausprägung dieser Aspekte negativen Gefühlen Auftrieb verleiht.

Extremsportarten und andere einschlägige Aktivitäten wirken gerade durch die fehlende Sicherheit attraktiv. Zum Zeitpunkt der Abfassung dieses Buches lief im Radioprogramm der BBC eine Reihe, in der sich bekannte britische Bergsteiger wie Ranulph Fiennes mit ehemaligen Expeditionsteilnehmern unterhielten. Klar wurde dabei: Wer Wert legt auf Bequemlichkeit und Sicherheit, würde sich natürlich niemals an solchen Unternehmungen beteiligen. Untersuchungen mit »gewöhnlichen Menschen« bestätigen erwartungsgemäß, dass unangenehme oder unsichere Arbeitsbedingungen bei den meisten Beschäftigten Unbehaglichkeit und Unzufriedenheit erzeugen.

Ferner ist anzunehmen (wenn auch nicht durch Untersuchungen belegt), dass bei einer fortschreitenden Verbesserung der äußeren Bedingungen schließlich ein Wendepunkt erreicht wird, ab dem weitere Verbesserungen der Annehmlichkeit oder der Sicherheitsstandards zu keiner weiteren Steigerung der Arbeitszufriedenheit mehr führen. Schlechte oder unsichere Bedingungen wirken zweifellos verunsichernd, doch Verbesserungen von Bedingungen, die schon vorher ziemlich gut bzw. sicher waren, machen vermutlich keinen großen Unterschied mehr.

Wir sehen hier bereits, dass nicht alle der zwölf Schlüsselmerkmale gleich bedeutungsschwer sind. So hat zum Beispiel Merkmal Nr. 1 (persönlicher Einfluss und Gestaltungsfreiräume) unter allen Schlüsselelementen die wohl stärkste Auswirkung auf die Zufriedenheit, während angenehme Arbeitsbedingungen (Nr. 8a) einen deutlich geringeren Einfluss ausüben. Auch die konkreten Ausprägung der einzelnen Merkmale spielt dabei eine wichtige Rolle: Ist ein Merkmal besonders schwach ausgeprägt (wenn z. B. sehr schlechte Arbeitsbedingungen vorherrschen), wird dieser Aspekt verstärkt Anlass zur Sorge geben, während man ihm weniger Beachtung schenkt, sobald er sich im akzeptablen Bereich bewegt.

- Es gibt auch hier – einmal mehr – individuelle Unterschiede. Manche Menschen sind sehr empfindlich, was die Qualität ihres Umfelds betrifft, während andere einem angenehmen physischen Umfeld (z. B. modernen Büroräumen) keine große Bedeutung beimessen; manche Mitarbeiter agieren sehr vorsichtig und behutsam, während andere bereitwillig größte Risiken eingehen. Dies gilt, wie schon erwähnt, auch in anderen Bereichen bzw. bei anderen Merkmalen: So betrachten zum Beispiel manche Menschen (die extrovertierten) häufige und zahlreiche soziale Kontakte (Nr. 6) als grundlegende Voraussetzung für Arbeitszufriedenheit, während eher introvertierte Menschen keinen besonders großen Wert darauf legen. Diese persönlichen Bedürfnisse und Präferenzen behandeln wir in den *Kapiteln 7* und *8*.

Merkmal 9: Anerkennung und Wertschätzung

Unser Eindruck von anderen Menschen fußt oft darauf, welchen Beruf sie ausüben. Die Antwort auf die Frage »Und was machen Sie beruflich?« liefert die zentralen Stichworte, aufgrund derer man sich eine Meinung über die Betreffenden bildet. Jeder von uns denkt in diesen Kategorien. Ob man in seinem Job glücklich ist, hängt deshalb auch davon ab, ob man etwas tut, was von der Gesellschaft anerkannt und geschätzt wird – das neunte Schlüsselmerkmal, mit dem wir uns hier befassen müssen.

Manchmal wird die Bedeutung eines Jobs anhand seiner hierarchischen Position beurteilt – anhand des sichtbaren Status, den jemand in einer Gruppe oder in der Gesellschaft insgesamt einnimmt –, doch häufig sind es auch die Arbeitnehmer selbst, die aus einer stärker individuellen Perspektive ihren Job beurteilen. Eine derartige Sichtweise ist eng mit dem Selbstwertgefühl verbunden. Auf S. 73 wurden drei Komponenten des allgemeinen Merkmals »Anerkennung und Wertschätzung« dargestellt: der soziale Status, die Fähigkeit, andere Menschen zu unterstützen und zu fördern, und die Möglichkeit, das eigene Selbstwertgefühl zu steigern.

Der erste Aspekt (Nr. 9a) spiegelt die *eigene gesellschaftliche Stellung* wider: Wo steht man selbst im Verhältnis zu den anderen? Menschen finden oft Wege, sich selbst und ihren Beruf mit positiven Begriffen zu beschreiben. Manche bemühen sich um eine glamouröse oder hochtrabende Berufsbezeichnung, und Arbeitslose mögen sich damit trösten, was sie früher einmal waren oder getan haben. Berufliche Positionen sind oft mit einem bestimmten Kleidungsstil, Uniformen oder anderen äußeren Kennzeichen verbunden, mit denen ein bestimmter Status zum Ausdruck gebracht wird. Wenig überraschend wünschen sich Menschen mit Berufen, die nur geringes gesellschaftliches Ansehen genießen, häufig eine Position, in der ihnen mehr Respekt entgegengebracht wird. (Das hat natürlich auch zum Teil damit zu tun, dass Berufe mit höherem Status auch bei anderen der zwölf Schlüsselmerkmale besser abschneiden).

Welche persönliche Bedeutung wir einem Job beimessen, ist auch damit verbunden, ob sich bei dieser Arbeit die Möglichkeit eröffnet, *andere Menschen zu unterstützen und zu fördern* (Nr. 9b). Anderen helfen zu können, ist für viele Menschen, die in sozialen Bereichen oder in wohltätigen Einrichtungen arbeiten, eine offensichtliche Quelle der Befriedigung, aber auch in anderen Tätigkeitsbereichen bzw. Branchen kann dieser Aspekt die Einstellung zur Arbeit beeinflussen. Dr. Adam Grant von der Wharton School of Business in Philadelphia hat eine Untersuchung zu diesem Thema durchgeführt. Er zitiert einen Feuerwehrmann: »Warum riskiere ich mein Leben, indem ich in ein brennendes Gebäude laufe, wobei ich weiß, dass jeden Augenblick ... der Boden unter mir einbrechen oder die Decke auf mich stürzen kann? ... Ich arbeite hier für meine Gemeinde, eine Gemeinschaft, in der ich aufgewachsen bin und in der ich viele Leute kenne.«[3]

Solche Gefühle haben bei vielen Menschen großen Einfluss auf die Arbeitszufriedenheit. Ein Fischer aus Alaska liefert dafür ein eindrucksvolles Beispiel. Er schwärmt von »diesem elektrisierenden Gefühl ... Du fischst, und die ganze Stadt dreht sich um dich ... Du bist verantwortlich für die ganze Stadt. Wenn dein Job abgeschafft wird, dann ist es auch mit der ganzen Stadt vorbei.«[4] Etwas weniger dramatisch – und wohl eher dem eigenen Erleben der meisten Leser entsprechend – beschrieb ein Architekt dieses Gefühl der gesellschaftlichen Wertschätzung, das mit seiner Arbeit verbunden ist: »Ich finde [meinen Job] sehr bereichernd. Etwas zu bauen, etwas zu schaffen und am Ende das fertige Werk zu sehen ... Am Anfang ist da nur ein leerer, grasbewachsener Platz, und dann baut man darauf ein Haus für eine ganze Familie, und man erlebt, wie sie einzieht; das ist schon sehr befriedigend.«[5]

Viele Beschäftigte können ihre Arbeitsabläufe und die dafür aufzuwendende Zeit in einem gewissen Rahmen selbst bestimmen (das ist das Job crafting, von dem im Zusammenhang mit den Merkmalen Nr. 1 und 3 die Rede war), sodass sie sich das befriedigende Gefühl verschaffen können, anderen in irgendeiner Weise zur Seite stehen zu können. Natürlich sind solchen Änderungen und Anpassungen Grenzen gesetzt, doch verschiedene Studien haben gezeigt, dass diesbezügliches Job crafting häufiger vorkommt, als man vermuten würde. Manche Beschäftigte verschaffen sich in ihrem Job größere soziale Anerkennung, indem sie ihn so gestalten, dass sich ihnen mehr Möglichkeiten eröffnen, anderen zu helfen – Kunden, Auftraggebern oder Arbeitskollegen.

Wie bei allen übrigen Schlüsselmerkmalen sind auch bei Merkmal Nr. 9 »Anerkennung und Wertschätzung« wieder individuelle Unterschiede von Bedeutung, auf die weiter unten eingegangen wird. Nicht für alle Menschen ist es gleichermaßen wichtig, sich einer von der Gesellschaft gewürdigten oder persönlich erfüllenden beruflichen Tätigkeit zu widmen.

---

3   Adam H. Grant, Relational job design and the motivation to make a prosocial difference, in: *Academy of Management Review*, 2007, Nr. 32, S. 383-417.
4   J. Bowe, M. Bowe und S. Streeter (Hg.), *Gig: Americans talk about their jobs*, New York 2000, S. 221.
5   Ebenda, S. 36.

Ein weiterer Aspekt von Merkmal 9 ist die Möglichkeit, das eigene Selbstwertgefühl zu steigern (Nr. 9c) – das Gefühl, dass die Arbeit dem eigenen Selbstverständnis entspricht und dazu beiträgt, Ziele zu erreichen, die den Betreffenden am Herzen liegen. Dieser Aspekt hängt bisweilen mit religiösen Einstellungen oder gesellschaftlichen Moralvorstellungen zusammen, ist aber häufig auch die ganz persönliche Angelegenheit eines Menschen, der nach persönlicher Selbstverwirklichung strebt. Eine Frau beschrieb ihre Arbeit sehr freimütig: »Was immer man tut, das habe ich meinen Kindern beigebracht, das tut man für sich selbst. Man muss Respekt empfinden für die eigene Arbeit … Mein gegenwärtiger Job ist nicht bedeutsamer als jeder andere, aber er bedeutet mir selbst etwas.«[6] Erinnern wir uns in diesem Zusammenhang an die Definitionen von Glück in *Kapitel 3*. Glück beschränkt sich nicht darauf, angenehme Erfahrungen zu machen, es umfasst auch das Gefühl, dass man etwas tut, das für einen selbst lohnend ist.

In einigen Studien wurden Beschäftigte gefragt, ob sie ihre Arbeit als eine Art »Berufung« verstehen (als eine Tätigkeit, die persönlich befriedigend und gesellschaftlich wertvoll ist) oder eher als »Job«, der erledigt werden muss, weil er schlicht eine Notwendigkeit darstellt. Die Antworten waren nicht eindeutig: Manche Beschäftigte empfinden eine Berufung, während andere (zum Teil sogar mit derselben Berufsbezeichnung), angeben, sie würden nur eine lästige Pflicht erledigen. Viele betrachten ihre Tätigkeit als eine Mischung aus beidem.

Welche Bedeutung ein Mitarbeiter dem Merkmal »Anerkennung und Wertschätzung« im konkreten Einzelfall beimisst, hängt auch davon ab, wie die anderen Schlüsselmerkmale ausgeprägt sind. Wenn in einem Beruf die übrigen Merkmale nur ein bescheidenes Niveau erreichen, wird man sich zunächst eher mit diesen beschäftigen und Merkmal Nr. 9 eher geringe Aufmerksamkeit schenken. Bewegen sich dagegen die übrigen Merkmale tendenziell auf einem mittleren bis hohen Niveau (ist also ein »Sättigungsniveau« erreicht), wird man eher über die Grunderfordernisse hinausblicken. Menschen, die sich die Frage stellen »Was mache ich eigentlich aus meinem Leben?«, fühlen sich meist auch zur Anschlussfrage veranlasst: »Ist meine Arbeit wertvoll?«

Ob jedoch Merkmal Nr. 9 ausreichend ausgeprägt ist und welche Bedeutung ihm beigemessen wird, muss wiederum jeder Betroffene selbst aus seiner subjektiven Perspektive heraus beurteilen. Objektive Kriterien für das Merkmal »Anerkennung und Wertschätzung« sind nur schwer zu finden und

---

6 Ebenda, S. 42 f.

lassen sich zudem nicht auf verschiedene Berufe, Positionen, Branchen etc. generalisieren.

Merkmal 10: Unterstützende Vorgesetzte

Nun sind wir fast am Ende unserer »Tour d'horizon« durch die Job-Merkmale, die über Glück und Zufriedenheit bzw. Unzufriedenheit entscheiden. Schlüsselmerkmal Nr. 10 ist ebenfalls von großer Bedeutung und zudem ein beliebter Gegenstand von Vergleichen und Nörgeleien, wenn sich Arbeitskollegen miteinander unterhalten: der Chef.

Die Forschung hat zwei Hauptbestandteile für gutes »Leadership« bzw. gute Mitarbeiterführung herausgearbeitet, nämlich das »Entwickeln einer Struktur« und die »Aufmerksamkeit«. Mitarbeiter können ihre Vorgesetzten nach diesen Gesichtspunkten bewerten, und Führungskräfte können sich selbst prüfen, inwieweit sie diesen Anforderungen gerecht werden. Gute Chefs müssen zum einen angemessene »Strukturen« aufbauen und aufrechterhalten – Ziele und Zeitpläne festlegen, Aufgaben zuweisen, die erforderlichen Informationen und Mittel bereitstellen und generell für effiziente Arbeitsabläufe sorgen. Und zweitens erledigt eine gute Führungspersönlichkeit diese Struktur schaffenden Aufgaben auf eine »aufmerksame und umsichtige« Weise – sie zeigt Interesse am Wohlergehen der Mitarbeiter, hört zu und akzeptiert Verbesserungsvorschläge, äußert Lob für gute Arbeit usw. Weiter oben haben wir Bronte Blomhoj zitiert, die Inhaberin eines Lebensmittelladens, die ihren Angestellten das Gefühl gibt, dass sie gebraucht werden und Teil von etwas Größerem sind; Blomhoj und ihr Team sind ein Beispiel für die Einstellung, von der wir hier sprechen.

Nicht alle Führungskräfte sind in beiden der genannten Führungsaufgaben – Struktur schaffen und Aufmerksamkeit schenken – in gleichem Maße begabt. Die Unterteilung in diese zwei Arten von positiven Verhaltensweisen findet sich übrigens nicht nur im Bereich der Führungsarbeit, sondern auch in vielen anderen Berufen. Die beiden Aufgaben können verallgemeinert beschrieben werden als »professioneller Sachverstand« (analog zum »Entwickeln von Strukturen«), der sich mit »sozio-emotionalem Verhalten« verbindet (ähnlich der »Aufmerksamkeit«). Denken wir an Ärzte: Sie können vielleicht sehr gut auf die Patienten eingehen, was aber noch nicht heißt, dass sie auch fachlich kompetent sind – und vice versa.

Wir haben in unserer Modell der zwölf Schlüsselmerkmale auf S. 72 f. beide Aspekte unter dem Stichwort »Vorgesetzte, die ihren Mitarbeitern helfen, sich bei der Arbeit wohl zu fühlen« zusammengefasst. Es ist offenkundig, dass Mitarbeiter Vorgesetzte bevorzugen, die nett zu ihnen sind, doch es muss aus Unternehmenssicht auch sichergestellt werden, dass die Arbeit erledigt wird. Ein »guter Chef« ist nicht dasselbe wie ein guter Freund – beide können unterstützend wirken, doch Vorgesetzte müssen auch ihre Aufgaben erfüllen. Das positive Führungsverhalten, von dem wir hier sprechen, verbindet Unterstützung mit Effektivität.

Einiges spricht dafür, dass auch dieses Merkmal sowohl im Hinblick auf Unternehmen insgesamt als auch auf die einzelnen Mitarbeiter von Bedeutung ist. Eine neuere britische Studie untersuchte die durchschnittliche Arbeitszufriedenheit von Beschäftigten in unterschiedlichen Unternehmen. Dabei traten erhebliche Unterschiede zwischen ansonsten vergleichbaren Unternehmen und Teams auf. Wie ist dies zu erklären? Als besonders starker Einflussfaktor erwies sich in der Tat das Merkmal »Unterstützende Vorgesetzte«. In Unternehmen, in denen die Chefs ihren Mitarbeitern mehr Unterstützung boten, wurde auch eine durchschnittlich höhere Arbeitszufriedenheit ermittelt.

Die Verhaltensweisen von Führungskräften, die mit Merkmal Nr. 10 verbunden sind, wirken auf Mitarbeiter ähnlich wie Merkmal Nr. 6b (vgl. S. 73), bei dem es darum ging, inwieweit soziale Interaktionen als angenehm oder unangenehm erfahren werden. Berichte über Chefs, die ihren Mitarbeitern sehr wenig Unterstützung und Hilfestellung zukommen lassen, lesen sich ähnlich wie Darstellungen von anderen schlechten zwischenmenschlichen Beziehungen. Dabei geht es um verletzende Bemerkungen, Schikanen, Beleidigungen und Belästigungen, doch im Falle von Führungskräften müssen wir auch noch Verhaltensweisen berücksichtigen, die mit deren formeller Machtposition verbunden sind – Begünstigung, Herabsetzung von Mitarbeitern, Anschreien von Leuten, unberechtigte Schuldzuweisungen, inkonsequent umgesetzte Bestrafungen und dergleichen.

Zu berücksichtigen ist dabei auch, dass das Verhalten einer Führungskraft nicht nur unmittelbare Auswirkungen auf die Gefühle der Mitarbeiter hat. Es beeinflusst auch andere der zwölf Job-Merkmale. Ungeachtet der konkreten Umstände können Führungsentscheidungen z. B. Einfluss darauf haben, wie stark Mitarbeiter beispielsweise ihre eigenen Fähigkeiten einbringen können (Merkmal Nr. 2), welchen Anforderungen und Zielen sie gerecht werden müssen (Merkmal Nr. 3) oder wie die Mitarbeiter vergütet werden (Merkmal Nr. 7). So betrachtet überrascht es nicht, dass Chefs einen erheblichen Einfluss darauf haben, welche Gefühle Mitarbeiter für (oder gegen) ihren Job hegen.

Merkmal 11: Gute Karrierechancen

In der Auflistung der zwölf Schlüsselmerkmale auf S. 72 f. haben wir Merkmal Nr. 11 als die Möglichkeit, »zuversichtlich in die Zukunft zu blicken«, beschrieben und zwei grundlegende Aspekte davon herausgestellt: die Sicherheit des Arbeitsplatzes (Nr. 11a) und die Chance auf beruflichen Aufstieg oder andere positive Veränderungen (Nr. 11b). Wie soooft erweist sich auch bei Merkmal 11 ein Fehlen oder eine zu geringe Ausprägung als abträglich; entwickelt es sich jedoch positiv und überschreitet ein als angemessen empfundenes Maß, bleibt auch hier seine günstige Wirkung weitgehend unverändert erhalten.

In vielen Untersuchungen wurde das hohe Maß an Anspannung und Angst dokumentiert, das mit starker Arbeitsplatzunsicherheit einhergeht (eine geringe Ausprägung des Aspekts Nr. 11a). Die Betreffenden haben zwar Arbeit, aber sie machen sich große Sorgen über einen möglichen Arbeitsplatzverlust. Diese Unsicherheit kann eine ganze Familie in Mitleidenschaft ziehen, insbesondere wenn die Jobs mehrerer Familienmitglieder auf dem Spiel stehen. (Die verschiedenen Probleme, die durch Arbeitslosigkeit hervorgerufen werden, haben wir in *Kapitel 2* behandelt.) Die Einstellungen und Gefühle gegenüber der Arbeit werden durch das Merkmal »Sicherheit des Arbeitsplatzes« bzw. »Risiko des Arbeitsplatzverlusts« zweifellos maßgeblich mitbestimmt. Zum Zeitpunkt der Abfassung dieses Kapitels führt die angespannte Wirtschaftslage dazu, dass Medien gehäuft über Menschen berichten, die von großen Ängsten vor den möglichen Folgen eines Arbeitsplatzverlustes geplagt werden. In wirtschaftlich günstigeren Zeiten werden diese Sorgen als wesentlich weniger bedrückend empfunden.

Ein zweiter Aspekt des Merkmals Nr. 11, besteht in der Chance auf positive künftige Veränderungen, auf Aufstiegsmöglichkeiten und Entwicklungsperspektiven. Es kann zermürbend sein, wenn man das Gefühl bekommt, an einer bestimmten Stelle festzusitzen und keine Aussicht darauf zu haben, sich in die gewünschte Richtung weiterentwickeln können. Derart unbefriedigende Situationen lassen sich deutlich besser ertragen, wenn abzusehen ist, dass sie in Zukunft zu etwas Besserem führen können. Positiver ausgedrückt: Viele Menschen haben den Wunsch, in ihrem Leben voranzukommen.

In vielen Fällen hoffen sie auf der Karriereleiter emporzusteigen, und bewerten daher mögliche berufliche Fortschritte unter dem Gesichtspunkt eines sozialen Aufstiegs – im jetzigen oder auch in einem anderen Unternehmen. Doch es muss nicht immer Aufstieg sein: Für manche Mitarbeiter sind auch andere Entwicklungsmöglichkeiten attraktiv – ein beruflicher Umstieg, um einmal etwas ganz anderes zu machen; das sogenannte »Downshifting«, also ein Schritt zurück, um eine zu große Belastung zu reduzieren; oder ein Entwicklungsschritt hin zu einer stärker sozial ausgerichteten Aufgabe, etwa die Unterstützung von Behinderten oder Engagement in Sachen Ökologie und Umweltschutz. Entwicklungsmöglichkeiten können auch darin bestehen, dass andere – nicht-berufliche – Lebensdomänen stärker in den Vordergrund rücken. Eine Bibliotheksassistentin, die wir kennen, nahm beispielsweise ihren jetzigen, nur mit sehr begrenzten Aufstiegmöglichkeiten ausgestatteten Job an, weil er es ihr erlaubte, sich weiter in ausreichendem Maß um ihre Familie zu kümmern. Sie war nicht karriereorientiert im herkömmlichen Sinn; für sie persönlich bedeuteten »gute Berufsaussichten«, ein Gleichgewicht zwischen Arbeit und Familie herstellen zu können.

Bei der Bewertung einer konkreten beruflichen Tätigkeit im Hinblick auf Merkmal Nr. 11 müssen wir also mehrere Teilaspekte betrachten. Die Einstellungen eines Menschen in Bezug auf Karrierechancen/Entwicklungsperspektiven sind zudem von seiner familiären Situation, dem Alter und persönlichen Präferenzen abhängig, doch – anders als bei vielen anderen Schlüsselmerkmalen – lassen sich für Merkmal 11 »Karrierechancen« in der Regel recht gute Aussagen bzw. Gesamteinschätzungen auf Team- oder Organisationsebene treffen.

Merkmal 12: Fairness

Menschen haben ein starkes Bedürfnis danach, im Leben fair und gerecht behandelt zu werden. Sie achten darauf, ob andere auf eine ehrliche und angemessene Art miteinander umgehen. Daher ist es für viele Beschäftigte besonders wichtig, wie ihre Firma die Mitarbeiter im Speziellen und alle anderen Stakeholder (Kunden, Lieferanten, Aktionäre etc.) im Allgemeinen behandelt: Geht es gerecht und ehrlich zu? Wie bei den anderen Job-Merkmalen konzentriert sich auch bei Merkmal Nr. 12, Fairness, die Aufmerksamkeit oft vor allem auf niedrige Werte (Ungerechtigkeit und ungleiche Behandlung).

In der Liste auf S. 72 f. werden zwei unterschiedliche Richtungen eines fairen Umgangs benannt: innerhalb und außerhalb eines Unternehmens. Im Hinblick auf die unternehmensinterne Fairness haben die Forschungsergebnisse bestätigt, was wir auch aus persönlicher Erfahrung wissen: Unternehmen, die ihre Mitarbeiter unfair behandeln, gelten weithin als wenig attraktive Arbeitgeber. Angesprochen werden hiermit beispielsweise eine voreingenommene Zuweisung »schöner« Aufgaben oder gut bezahlter Jobs, Günstlingswirtschaft, Diskriminierung im Hinblick auf Geschlecht, Alter oder andere persönliche Merkmale und generell Abweichungen von allgemein akzeptierten ethischen und moralischen Standards. Es gibt zahllose Erscheinungsformen von Unfairness, die vielen Lesern – leider – aus persönlichen Erfahrungen zu Genüge bekannt sein dürften.

Ungerechte Behandlung bei der Arbeit erzeugt eindeutig Unzufriedenheit, nicht zuletzt deshalb, weil sie häufig durch ein weitgehendes Fehlen auch anderer Schlüsselmerkmale begleitet wird. So gehen Ungerechtigkeiten in einem Unternehmen (Merkmal Nr. 12a) häufig mit übertriebener oder missbräuchlicher Kontrolle einher (eine geringe Ausprägung von Merkmal Nr. 10) oder führen zu einer ungerechten Verteilung anderer wünschenswerter Schlüsselmerkmale (z. B. Geld oder persönlicher Einfluss). Mitautor Guy Clapperton hat mehrere Ausgaben des Buches *Britain's Top Employers* herausgegeben und musste dabei einmal entsetzt feststellen, dass eines der Unternehmen, das für eine Aufnahme in das Buch in Frage kam, bei seinen Mitarbeitern Krankheitstage auf den Urlaub anrechnete. »So werden sie schneller wieder gesund«, erklärte das Unternehmen auf kritische Nachfrage lapidar.

Der zweite Aspekt des Schlüsselmerkmals »Fairness« bezieht sich auf ein Interesse an ethischen Fragen außerhalb der eigenen Organisation (Merkmal 12b). Aufgrund eines wachsenden Bewusstseins für »grüne« Themen wie Klimaerwärmung, Umweltverschmutzung, schwer abbaubare Abfälle (Stichwort: Verpackungen) etc. gerät die »soziale Verantwortung« von Unternehmen verstärkt ins Blickfeld. (Nebenbei bemerkt, die Firma, die ihren Beschäftigten die Krankheitstage auf den Jahresurlaub anrechnete, engagierte sich sehr für ihr lokales Umfeld und finanzierte zum Beispiel die Renovierung der örtlichen Bahnstation.)

Auch die Arbeitsbedingungen in den Fertigungsstätten von Zulieferern sollten in den Augen der Mitarbeiter fair und angemessen sein, insbesondere wenn diese in Entwicklungs- und Schwellenländern liegen. Die Medien berichten immer wieder gern über schlechte Arbeitsbedingungen, wenn sie entdecken, dass sich renommierte Unternehmen entsprechende Verfehlungen haben zuschulden kommen lassen. Marketingfachleute haben die Sorgen der Menschen auf diesem Gebiet aufgegriffen und dazu genutzt, neue Labels und Marken zu entwickeln, die Gerechtigkeit und moralische Integrität ebenso in den Vordergrund rücken wie Produkt- und Servicequalität.

Wenn sich ein Unternehmen im Hinblick auf Merkmal Nr. 12 eindeutig unverantwortlich und rücksichtslos verhält, werden sich viele seiner Mitarbeiter unwohl fühlen, vielleicht verärgert sein oder (falls sie direkt betroffen sind) Angst empfinden. Wer in einem Unternehmen Ungerechtigkeit erlebt, löst dieses Problem oft dadurch, dass er aus der Firma ausscheidet. Am anderen Ende des »Recruiting-Prozesses« zeigt sich immer häufiger, dass Arbeitssuchende ihre künftigen Arbeitgeber danach auswählen, inwieweit deren Verhaltensweisen ihren persönlichen Wertvorstellungen entsprechen. Gelegentlich hört man den Satz »Menschen prägen eine Firma«, doch in gewisser Weise »prägt eine Firma auch die Menschen«, da sie Mitarbeiter anzieht, die den dort herrschenden Wertekanon mittragen.

Welche Bedeutung den Themen »Fairness« und »Corporate Social Responsibility« beigemessen wird, ist zweifellos individuell sehr unterschiedlich. Manche Mitarbeiter sind sehr sensibel für Gerechtigkeitsfragen in Unternehmen und reagieren sehr besorgt, wenn sie Abweichungen von ihren meist recht hohen Moral- und Wertevorstellungen feststellen. Andere Menschen dagegen, die sich in ihrem Privatleben durchaus moralisch integer verhalten mögen, verschwenden nicht viele Gedanken auf ethische Fragen im Arbeitskontext – sie arrangieren sich einfach mit der gegebenen Situation. Im Rahmen dieses Buches ist es zweifellos zweckmäßig, die individuelle Sichtweise der einzelnen Mitarbeiter zu berücksichtigen, anstatt nur scheinbar allgemein gültige Gerechtigkeitsstandards anzuwenden.

Das Zusammenspiel der zwölf Job-Merkmale

Lassen wir noch einmal die zentralen Punkte der *Kapitel 5* und *6* Revue passieren. Zahlreiche Forschungsergebnisse untermauern, dass es zwölf Schlüsselmerkmale sind, die über Glück und Zufriedenheit im Job maßgeblich entscheiden. Alle Merkmale wirken bei geringer Ausprägung nachteilig, erstrebenswert ist in jedem Fall ein mittleres bis hohes Ausprägungsniveau. Die ersten sechs Merkmale (siehe die Liste auf S. 72 f.) führen jedoch in sehr hoher Ausprägung zu Problemen – man hat dann sozusagen »zu viel des Guten«; das größte Glück liegt bei diesen ersten sechs Job-Merkmalen in der gesunden Mitte.

Hinsichtlich ihrer Auswirkung auf die Arbeitszufriedenheit lassen sich die zwölf Schlüsselmerkmale mit Vitaminen und deren Einfluss auf die körperliche Gesundheit vergleichen. Eine zu geringe Dosis (ein »Mangel«) ist ungesund, die »empfohlene Tagesdosis« dagegen ist gut für den Menschen. Sehr hohe Ausprägungen wirken bei den ersten sechs Merkmalen, »toxisch« und bieten in Bezug auf die Merkmale Nr. 7 bis 12 (die wir eben in diesem Kapitel besprochen haben) keinen zusätzlichen Nutzen mehr, sobald man ein bestimmtes »Sättigungsniveau« erreicht hat.

Unterschiedliche berufliche Tätigkeiten verfügen über unterschiedliche Ausprägungen dieser 12 Schlüsselmerkmale, und diese Unterschiede beeinflussen die Arbeitszufriedenheit der Mitarbeiter und auch weitere Aspekte ihres Glücks oder ihrer Unzufriedenheit. Wir haben es bisher noch nicht erwähnt, aber unterschiedliche Organisations- bzw. Unternehmenstypen zeichnen sich im Hinblick auf einige dieser Merkmale durch ein spezifisches Muster aus. So kann sich zum Beispiel die durch hohe Formalität geprägte Kultur großer öffentlicher Verwaltungen in einem geringen Maß an persönlichem Einfluss (Merkmal Nr. 1) und in sehr klaren, eindeutigen Arbeitsanforderungen (Merkmal Nr. 5) niederschlagen. Kleine Unternehmen (deren Mitarbeiter oft zu den glücklichsten zählen) bieten demgegenüber mehr persönlichen Einfluss, bessere Möglichkeiten, eigene Fähigkeiten zur Geltung zu bringen, und mehr Abwechslung (Merkmale Nr. 1, 2 und 4). Aufgrund der geringen Spezialisierung der Jobs sowie der insgesamt dünnen Personaldecke müssen sie ihre Probleme häufig selbst lösen und können sie nicht an Kollegen weiterreichen oder delegieren.

Welche der zwölf Schlüsselmerkmale in einem konkreten Umfeld von größerer, welche von geringerer Bedeutung sind, hängt davon ab, wie stark sie ausgeprägt sind: Merkmale mit sehr geringen oder sehr hohen Ausprägungen spielen für die Mitarbeiter eine größere Rolle als solche mit moderaten Werten.

Die Bedeutung eines bestimmten Merkmals hängt auch von den individuellen Präferenzen und Wünschen eines Menschen ab. Manche Mitarbeiter wünschen sich vor allem häufige soziale Kontakte (Merkmal Nr. 6), für andere steht Fairness (Merkmal Nr. 12) im Vordergrund, und wieder anderen geht es ein erster Linie um ein gutes Gehalt (Merkmal Nr. 7). Diesen Unterschieden werden wir in späteren Kapiteln nachgehen.

Zufriedenheit am Arbeitsplatz messen

Lassen Sie uns nun Ihre eigene berufliche Tätigkeit betrachten bzw. ermuntern Sie Ihre Mitarbeiter, Kunden oder Klienten dazu, dies zu tun. Der Fragebogen Nr. 3 auf der folgenden Seite bezieht sich auf die in den letzten beiden Kapiteln beschriebenen Top-12-Schlüsselmerkmale für Glück und Zufriedenheit im Job. In diesem Stadium werden alle Merkmale gleich gewichtet; eine separate Betrachtung der verschiedenen Teilaspekte einzelner Merkmale (z.B. Teilaspekte 3a, 3b und 3c) erfolgt an dieser Stelle nicht. Falls einige der auf S. 72 f. dargestellten spezifischen Teilaspekte für ihre Mitarbeiter, Kun-

Fragebogen 3: Zwölf Schlüsselmerkmale für Glück und Zufriedenheit am Arbeitsplatz analysieren
Überprüfen Sie Ihre Arbeit der letzten Wochen im Hinblick auf die einzelnen Aspekte und markieren Sie die jeweilige Punktzahl.

Name: ....   Datum: ....

	Das Merkmal ist folgendermaßen ausgeprägt:	Ein-deutig viel zu gering	Viel zu gering	Eher zu gering	Genau richtig	Eher zu stark	Viel zu stark	Eindeu-tig zu stark
1	Persönlicher Einfluss (was man ändern kann)	1	2	3	4	5	6	7
2	Eigene Fähigkeiten einsetzen (Stärken zum Tragen bringen)	1	2	3	4	5	6	7
3	Anforderungen und Ziele (was man erledigen muss)	1	2	3	4	5	6	7
4	Abwechslung (unterschiedliche Aktivitäten)	1		3	4	5	6	7
5	Klare Aufgaben und Perspektiven (nicht zu viel Unsicherheit)	1	2	3	4	5	6	7
6	Soziale Kontakte (ausreichender und guter Austausch mit anderen)	1	2	3	4	5	6	7
7	Geld (Bezahlung)	1	2	3	4	5	6	7
8	Angemessenes physisches Umfeld (Arbeitsbedingungen)	1	2	3	4	5	6	7
9	Anerkennung und Wertschätzung (sozialer Status und Selbstwertgefühl)	1	2	3	4	5	6	7
10	Unterstützende Vorgesetzte (Unterstützung bei der Durchführung der Arbeit)	1	2	3	4	5	6	7
11	Gute Karrierechancen (Sicherheit und Aufstiegsmöglichkeiten)	1	2	3	4	5	6	7
12	Fairness (gegenüber Mitarbeitern und Stakeholdern)	1	2	3	4	5	6	7

den oder Klienten von besonderer Bedeutung sein sollten (z. B. ein Konflikt zwischen widersprüchlichen Arbeitsanforderungen – Nr. 3b – oder zwischen Arbeit und Familie – Nr. 3c), dann behandeln Sie diese Teilaspekte bitte als eigenständige Punkte im Fragebogen und erweitern ihn entsprechend.

Denken Sie dann über Ihre Arbeit in den vergangenen zwölf Wochen nach und überlegen Sie, wie Sie sie im Hinblick auf diese zwölf Merkmale einstufen würden. Gibt es Elemente, die sie mit weniger als 4 Punkten bewerten würden? Und ergeben sich bei den ersten sechs Merkmalen Werte von 6 bis 7? In diesen Fällen ist es sinnvoll, sich über mögliche Veränderungen Gedanken zu machen. In den *Kapiteln 9* und *10* stellen wir ausführlich einige Maßnahmen dar, durch die sich die Arbeitszufriedenheit steigern lässt.

An dieser Stelle möchten wir zunächst noch einmal betonen, dass sich Ihre gefühlsmäßige Haltung zu Ihrer Arbeit sehr wahrscheinlich auf eine spezifische Mischung dieser zwölf Schlüsselmerkmale und ihrer Unteraspekte zurückführen lässt. Doch es geht noch weiter: Eine zentrale Aussage dieses Buches lautet, dass nicht allein die Umwelt (zum Beispiel die Arbeitssituation) ausschlaggebend für die Entstehung von Glück und Zufriedenheit bzw. Unzufriedenheit ist. Auch die individuellen Persönlichkeitsmerkmale spielen eine Rolle. Ist es möglich, dass man schon als unzufriedener Mensch geboren wurde oder dass man eine Denkhaltung an den Tag legt, die zwangsläufig dazu führt, dass man unzufrieden ist oder sich unglücklich fühlt? Lassen Sie uns diese Fragen im nächsten Kapitel etwas genauer unter die Lupe nemen.

7

Glück und Zufriedenheit – eine Sache der Gene oder der Umwelt?

Wir alle kennen Menschen, die ständig Trübsal blasen und missmutig scheinen – unglücklich mit allem, was sie tun oder sagen und die überall nur Schwierigkeiten und Probleme sehen. Auch in der Literatur tauchen solche Figuren häufig auf – der Esel Eeyore in *Winnie Puh* oder Marvin, der paranoide Androide in *Hitchhiker's Guide to the Galaxy*. Andere sind das genaue Gegenteil – sie sehen stets nur das Gute im Leben, strahlen überschwänglichen Optimismus aus und können allem, was geschieht, etwas Positives abgewinnen. Sie ähneln darin der japanischen Zeichentrickfigur Pollyanna, dem kleinen Mädchen, das selbst in wenig verheißungsvollen Situationen stets heiter und ausgelassen (manchmal auch zu ausgelassen) ist.

Wie kommt es, dass Menschen so verschieden sind? Waren sie schon immer, also von Geburt an so? Spiegeln Glück und Zufriedenheit etwa angeborene Wesenszüge wider, die uns ein Leben lang erhalten bleiben? Wenn dem so ist, müssen wir akzeptieren, dass es wohl auch Elemente unseres Glücks oder seiner Kehrseite gibt, die sich nicht verändern lassen werden, weder bei der Arbeit noch in anderen Lebensbereichen – manche Gefühle sind mehr eine Sache der genetischen Ausstattung als der Umweltbedingungen.

Zahlreiche wissenschaftliche Studien bestätigen, dass Glück tatsächlich teilweise genetisch bestimmt ist. Unsere arbeitsbezogenen Gefühle haben also nicht nur mit dem Job zu tun, sie gehen auch auf unsere genetische Disposition zurück. In diesem Kapitel wollen wir uns mit Forschungsergebnissen befassen, die Aussagen darüber treffen, inwieweit die Gefühle einzelner Menschen genetisch »vorprogrammiert« sind. Die Forschung hat sich hier vor allem mit drei Themenfeldern beschäftigt: die »Konsistenz« von zu verschiedenen Zeitpunkten gemessenen Glücksniveaus; die Frage, inwiefern diese Konsistenz auf Vererbung zurückgeht; und die Frage, welche Rolle dauerhafte Persönlichkeitsmerkmale bei der Entwicklung von Glück spielen.

Einmal glücklich – immer glücklich?

Wir wissen, dass jeder Mensch Höhen und Tiefen erlebt – das Glücksniveau einer Person ist also nicht immer exakt gleich. Und doch reagiert ein Mensch in verschiedenen Situationen oft auf eine für ihn typische Art und Weise. In Studien, die in vielen Ländern durchgeführt wurden, füllten Teilnehmer in Abständen von mehreren Monaten oder Jahren Fragebögen aus, die ähnlich aufgebaut waren wie unsere Fragebögen in *Kapitel 3*. Lassen Sie uns hier die Ergebnisse nach der Rangfolge der ermittelten Werte betrachten, also: Nr. 1 ist die glücklichste Person, Nr. 2 die zweitglücklichste, und so weiter bis zu jener Person, die das niedrigste Glücksniveau in der untersuchten Gruppe aufweist. Wenn der Grad an Glück genetisch weitgehend festgelegt ist, müsste die Rangfolge der Teilnehmer unabhängig vom Zeitpunkt der Durchführung des Tests stets unverändert bleiben: Menschen mit einem hohen Glücksniveau sollten somit auch bei späteren Tests ganz oben in der Rangliste erscheinen. Lässt sich diese Vermutung bestätigen?

Nun, nicht exakt, auch wenn es nur an sogenannten »Messfehlern« liegt – unvermeidbare Ungenauigkeiten, die auf technische Faktoren zurückgehen. Doch tatsächlich bleibt die Rangfolge der Personen in einer untersuchten Gruppe bei verschiedenen Testdurchläufen extrem stabil. Es gibt offensichtlich eine stark ausgeprägte Glücks-Konsistenz: Teilnehmer, die sich bei der ersten Befragung als recht glücklich bezeichneten, werden dies mit großer Wahrscheinlichkeit auch beim nächsten Mal wieder tun. Dieses Phänomen lässt sich sowohl bei »globalen« Indikatoren wie der allgemeinen Lebenszufriedenheit oder (im Hinblick auf negative Gefühle) einer generellen Niedergeschlagenheit beobachten als auch im engeren Kontext von Arbeitszufriedenheit. Hinsichtlich des Wohlbefindens im Job ist die Konsistenz besonders ausgeprägt bei Menschen, die über einen längeren Zeitraum im gleichen Job bleiben (und bei denen sich einwirkende Umweltfaktoren vermutlich wenig verändern), aber sie ist auch nur geringfügig weniger hoch bei denen, die den Job gewechselt haben. Das heißt: Wenn jemand mit seinem gegenwärtigen Job zufrieden ist, wird er es mit großer Wahrscheinlichkeit auch mit dem nächsten sein.

Dieselbe Glücks-Konsistenz wurde auch in Studien nachgewiesen, die untersuchen, wie Menschen unterschiedliche Situationen erleben. Ein Ansatz liegt darin, jeweils die gleichen Personen in verschiedenen Umfeldern und zu unterschiedlichen Zeiten – z. B. bei Freizeitaktivitäten und bei der Arbeit – zu ihren Gefühlen zu befragen. Die »Glücklichkeitsrangfolge« bleibt tatsächlich weitestgehend erhalten: Wer in einer bestimmten Situation glücklicher ist als andere, wird dies auch unter anderen Bedingungen wieder sein.

Diese Ergebnisse bestätigen, dass Menschen eine bestimmte »Grundausstattung« an Glück bzw. Unzufriedenheit haben. Die australischen Forscher Bruce Headley und Alexander Wearing haben diesen Gedanken zu einem »dynamischen Gleichgewichtsmodell« weiterentwickelt: Das erlebte Glück verändert sich zwar temporär aufgrund dessen, was einem widerfährt (das ist der »dynamische« Teil), kehrt später aber wieder in den »Gleichgewichtszustand« zurück. Dieser Prozess wurde anhand einer neueren Studie zu Arbeitnehmern, die sich in einem Jobwechsel befinden, veranschaulicht. Die Arbeitszufriedenheit nahm deutlich zu, nachdem die Leute die neue Stelle angetreten hatten (das ist die gute Nachricht), doch sie kehrte in den folgenden Jahren wieder auf ihr angestammtes Niveau zurück (das ist unter Umständen eine weniger erfreuliche Nachricht). Dieser Befund ergab sich auch aus Studien, in denen die Gefühle von Menschen über einen bestimmten Zeitraum nach ihrer Heirat und/oder nach dem Tod ihres Ehepartners untersucht wurden – der Flitterwochen-Effekt hält traurigerweise nicht dauerhaft an, aber (glücklicherweise) auch die Trauer nach dem Verlust des Partners nicht.

Wir verfügen also über ein gewisses Grundniveau an Glück und auf dieses Niveau kehren wir nach kurzzeitigen Abweichungen, seien sie positiv oder negativ, früher oder später wieder zurück. Andere Studien sind der Frage nachgegangen, ob dieses Grundniveau im Durchschnitt im neutralen Bereich liegt bzw. ob wir Menschen grundsätzlich eher eine glückliche (oder unglückliche) Spezies sind. Aus mehreren Untersuchungen können wir den Schluss ziehen, dass sich dieses Grundniveau gewöhnlich leicht im positiven Bereich befindet. Nehmen wir an, die Bevölkerung eines ganzen Landes würde gebeten, ihr Glücksempfinden auf einer Werte-Skala von »negativ« bis »positiv« einzuordnen. Dabei würden sich sicher große Differenzen zwischen den ermittelten Einzelwerten ergeben, doch der Durchschnitt würde wohl leicht über Null liegen. Generell sehen die Menschen – wenn auch nicht sehr ausgeprägt – also eher die schönen Seiten des Lebens.

Was uns die Zwillingsforschung sagt

Eine zweite Frage schließt sich hier an: Ist dieses konsistente Glücks-Grundniveau ererbt? Die Antwort lautet, zumindest zum Teil: Ja. Dieser genetische Zusammenhang wurde durch Beobachtung von Zwillingspaaren bestätigt. Natürlich muss man hier zwischen »eineiigen« und »zweieiigen« Zwillingen unterscheiden. Hier nur kurz in Erinnerung gebracht: Eineiige Zwillinge entstammen derselben befruchteten Eizelle (sind also »monozygotisch«) und besitzen daher identische genetische Strukturen. Zweieiige Zwillinge sind dagegen aus zwei verschiedenen Eizellen entstanden (sie sind »dizygotisch«) und haben im Durchschnitt nur 50 % gemeinsame Gene, die anderen 50 % des Genpools sind verschieden.

Dieser entscheidende Unterschied liefert uns Erkenntnisse über den Einfluss der Vererbung auf zahlreiche Aspekte der körperlichen Gesundheit sowie auf psychologische Merkmale. Zu diesem Zweck werden Zwillinge beobachtet, die in einem gemeinsamen Umfeld aufgewachsen sind und mit solchen verglichen, die kurz nach der Geburt getrennt und in unterschiedlichen Umfeldern groß gezogen wurden. Die Frage, um die es geht, ist jeweils, ob und wie unterschiedlich sie sich entwickelt haben? Spielt es eine Rolle, ob sie gemeinsam oder getrennt aufgewachsen sind? Sind die Antworten auf diese Fragen für eineiige und zweieiige Zwillinge identisch oder sind Unterschiede auszumachen? Tendenziell weisen solche Studien nach, dass eineiige Zwillinge unabhängig vom Umfeld ähnliche psychologische Merkmale ausbilden, während bei zweieiigen Zwillingen auch unter denselben Umständen größere Unterschiede festzustellen sind.

Das klingt zunächst recht einfach, ist jedoch im Detail recht komplex, und Wissenschaftler sind hier in vielen Einzelfragen uneins. So muss man beispielsweise fragen, ob eineiige Zwillinge vielleicht von ihren Eltern per se eine ähnlichere Behandlung erfahren als zweieiige Vergleichspaare. Wenn das zutreffen sollte, so stehen eineiige Zwillinge automatisch unter ähnlicheren Umwelteinflüssen als zweieiige, auch wenn man in der Studie davon ausgeht, dass die beiden Zwillingspaare im selben Umfeld aufwachsen. Und es stellt sich die Frage, wie stark sich das Umfeld der getrennten Zwillinge tatsächlich unterscheidet? Sie leben vielleicht in familiären Situationen, die auf den ersten Blick gegensätzlich erscheinen, doch in sozialer und wirtschaftlicher Hinsicht sehr ähnlich sind. Welches statistische Verfahren soll man hier anwenden? Darüber hinaus sind noch viele weitere Fragen zu diskutieren.

Zum Glück gibt es trotz unterschiedlicher Auffassungen in Einzelfragen einen allgemeinen Konsens bezüglich der Schlussfolgerung: Das Glücks-grundniveau eines Menschen ist zweifellos teilweise vererbt. Das gilt für die globale Lebenszufriedenheit ebenso wie für spezifisch arbeitsbezogene Gefühle, wie zum Beispiel für die Arbeitszufriedenheit. Unsere Gefühle und Empfindungen gegenüber der Arbeit werden gleichermaßen durch unsere eigenen ererbten Persönlichkeitsmerkmale bestimmt wie durch die Job-Merkmale selbst. Manchen Menschen wurde einfach eine bestimmte genetische Ausstattung mitgegeben, die dafür sorgt, dass sie mit höherer Wahrscheinlichkeit glücklich werden als andere.

Aber natürlich betrifft das nicht nur das Glücklichsein. Forschungen haben gezeigt, dass es auch für viele weitere psychologische Merkmale eine genetische Disposition gibt – die allgemeine Intelligenz und andere kognitive Fähigkeiten, verschiedene Persönlichkeitszüge, spezifische Vorlieben und Ansichten sowie bestimmte Grundeinstellungen wie beispielsweise religiöser Konservatismus oder rassistische Vorurteile. All dies wird teilweise vererbt; die Erziehung kann zweifellos einiges verändern, doch ein großer Teil der Persönlichkeit des Menschen wird von seinen Genen bestimmt.

Die Auswirkungen genetischer Prägung kann man am besten bei langfristigen Entwicklungen beobachten. Ererbte Merkmale führen Menschen in unterschiedliche Situationen (unterschiedliche Schulen, Freundschaftsbeziehungen, soziale Umfelder, berufliche Ausrichtungen usw.), und diese unterschiedlichen Situationen haben wiederum unterschiedliche Rückwirkungen auf unsere persönliche Entwicklung, unsere Gefühle und unser Verhalten. So erben Menschen zum Beispiel bestimmte Fähigkeiten, die eine bestimmte schulische Ausbildung und Berufswahl fördern, und diese unterschiedlichen Umweltbedingungen wirken sich im Laufe der Zeit auf ihre Weise auf das Glück der Menschen aus. Beispielsweise haben hoch intelligente Kinder größeren schulischen Erfolg und können sich Qualifikationen aneignen, die es ihnen ermöglichen, anspruchsvollere Berufe zu wählen als Kinder mit geringerer Intelligenz (die zum Teil ererbt ist). Unterschiede bei den Job-Merkmalen wiederum ziehen, wie wir oben gesehen haben, Unterschiede in der Arbeitszufriedenheit nach sich (ein höherer Grad an Zufriedenheit findet sich in anspruchsvolleren Berufen), so dass der genetische Einfluss auf mentale Fähigkeiten im Laufe der Jahre indirekt Unterschiede in der Arbeitszufriedenheit hervorrufen kann. Die Zwillingsforschung hat ferner herausgefunden, dass auch das berufliche Niveau und sogar die Gehaltshöhe teilweise genetisch bestimmt sind; die Gene führen zu bestimmten Verhaltensmustern und der Aneignung von Fertigkeiten, die sich letztlich im beruflichen Erfolg widerspiegeln.

Daher können wir mit Gewissheit davon ausgehen, dass Glück und Zufriedenheit auch über größere Zeiträume und in unterschiedlichen Lebenssituationen (der erste Punkt, den wir in diesem Kapitel angesprochen haben) moderat konsistent bleibt und dass diese Konsistenz eine starke genetische Komponente aufweist (der zweite Punkt). Jeder Mensch besitzt viel Raum für Veränderungen, auch die eigenen Gefühle kann man zweifellos lenken und verändern. Doch dem, was wir tun können, um unser kontinuierliches Glück zu verbessern, sind Grenzen gesetzt – hier sind wir alle bis zu einem gewissen Grad genetisch festgelegt.

Wenn wir diese Forschungsergebnisse zu den in diesem Buch dargestellten zwölf Schlüsselmerkmalen der Arbeit in Bezug setzen, wird klar, dass diese trotz ihrer Relevanz stets im Kontext ererbter Dispositionen begriffen werden müssen. In einer Studie wurde direkt verglichen, welche der beiden Quellen von Arbeitszufriedenheit – Gene/persönliche Eigenschaften oder Jobcharakteristika – den stärkeren Einfluss ausübt. Es zeigte sich, dass die Arbeitsinhalte unser Wohlbefinden stärker beeinflussen als persönliche Charakteristika. Arbeitsbezogene Gefühle werden somit in erster Linie durch die Natur der Arbeit bestimmt, doch unbestreitbar leisten auch die persönlichen Eigenheiten eines Menschen dazu einen wichtigen Beitrag.

Individuelle Persönlichkeitsmerkmale

Der dritte Aspekt, der am Anfang des Kapitels angesprochen wurde, betrifft die Persönlichkeit. In Anbetracht der »Grundausstattung« eines Menschen (siehe oben) gibt es vielleicht auch so etwas wie eine glückliche bzw. unglückliche Persönlichkeit – unsere Gefühle sind abhängig von unseren Persönlichkeitsmerkmalen. Diese Möglichkeit wurde in der Forschung bereits eingehend untersucht, und es ergab sich ein eindeutiges Muster.

Beginnen wir mit der Frage, was Psychologen eigentlich unter »Persönlichkeit« verstehen. Landläufig verbindet man damit vielleicht eine Person, die in gewisser Weise auffallend oder bemerkenswert ist, was auch in der Bezeichnung, jemand sei eine »Persönlichkeit« zum Ausdruck kommt. Doch wir sollten unser Augenmerk eher auf die einzelnen Aspekte oder »Dimensionen« einer Persönlichkeit richten – die Art und Weise, wie sich Menschen in ihren Anschauungen und Präferenzen unterscheiden. Ein Persönlichkeitstest kann zum Beispiel eine Vielzahl unterschiedlicher Bezeichnungen enthalten, mit denen Menschen ihre üblichen Verhaltensweisen, Vorlieben und Abneigungen beschreiben. Die in diesen Selbstbeschreibungen formulierten Antworten/Bezeichnungen kann man anschließend zu Gruppen zusammenfassen, die einen Wesenszug oder eine Dimension der Persönlichkeit eines einzelnen Menschen darstellen. (Manchmal werden in solchen Tests oder Studien auch *andere* Menschen aus dem Bekanntenkreis der betreffenden Person gebeten, anhand der im Fragebogen aufgeführten Elemente eine Beschreibung abzugeben.)

Persönlichkeitsforscher haben viele derartige Persönlichkeitsmerkmale identifiziert, und Psychologen sind sich angesichts dieser großen Auswahl uneins, welchen sie die größte Bedeutung beimessen sollen. Beispiele dafür finden sich auf der Internetseite http://ipip.ori.org/ipip, spezielle Fragen werden auf http://www.shldirect.com/ behandelt. Die Fragenkataloge auf der erstgenannten Seite beziehen sich auf Merkmale wie Anpassungsfähigkeit, Vorsicht, Pflichtbewusstsein, Exhibitionismus, Unabhängigkeitsstreben, Ordnungsliebe, Rücksichtslosigkeit, Sensibilität und Ängstlichkeit. Versuchen Sie einmal, sich selbst und Leute, die Sie kennen, dahingehend einzuordnen.

Die einzelnen Wesenszüge lassen sich zu Gruppen zusammenfassen, die von Psychologen häufig als die »Big Five«, die fünf Grundfaktoren der Persönlichkeit bezeichnet werden – Gruppen ähnlicher Eigenschaften, die zueinander passen. Die Big Five werden üblicherweise als Neurotizismus, Extraversion, Offenheit für Erfahrungen, soziale Verträglichkeit und Gewissenhaftigkeit bezeichnet. Es wäre zweifellos eine unzulässige Simplifizierung, wollte man die Persönlichkeit und die Unterschiede zwischen Menschen allein auf diese fünf Faktoren reduzieren, gleichwohl lassen sich eine Vielzahl von Unterschieden tatsächlich anhand der Big Five beschreiben und erklären.

Die fünf Faktoren werden in der psychologischen Fachliteratur folgendermaßen beschrieben:

* *Neurotizismus* zeichnet sich laut gängiger Definitionen durch einen anhaltend hohen Grad an Ängstlichkeit, Niedergeschlagenheit, Feindseligkeit und Launenhaftigkeit aus, wobei niedrige Werte an Neurotizismus oft positiv als »emotionale Stabilität« bezeichnet werden. Wie bei den übrigen Faktoren gibt es auch hier große Unterschiede zwischen einzelnen Menschen. Wie würden Sie sich selbst in dieser Hinsicht einordnen?

* *Extraversion* lässt sich beschreiben als zwei verschiedene, sich überschneidende Formen der »Außengewandtheit« (= »Extraversion« im ursprünglichen Wortsinn): Sie zeichnet sich zum einen durch Merkmale wie Soziabilität, Freundlichkeit, Geselligkeit und Gesprächigkeit aus (eine »affiliative« Tendenz). Dazu kommen noch weitere Merkmale wie Geltungsbewusstsein, soziale Durchsetzungsfähigkeit, Energiegeladenheit, Opti-

mismus und die Fähigkeit, andere zu beeinflussen (was bisweilen auch als »Begeisterungsfähigkeit« bezeichnet wird). Wahrscheinlich können Sie sich hier selbst gut einordnen.

- *Offenheit für Erfahrungen* bezieht sich auf »geistige« Interessen. Dieser Faktor kann unterteilt werden in eine künstlerische Orientierung (Sensibilität für ästhetische und kulturelle Dinge) und eine stärker intellektuell bestimmte Vorliebe für konzeptionelles und abstraktes Denken, doch häufig ist beides gleichzeitig vorhanden. Wie steht es in dieser Hinsicht mit Ihnen, Ihren Mitarbeitern oder Ihren Klienten?

- *Soziale Verträglichkeit* umfasst interpersonale Eigenschaften wie Hilfsbereitschaft, Bescheidenheit, Glaubwürdigkeit, Mitgefühl für andere und Rücksichtnahme auf die Wünsche anderer. Das klingt gut, doch interessanterweise erfordert Erfolg in einigen knallharten Vertriebsjobs, wie Studien zeigen, gerade einen *niedrigen Grad* an Verträglichkeit. (Angenehm zu wissen, dass viele Verkäufer in ihren jeweiligen Bereichen diesbezüglich durchaus *hohe* Werte brauchen.)

- *Gewissenhaftigkeit* ist die Neigung, bei Aufgaben, die erfüllt werden müssen, auf zweierlei Weise zu handeln: zum einen erfolgsorientiert, proaktiv, zielstrebig und entschlossen und zum anderen zuverlässig, planvoll, diszipliniert, auf Ordnung bedacht und unter Akzeptanz von Routinen und Autoritäten. Diese beiden Aspekte sind üblicherweise, wenn auch nicht immer, miteinander verbunden. So sind beispielsweise manche sehr entschlossene und ehrgeizige Menschen nicht sonderlich verlässlich.

Forscher haben diese fünf Aspekte der Persönlichkeit in vielen Ländern untersucht. Üblicherweise werden dabei den Teilnehmern Fragebögen vorgelegt, in denen Items abgefragt werden, von denen man durch ausgedehnte Analysen im Vorfeld annehmen kann, dass sie alle diese Faktoren abdecken. Manche Psychologen unterteilen Menschen in verschiedene Kategorien oder »Typen«, die sich entweder durch einen niedrigen oder einen hohen Wert bei einem bestimmten Faktor unterscheiden, und gelangen daher zum Beispiel zu einer Einteilung nach »Introvertierten« und »Extrovertierten«. Ähnliches hört man auch im Alltag häufig, doch in wissenschaftlichen Untersuchungen hat jede Trennlinie, anhand derer Menschen in Typen eingeteilt werden, etwas Willkürliches – verschiedene Forscher definieren ihre »Typen« auf Basis unterschiedlicher Abgrenzungskriterien, sodass am Ende keine Vergleichbarkeit mehr gegeben ist.

Egal ob man ihre Ausprägungsstärke betrachtet oder eine Typisierung vornimmt, Persönlichkeitsmerkmale prägen einen Menschen per definitionem über eine lange Zeitspanne. Zwar lassen sich im Laufe des Lebens kleine Verschiebungen beobachten, doch im Allgemeinen bleibt ein bestimmter Persönlichkeitszug das ganze Leben unverändert erhalten. Andererseits sind Glück und Zufriedenheit unmittelbar mit einer gegebenen Situation verknüpft; sie verändern sich von Zeit zu Zeit und hängen davon ab, was sich in dem betreffenden Lebensumfeld ereignet. Sich stetig verändernde Glücksgefühle klingen nicht gerade nach unveränderlicher Persönlichkeit, oder?

Gleichwohl gibt es hier einen engen Zusammenhang. Obwohl sich das momentane erlebte Glück und ein langfristiger Persönlichkeitszug in ihrer zeitlichen Dimension stark unterscheiden, hat die Wissenschaft überzeugend nachgewiesen, dass einige dauerhafte Persönlichkeitsmerkmale ziemlich stark mit kurzfristigen Glücksempfindungen verbunden sind. Ob sich Menschen in gewissen Situationen glücklich oder unglücklich fühlen, steht in direktem Zusammenhang mit einigen der fünf grundlegenden Persönlichkeitsfaktoren.

Am stärksten ist erwartungsgemäß der (negative) Zusammenhang zwischen Glück und dem Persönlichkeitsfaktor Neurotizismus. Menschen, die in verschiedenen Situationen gleichbleibend ängstlicher oder bedrückter sind als andere (also eine »neurotischere« Persönlichkeit haben), sind auch in jedem beliebigen Umfeld weniger glücklich als andere. Dieser Zusammenhang wurde sowohl in Bezug auf das allgemeine Wohlbefinden (Lebenszufriedenheit und ähnliche Themen) nachgewiesen als auch im Hinblick auf arbeitsbezogene Gefühle von Zufriedenheit oder emotionaler Erschöpfung.

Das liegt daran, dass sich das für eine Person typische Unglücklichsein (repräsentiert durch den Persönlichkeitsfaktor Neurotizismus) auch während bestimmter Ereignisse in Form von negativen Gefühlen zeigt: Menschen, die im Allgemeinen eine pessimistische Haltung an den Tag legen, verändern nicht plötzlich ihre Einstellung, wenn sie an ihre Arbeit denken. Wenn also ein Mitarbeiter oder eine Mitarbeiterin über ihre Arbeitszufriedenheit sprechen, gibt es dabei immer auch einen Zusammenhang zu seinem/ihrem Neurotizismus-Niveau. Ungeachtet des konkreten Arbeitsinhalts, wird ein Job wahrscheinlich noch weniger geschätzt von Menschen, die generell missmutiger sind als andere.

Andere Zusammenhänge zwischen Persönlichkeit und Glück sind weniger offenkundig. Weisen Menschen einen unterschiedlichen Grad an Extrovertiertheit auf, finden sich diese Unterschiede meistens auch bezüglich ihres Lebensgefühls und der arbeitsspezifischen Zufriedenheit wieder. Ein Mensch, der bezüglich des konstanten Persönlichkeitsmerkmals »Extraversion« hohe Werte erzielt, wird in der Regel auch recht glücklich sein – sowohl in Bezug auf seinen Beruf als auch im Leben allgemein. Das Merkmal »Extraversion« bringt etwas mit sich, das dazu führt, dass die Betreffenden mit ihrer Arbeit und dem Leben insgesamt zufriedener sind.

Glück steht auch in einem – wenn auch nicht allzu starken – Zusammenhang mit den Persönlichkeitsfaktoren »Gewissenhaftigkeit« und »Verträglichkeit«. So sind zum Beispiel erfolgsorientierte Menschen (ein Aspekt der Gewissenhaftigkeit) mit bestimmten Aspekten ihrer Arbeit zufriedener als ihre weniger ehrgeizigen Kollegen.

Generell lässt sich sagen: Wenn wir die Persönlichkeitszüge eines Menschen kennen, können wir somit auch ziemlich gut einschätzen, wie zufrieden er in einem Job sein wird im Vergleich zu den Kollegen, die dieselbe Arbeit verrichten.

Auch wenn die Persönlichkeit unser Glück beeinflusst, die Bedeutung dessen, was um uns herum passiert, wird dadurch nicht geschmälert. In den *Kapiteln 6* und *7* haben wir herausgearbeitet, dass die zwölf Schlüsselmerkmale von Jobs von entscheidender Bedeutung für die Entwicklung von Zufriedenheit bzw. Unzufriedenheit sind; dem können wir nun hinzufügen, dass jeder Mensch diese äußeren Einflüsse durch den Filter seiner Persönlichkeit wahrnimmt und verarbeitet. Gefühle entstehen aus der Verbindung beider Komponenten.

Somit ergibt sich ein komplexes Bild, denn Glück wird stets durch genetische Prägungen, persönlichkeitsbezogene Verhaltensweisen und das Umfeld beeinflusst. Betrachten wir nun die einzelnen Schritte in diesem Prozess.

Zum einen ist unser persönliches Glücksniveau zu einem großen Teil ererbt – ebenso wie, sagen wir, der Grad an Extraversion, der die Persönlichkeit eines Menschen auszeichnet. Diese beiden Faktoren sind eng miteinander verbunden. Extrovertierten wird bis zu einem gewissen Grad die Neigung in die Wiege gelegt, ein höheres Maß an Glück zu entwickeln als Introvertierte. Mehr noch: Ererbte Extrovertiertheit führt im Alltag zu bestimmten Verhaltensmustern, die ihrerseits wiederum zu Glück fördernden Effekten führen:

So suchen Extrovertierte eher die Gesellschaft anderer und fühlen sich zu beruflichen Tätigkeiten hingezogen, die mit einem hohen Maß an sozialer Interaktion verbunden sind. Und da soziale Kontakte (bis zu einem gewissen Grad) mit größerem Glück korrespondieren (siehe dazu die *Kapitel 4* und *5*), können extrovertierte Menschen zufriedener und glücklicher werden, weil sie sich häufiger oder intensiver sozialen Interaktionen aussetzen. Sie haben oft auch Spaß an sozialen Aktivitäten, die introvertierte Menschen langweilig finden, sodass vergleichbare oder identische soziale Kontakte unterschiedliche Auswirkungen auf diese beiden Persönlichkeitstypen haben können.

Dieser kausale Prozess funktioniert auch in der entgegengesetzten Richtung. Wenn man anderen Menschen freundlich begegnet, wird man von ihnen wahrscheinlich auch angenehme Reaktionen erhalten, da sie unser Verhalten in gleicher Weise beantworten werden – sie werden einem ebenfalls helfen oder auf andere Weise eine gefällige Gesellschaft sein, was dazu führt, dass wir uns noch glücklicher fühlen. Es mag ungerecht sein – aber extrovertierte Menschen sind hier im Vorteil.

In der Persönlichkeit begründete unterschiedliche Glücksniveaus entwickeln sich über lange Zeiträume, während deren sich aufgrund bestimmter Persönlichkeitsmerkmale allmählich individuelle Lebensstile ausdifferenzieren. Menschen mit einem höheren Grad an Neurotizismus oder Extraversion verhalten sich anders als Menschen, bei denen diese Merkmale geringer ausgeprägt sind, und die unterschiedlichen Verhaltensmuster im Alltag können größeres bzw. geringeres Glück nach sich ziehen. Die Erfahrung wiederum, dass man (beispielsweise) bei extrovertierten Aktivitäten Freude oder Unlust erlebt, wird wiederum die damit zusammenhängende Disposition weiter verstärken, wodurch sich im Laufe des Lebens die Unterschiede zwischen Persönlichkeitstypen und den entsprechenden Glücksniveaus verfestigen können.

Doch das Verhalten der Menschen wird nicht nur von persönlichkeitsbezogenen Unterschieden bestimmt; es gibt auch unterschiedliche Denkhaltungen. So halten Menschen mit einer neurotischeren Persönlichkeit typischerweise Ausschau nach potenziell besorgniserregenden Umständen und tendieren dazu, in ihrem Umfeld eher Gefahren und mögliche Bedrohungen zu sehen. Aufgrund dieser mentalen Ausrichtung finden neurotischere Menschen eher Gründe, unglücklich zu sein; sie rechnen in ihrer gegebenen Situation mit einem bestimmten Maß an Unzufriedenheit und Enttäuschung – und diese Erwartung erfüllt sich dann auch häufig.

Ein anderes Beispiel: Extrovertierte Menschen (die im Durchschnitt wie gezeigt glücklicher sind als Introvertierte) denken häufig anders als introvertierte Menschen. So wurde festgestellt, dass Extrovertierte mehr »nach unten gerichtete« soziale Vergleiche anstellen (siehe dazu den Fragebogen im nächsten Kapitel, Frage Nr. 1) – sie registrieren häufiger als introvertierte Menschen, wenn es anderen Leuten weniger gut geht als ihnen. Wie wir in *Kapitel 8* darstellen, sind mentale Vergleiche dieser »nach unten gerichteten« Art generell mehr dazu angetan, die eigene Zufriedenheit zu fördern, während »nach oben gerichtete« Vergleiche (mit Menschen, die besser gestellt sind) eher eine gedrückte Stimmung fördern.

Außerdem beschäftigen sich Extrovertierte seltener mit der Schattenseite einer Situation und schreiten oftmals zur Tat, ohne an mögliche Konsequenzen zu denken. Extrovertierte Menschen verbringen daher generell weniger Zeit damit, an mögliche unerfreuliche Ereignisse zu denken, und arrangieren sich häufig schlicht damit; und sie sind im Durchschnitt glücklicher. Das ist nicht notwendigerweise immer eine gute Sache – ihre begrenzte Reflexionsfähigkeit kann Extrovertierte natürlich dazu verleiten, unüberlegt hohe Risiken einzugehen und dadurch unerfreuliche Erlebnisse und/oder Ergebnisse zu produzieren.

Diese in der Persönlichkeit liegenden Unterschiede bei Verhaltensmustern und Denkhaltungen sind auch noch in anderer Hinsicht interessant. Sie liefern Anhaltspunkte dafür, wie Menschen möglicherweise ihr Glück und ihre Zufriedenheit steigern könnten. Wenn man die eigenen Handlungen und Denkhaltungen identifizieren kann, die immer wieder zu Unzufriedenheit führen, kann man vielleicht versuchen, diese gezielt zu verändern. Damit befassen wir uns in *Kapitel 10*, wo wir die notwendigen Schritte auf dem Weg zu mehr Glück und Zufriedenheit, vor allem am Arbeitsplatz, beschreiben. Doch betrachten wir zunächst noch etwas eingehender die Denkhaltungen von Menschen – die Art und Weise also, wie ein Mensch typischerweise über seine eigene Situation reflektiert und sich ihren Sinn und ihre Bedeutung erschließt. Im nächsten Kapitel formulieren wir sieben Fragen zur Selbstanalyse, die weitere Anhaltspunkte vermitteln, ob man eher dazu neigt sich gut oder schlecht zu fühlen.

8

Glück ist relativ –
die Bedeutung subjektiver Einschätzungen

Der englische Dichter William Cowper hatte völlig Recht, als er 1782 schrieb:

Glück hängt, wie die Natur zeigt,
weniger von äußeren Dingen ab, als die meisten annehmen.

Wir haben gesehen, dass Glück bei der Arbeit (und auch in allen anderen Lebenssphären) von »äußeren Dingen« in einer Umwelt (*Kapitel 4* bis *6*), aber auch von »inneren Dingen« wie dem persönlichen Grundniveau an Glück und den individuellen Persönlichkeitszügen eines Menschen (*Kapitel 7*) abhängt. Es ist nun an der Zeit, uns dem Einfluss subjektiver Reaktionsmuster und mentaler Prozesse zuzuwenden. Glück ist nicht etwa nur eine direkte Reaktion auf ein äußeres Ereignis – wie elektrisches Licht, das per Knopfdruck eingeschaltet wird. Die Art, wie wir Ereignisse interpretieren kann vielmehr die Gefühle, die dabei in uns ausgelöst werden, stark beeinflussen – eher vergleichbar mit elektrischem Licht, das sich selbst heller oder dunkler dimmen kann.

Niemand wird auf völlig passive Weise von der ihn umgebenden Welt beeinflusst. Wir betrachten die Geschehnisse durch die Filter unserer Erinnerungen und Erwartungen. Diese Interpretationen können im Sinn sorgfältiger Reflexion bewusst und detailliert ausfallen oder in unmittelbaren Gedanken schnell und unbemerkt ablaufen. Gemeinsam ist ihnen, dass sie beeinflussen, wie wir »äußere Dinge« wahrnehmen. Und worauf es in diesem Kapitel besonders ankommt, ist: Jeder von uns hat andere Erinnerungen, Ideen und Erwartungen. Salopp gesagt: Für manche ist ein zur Hälfte gefülltes Glas eben »halb voll«, während es für die anderen »halb leer« ist.

Unser Glücksniveau wird also nicht ausschließlich durch das bestimmt, was uns widerfährt; auch unsere Gedanken spielen dabei eine wichtige Rolle. Bisweilen wird dieser Aspekt jedoch bis ins Extrem getrieben: Zahllose Selbsthilfe-Ratgeber erzählen ihren Lesern, sie selbst wären die Architekten dessen, was ihnen widerfährt, und sie könnten ihr Leben ändern, wenn sie nur ihr Denken in einer bestimmten Weise verändern würden. Ihre Botschaft lautet, es hängt alles von unserem »Bewusstsein« ab. Diese Ansicht halten wir eindeutig für überzogen, nichtsdestotrotz enthält sie ein Körnchen Wahrheit – »sehr viel« spielt sich tatsächlich im Bewusstsein ab und wir können auch einiges dazu tun, es positiv zu verändern. (Mehr dazu in den *Kapiteln 9* und *10*).

Glück beruht auf zentralen Schlüsselmerkmalen in der Umwelt, auf dem individuellen Glücksniveau und den Persönlichkeitsmerkmalen eines Menschen – davon haben wir bereits gesprochen –, aber es hat auch etwas mit den Vergleichen zu tun, die wir anstellen, und damit, wie wir darüber denken

- was sich andere Menschen leisten können,
- was alles hätte geschehen können,
- was wir erwartet haben,
- wie erfolgreich wir waren,
- in welche Richtung wir uns entwickeln,
- woran wir gewöhnt sind und
- wie wichtig uns etwas ist.

Betrachten wir diese Aspekte nun im Einzelnen.

Sieben typische Denkmuster

Im nachfolgenden Kasten werden sieben Denkmuster dargestellt, die jedem Leser vertraut sein dürften. Diese Denkmuster bilden gewissermaßen den inneren Rahmen dafür, wie glücklich ein Mensch ist. Man bemerkt zwar gewöhnlich ihre Auswirkungen nicht bewusst, doch sie helfen uns zu verstehen, warum dieselbe Ausprägung eines Jobcharakteristikums sich bei verschiedenen Menschen unterschiedlich auf die Arbeitszufriedenheit auswirkt. Die »äußeren Dinge« mögen unveränderlich sein, aber man kann auf unterschiedliche Weise darüber denken.

In der Folge untersuchen wir nun jene Aspekte, welche die Antworten auf die in der nebenstehenden Tabelle aufgeworfenen Fragen beeinflussen.

Gedanken, die unsere Zufriedenheit beeinflussen:	
1. Vergleiche mit anderen Menschen	Geht es anderen besser oder schlechter als mir?«
2. Vergleiche mit alternativen Situationen	»Was hätte noch alles geschehen können?«
3. Vergleiche mit den eigenen Erwartungen	»Haben sich die Dinge so entwickelt, wie ich es erwartet habe?«
4. Beurteilungen der eigenen Leistungsfähigkeit	»Habe ich das gut im Griff?«
5. Hypothetische Vergleiche mit einer wünschenswerten Entwicklung	»Wie läuft es? Wird alles besser, schlechter oder bleibt alles gleich?«
6. Beurteilung des Grads an Neuheit bzw. Vertrautheit	»Ist die Situation ungewöhnlich oder ist sie mir vertraut?«
7. Beurteilung der Attraktivität bestimmter Jobcharakteristika	»Wie wichtig sind für mich persönlich diese Merkmale meiner Arbeit?«

Frage 1: Geht es anderen besser oder schlechter als mir?

Nach Ansicht des englischen Schriftstellers Thomas Shadwell (1642–92) »kann ein Mensch nur durch das Vergleichen glücklich werden«.[1] Auch wenn diese Ansicht übertrieben sein mag, ist doch der ihr zugrundeliegende Gedanke zutreffend. Forschungen über sogenannte »Prozesse des sozialen Vergleichs« haben gezeigt, dass Glück oder Unzufriedenheit häufig davon beeinflusst werden, wie ein Mensch über andere denkt. (Durch den Bezug auf »andere Menschen« gewinnen solche Vergleiche eine »soziale« Dimension.) Die eigene Reaktion auf ein Ereignis oder eine Situation wird häufig dadurch beeinflusst, wie man die Position anderer sieht.

Wenn man sich selbst mit glücklichen Menschen vergleicht, wird man oft weniger zufrieden sein, als wenn man sich auf Menschen konzentriert, denen es schlechter geht, nicht nur in finanzieller Hinsicht. Selbst wenn die eigene Lebens- oder Arbeitssituation (um die Formulierung von oben aufzugreifen: ein »äußeres Ding«) unverändert bleibt, hängen die eigenen Gefühle von Glück oder Unzufriedenheit stark davon ab, welche Art von Vergleich man anstellt. Von den Großeltern kennt man vielleicht noch Sprüche wie »Es könnte schlimmer sein« oder es gibt immer jemanden, der schlechter dran ist. Sie sind der Forschung damit (wie wir vermuten) unbewusst zuvorgekommen.

---

1   In seinem Werk *The Virtuoso,* veröffentlicht 1676.

Sich in Gedanken mit anderen Menschen zu messen, wird als ein »nach oben« oder »nach unten gerichteter« Vergleich bezeichnet. Ein »nach oben gerichteter« Vergleich bezieht sich auf einen Menschen, dessen Situation besser ist als die eigene, ein »nach unten gerichteter« Vergleich zielt auf Leute, denen es schlechter geht. Generell lässt sich sagen, dass der Vergleich mit Menschen, die besser gestellt sind, eine gute Möglichkeit ist, sich selbst Verdruss zu bereiten, während nach unten gerichtete Vergleiche (mit Leuten, die in einer schlechteren Lage sind) oft wohltuend wirken.

Dazu einige Beispiele. Wenn ein Mitarbeiter ein halbwegs komfortables Büro hat, ist er so lange damit zufrieden, bis er erfährt, dass anderen Leuten in der Firma neue und luxuriösere Räume zur Verfügung stehen. Wenn andererseits das eigene Büro halbwegs komfortabel ist, andere dagegen unter wesentlich schlechteren Bedingungen arbeiten müssen, wird er große Zufriedenheit verspüren.

Ein Freund von uns, der längere Zeit erwerbslos war, verglich seine Lage gern mit jener anderer Arbeitsloser und stellte dabei fest, dass er mit seiner Situation durchaus gut zurechtkam. Doch als er für eine sehr gut dotierte Stelle in die engere Wahl gezogen wurde, veränderte sich seine Sichtweise plötzlich. Nun verglich er sich wieder mit einer wohlhabenden und viel beschäftigten »Referenzgruppe« und fühlte sich bald unzufrieden mit dem, was er hatte und was er unternehmen konnte. Ähnliche Effekte, jedoch in größerem Kontext, zeigten sich bei vielen Beschäftigten im Jahr 2009 während der größten Wirtschaftskrise seit den 1930er-Jahren: Manche Beschäftigte waren noch 2007 mit ihrem Job nicht sonderlich zufrieden gewesen, doch in wirtschaftlichen Krisenzeiten lernten sie das zu schätzen, was sie hatten, und verglichen sich eher mit Leuten, die sich in einer weniger glücklichen Lage befanden.

Solche Vergleiche stellen wir ständig an. Untersuchungen, in denen glückliche und unglückliche Menschen verglichen wurden, ergaben, dass Unzufriedenheit häufig mit einem Übermaß an nach oben gerichteten Vergleichen verbunden ist. Unglückliche Menschen halten häufiger Ausschau nach solchen, die besser dran sind, und fühlen sich unglücklich, wenn sie tatsächlich auf welche stoßen. Manche beobachten aufmerksam das attraktive Aussehen und den glamourösen Lebensstil von sogenannten »Celebrities«, ein hervorragendes Mittel, um Unzufriedenheit mit der eigenen Situation, ganz zu schweigen vom eigenen Körperbild zu entwickeln ... Andererseits achten Menschen, die generell glücklicher sind weniger darauf, welche Position andere Leute im Vergleich zur eigenen einnehmen – sie stellen weniger »soziale Vergleiche« an.

In einigen Studien wurden diese Zusammenhänge in Bezug auf die Zufriedenheit mit dem Gehalt untersucht. Wie zu erwarten war, hatte dieser Vergleichsprozess großen Einfluss. Der absolute Betrag, den ein Mitarbeiter verdient, spielt zweifellos eine wichtige Rolle für die Arbeitszufriedenheit, mindestens ebenso bedeutsam sind aber die Vergleiche mit dem Einkommen anderer Leute und der durchschnittlichen Bezahlung in der Branche. Verdient man mehr als andere, ist das toll. Zumindest für einen selbst. Doch wenn – angeregt durch Zeitungsartikel, Klagen von Kollegen oder Tarifforderungen der Gewerkschaften –, der Eindruck entsteht, man könnte im Vergleich zu anderen, die eine ähnliche oder (nach welcher Definition auch immer) schlechtere Leistung erbringen, unterbezahlt sein, wird sich rasch Unzufriedenheit breit machen. Das absolute Gehaltsniveau ist gleich geblieben, aber die angestellten Vergleiche haben die eigene Einstellung dazu verändert.

Solche Vergleiche verändern auch, wie zufrieden wir mit anderen Job-Merkmalen sind. Die physischen Arbeitsbedingungen haben wir bereits erwähnt, doch auch andere Merkmale aus unserer Liste der Top-12-Jobkriterien werden auf diese Weise bewertet. Gute oder schlechte Gefühle resultieren nicht allein aus den Job-Merkmalen selbst (sofern sie nicht extrem ausgeprägt sind), sondern hängen in entscheidendem Maße auch davon ab, wie die eigene Situation im Verhältnis zu jener anderer Leute interpretiert wird.

Frage 2: Was wäre gewesen, wenn ...?

Die zweite, häufig gestellte Frage bezieht sich darauf, was in einer bestimmten Situation hätte anders laufen bzw. was alles auch noch hätte geschehen können. (Das sind technisch gesprochen »kontrafaktische« Situationen – Situationen, die nicht den Tatsachen entsprechen). »Nach oben« gerichtete Vergleiche zielen in diesem Fall auf mögliche Ergebnisse, die besser für einen gewesen wären (aber nicht eingetreten sind), »nach unten« gerichtete Vergleiche beziehen sich auf alternative Situationen, die noch unangenehmer oder unbefriedigender gewesen wären. Diese beiden entgegengesetzten Vergleichsrichtungen haben gegenteilige Auswirkungen auf die Gefühle: Nach oben zielende Vergleiche sind entmutigend und sorgen möglicherweise für Ärger, während der Gedanke an mögliche unangenehme Alternativen (durch nach unten gerichtete, kontrafaktische Vergleiche) oft beruhigend wirkt – sinngemäß: «Es hätte alles noch viel schlimmer kommen können ...«.

Dieser Gegensatz wurde in einer neueren Studie über die Gewinner olympischer Medaillen veranschaulicht. Dabei zeigte sich: Die Gewinner von Silbermedaillen, die Zweiten, waren im Durchschnitt weniger glücklich mit ihrer Position als Bronzemedaille-Gewinner, also jene, die dritte Plätze erreicht hatten. Viele der Zweitplatzierten gründeten ihre Gefühle offenbar auf kontrafaktische Vergleiche, die nach oben gerichtet und mit Gedanken verbunden waren wie: »Ich hätte auch gewinnen können« oder: »Ich war um den Bruchteil einer Sekunde zu langsam.« Dagegen stellten drittplatzierte Athleten eher nach unten gerichtete Vergleiche an und freuten sich, dass sie überhaupt eine Medaille erhielten (»Ich war besser als der Rest«). Bei den Olympischen Spielen in Peking 2008 zeigte sich das britische Frauen-Ruderteam enttäuscht über die Silbermedaille; die Erwartungen, Zielsetzungen und Wünsche der Sportlerinnen erzeugten durch ihr Zusammenwirken dieses Gefühl, durch das ihnen ein sehr respektables Ergebnis als eine Katastrophe erschien.

Verbleiben wir noch einen Moment bei den Olympischen Spielen von Peking, denn es ist interessant, wie über die Ergebnisse international berichtet wurde. Die britische Delegation war mit der Erwartung angereist, am Ende der Wettkämpfe den sechsten oder siebten Platz im Goldmedaillenspiegel zu belegen. Als sie schließlich Vierte wurde, führte ihr automatisch nach unten gerichteter Vergleich (mit einem erwarteten alternativen Ergebnis, das nicht so gut war) dazu, dass sie Freude und Befriedigung empfand. Die USA errangen die dritthöchste Zahl an Goldmedaillen, doch in der amerikanischen Berichterstattung – in der nicht die Goldmedaillen, sondern die Gesamtzahl der Medaillen zugrunde gelegt wurde – rangierte die US-Mannschaft auf dem ersten Platz. Daher konnte der kontrafaktische Vergleich der Amerikaner nur nach unten gerichtet sein, was ihre Freude über das Ergebnis zusätzlich steigerte.

Ein weiterer Effekt von »Was-wäre-wenn«-Gedanken wurde im Hinblick auf eine »nachträgliche Rationalisierung« untersucht – die Überlegungen, die Menschen nach einer Entscheidung anstellen, die sie nicht mehr ändern können. In einer Studie ging es um Studenten und ihre Gedanken über Hochschulen, die ihren Aufnahmeantrag abgelehnt bzw. bewilligt hatten. Dabei ließen sich zwei Reaktionsmuster ausmachen:

1) Studenten, die allgemein ein hohes Glücksniveau aufwiesen, betrachteten jene Colleges, von denen sie abgelehnt wurden, nach Empfang der Absage als weniger attraktiv als zum Zeitpunkt der Antragstellung; umgekehrt erschienen ihnen die Colleges, die ihren Antrag angenommen hatten, als noch attraktiver als zuvor. Anders gesagt: Sie veränderten in Reaktion auf die Entscheidungen, die ihren Hoffnungen zuwiderliefen, ihre Ansichten – ein Prozess von Rationalisierung.

2) Studenten, die die Hochschulen, von denen sie eine Absage erhalten hatte, weiterhin hoch schätzten, waren signifikant unglücklicher darüber. Diese Studenten hielten noch immer an ihrem Wunsch nach etwas Unerreichbarem fest – ein nach oben gerichteter kontrafaktischer Vergleich.

In der Berufswelt können solche nach oben oder unten gerichtete kontrafaktische Vergleiche die Reaktionen auf alle Job-Merkmale verändern. Nicht allein die absolute Ausprägungsstärke eines Merkmals entscheidet über Zufriedenheit oder Unzufriedenheit; es spielt auch eine Rolle, wie stark sich ein Mitarbeiter auf mögliche Alternativen – auf das »Was-wäre-wenn« konzentriert. Dieser Punkt ist es, an dem wir oftmals die Kontrolle übernehmen können: Die Dinge sind so, wie sie sind, und man kann sie nicht ändern – aber man kann damit anfangen, sich nicht mehr so lange damit aufzuhalten, wenn es nicht jedes Mal so toll läuft, wie man das gern hätte. In *Kapitel 10* werden wir konkret zeigen, wie sich die Zufriedenheit nicht nur im Arbeitskontext steigern lässt, indem man seine Gedanken bewusst von negativen Vergleichen wegführt.

Frage 3: Haben sich die Dinge so entwickelt, wie ich es erwartet habe?

Inwiefern die Interpretation einer Situation das Glück von Menschen beeinflusst, zeigt sich auch im Hinblick auf ihre Erwartungen. Aus unserer Alltagserfahrung wissen wir, dass ein positives Ereignis, das eine Überraschung darstellt, wesentlich glücklicher macht als ein positives Ereignis, das wir erwartet haben. (Ein fester Bestandteil der westlichen Kultur ist die biblische Geschichte vom verlorenen Sohn. Sein Vater zeigte sich bekanntlich hocherfreut über die Rückkehr des Verlorenen, während er das regelkonforme Verhalten seines »guten« Sohnes als Selbstverständlichkeit betrachtete.) Umgekehrt kann ein negatives Ereignis, das vorhergesehen wurde, eine weniger starke Wirkung haben als eines, mit dem niemand gerechnet hatte. Ein erwarteter Unglücksfall mag noch immer schrecklich sein, erscheint aber vermutlich nicht so tragisch, als wenn er aus heiterem Himmel eingetreten wäre.

Dergleichen kann auch in der Arbeitswelt gut beobachtet werden. Versucht ein Arbeitnehmer seine Position durch einen Jobwechsel zu verbessern, macht er sich gewöhnlich Gedanken darüber, was ihn in der neuen Position erwartet. Werden dann seine Erwartungen nicht erfüllt, wird er sich noch entmutigter fühlen, als er es sonst gewesen wäre.

Teilweise hat der Betreffende eine solche Unzufriedenheit sich selbst bzw. seiner allzu hohen Erwartungshaltung zuzuschreiben. Ist jemand davon überzeugt, dass er höchst ehrgeizige Ziele wird erfüllen können (dass er zum Beispiel eine Aufgabe mit großem Erfolg bewältigen oder ein großes Arbeitspensum bis zum Abend schaffen wird), dann fordert er Unannehmlichkeiten geradezu heraus – vor allem wenn bereits viele andere Probleme auf dieser Person lasten. Sicher: Positive Erwartungen hinsichtlich dessen, dass man bestimmte Aufgaben und Herausforderungen erfolgreich bewältigen kann, sind notwendig (das gehört zum »Selbstvertrauen«; aber man darf auch nicht zu viel von sich selbst erwarten, sonst werden unvermeidliche Fehler zur Ursache großen Kummers. Eine solche Tendenzen gehören zu einem allgemein »perfektionistischen« Verhaltensmuster – man macht sich selbst Vorgaben, die stets unverändert hoch sind. Es gibt Menschen, die ihren Hang zum Perfektionismus ebenso regelmäßig überprüfen sollten wie ihren Blutdruck; denn beide Male heißt es aufpassen: In beiden Fällen sollte ein vernünftiges, gesundes Maß angestrebt werden. Kurzum: Die Bewertung der eigenen Leistung und die daraus abgeleiteten Gefühle sind natürlich davon abhängig, wie erfolgreich man eine Aufgabe bewältigt hat, sie werden aber auch maßgeblich von den eigenen Erwartungen beeinflusst.

Dieses eben erläuterte Phänomen machen sich bisweilen Verhandlungsführer und Politiker, aber auch ganz allgemein Manager und Führungskräfte im Sinne eines »Erwartungsmanagements« zunutze. Wird zum Beispiel ein bestimmtes erwünschtes zukünftiges Ereignis wiederholt als ziemlich unwahrscheinlich »heruntergeredet«, kann schon eine kleine positive Veränderung den Menschen ein besseres Gefühl vermitteln, als es sich einstellen würde, wenn von vornherein zu hohe Erwartungen geschürt worden wären. Oder wenn ein Unternehmen verkündet, dass es mit einer schlechten Gewinnentwicklung rechnet, werden die Anleger wahrscheinlich erfreut reagieren, wenn sie später feststellen, dass die Ergebnisse doch gar nicht so miserabel sind.

Das Maß an Zufriedenheit oder Unzufriedenheit, das mit einem bestimmten Job-Merkmal einhergeht, ist nicht fix – es wird auch von den eigenen Erwartungen festgelegt. Erwartungen erwachsen zum Teil aus eigenen Erfahrungen und persönlichen Denkhaltungen, aber auch aus den Ansichten anderer Menschen, mit denen man darüber gesprochen hat, was unter bestimmten Umständen geschehen könnte. Wir dürfen daher nicht vergessen, dass unsere Sichtweisen und Interpretationen von den Menschen in unserem Umfeld mitgeformt werden. Unsere Mitmenschen können unsere Erwartungshaltungen (und andere in diesem Kapitel beschriebene Gedanken) beeinflussen.

Wenn also Kollegen häufig über den Job klagen, ihre Unzufriedenheit äußern und auf andere verweisen, die es besser haben, wird mit hoher Sicherheit auch unsere eigene Arbeitszufriedenheit darunter leiden. Oder wenn der Ehepartner nach oben gerichtete Vergleiche anstellt (dass man »mit den Nachbarn mithalten muss«) oder attraktivere Möglichkeiten in Form einer »Was-wäre-wenn«-Frage ins Gespräch einbringt, wird man die eigene Situation vermutlich auch eher negativ beurteilen. (Wenn die Vorschläge sich immer wieder wiederholen – manche sprechen auch von »Nörgelei« – können sich auch die Gefühle dem Partner gegenüber irgendwann abkühlen).

Frage 4: Habe ich das gut im Griff?

Viele Situationen werden mitunter durch eigene Entscheidungen und Handlungen herbeigeführt, und unsere Gefühle bezüglich dieser Situationen hängen wiederum davon ab, als wie gelungen bzw. erfolgreich wir das eigene Handeln einschätzen. Vielleicht sind negative Entwicklungen oder ungenügende Ergebnisse teilweise auf eigene Fehler zurückzuführen. Dies wirkt dann besonders bedrückend, wenn man sich selbst die volle Schuld daran gibt. Umgekehrt wirkt ein gutes Ergebnis dann besonders erfreulich, wenn man selbst seinen Teil dazu beigetragen hat; die so empfundene Zufriedenheit gründet sich sowohl auf das positive Ergebnis als auch auf die eigene Leistung, den eigenen Beitrag.

Dieser Zusammenhang ist von allgemeiner Gültigkeit. Die Art, wie ein Mitarbeiter in vielleicht abertausenden kleinen Gedankensequenzen seine eigene Wirksamkeit einschätzt, kann das Glück und die Zufriedenheit, die er in seinem Job empfindet, modifizieren. Das Gefühl, die Dinge gut im Griff zu haben, trägt entscheidend dazu bei, sich bei der Arbeit ganz allgemein wohl zu fühlen. Abermals zeigt sich: Die eigenen Gefühle werden mehr davon beeinflusst, wie man die verschiedenen arbeitsbezogenen Merkmale und Ereignisse beurteilt als davon, wie die Gegebenheiten »tatsächlich« sind.

Frage 5: Wie läuft es? Wird alles besser, schlechter oder bleibt alles gleich?

In manchen Berufen ändert sich die Ausprägung der verschiedenen Job-Merkmale (persönlicher Einfluss und Handlungsspielraum, Einsatz eigener Fähigkeiten, soziale Kontakte usw.) über Jahre hinweg nicht. Aber es gibt auch Jobs, bei denen alles ständig im Fluss ist. Wir wissen aus Studien, dass eine Verbesserung oder Verschlechterung von Job-Merkmalen sich auf eine Weise positiv oder negativ auswirken kann, die sich von der Wirkung der betreffenden Elemente unterscheidet, wenn sie konstant bleiben. Mit anderen Worten: Menschen reagieren im Arbeitskontext (wie auch in anderen Lebensbereichen) besonders sensibel auf Veränderungen. Konstante Bedingungen – unabhängig davon, ob diese in absoluten Werten nun gut oder schlecht sind, fallen dagegen in gewisser Weise aus dem Wahrnehmungsraster.

Oft nehmen wir zum Beispiel, ohne bewusst darüber nachzudenken, Tendenzen wahr – zum Beispiel, ob sich unser Aufgabenspektrum erweitert oder verengt. Unsere Gedanken über die Bedeutung und die Richtung einer solchen Veränderung üben entscheidenden Einfluss darauf aus, inwieweit wir uns in einer derartigen Situation wohlfühlen oder inwieweit wir dabei Unbehagen empfinden. Wenn man erkennt, dass sich die Dinge verbessern, wird man eine positivere Einstellung dazu entwickeln, als wenn sich an einer positiven Situation seit ewigen Zeiten nichts mehr verändert hat. Man freut sich über die Verbesserung und zieht daraus den Schluss, dass es noch besser werden könnte. Andererseits wird eine Situation, deren Verschlechterung man erlebt, in ähnlicher Weise als unangenehmer empfunden als eine andere Situation, die zwar ebenso unbefriedigend ist, sich aber nicht weiter verschlimmert.

Neben der unmittelbaren Auswirkung eines Ereignisses oder einer Situation (den »äußeren Dingen« im Sinne des einleitenden Zitats zu diesem Kapitel) kann uns allein schon das Bewusstwerden einer positiven Veränderung optimistisch und froh stimmen. Andererseits erzeugt die Wahrnehmung einer gegenteiligen Entwicklung häufig Pessimismus und Unzufriedenheit, da sie unsere Zukunftserwartungen entsprechend grau einzufärben beginnen.

Jeder hat wahrscheinlich schon einmal bemerkt, wie derartige Vorhersagen und Erwartungen zu einer »sich selbst erfüllenden Prophezeiung« (self-fulfilling prophecy) wurden. Die Bewegungen an der Börse folgen zum Beispiel häufig diesem Muster: Ein negativer Geschäftsausblick eines Unternehmens wird durch die Erwartung verstärkt, dass sich die Aktie künftig schlechter entwickeln wird. Ein weiteres Beispiel: Die Medienberichterstattung über die Kreditkrise der Jahre 2008/09 konzentrierte sich auf Arbeitsplatzverluste und schlechte Nachrichten und ignorierte weitgehend jene Firmen, die auch in der Krise Personal einstellten. Zweifellos hätte es der Verunsicherung der Menschen ein wenig entgegengewirkt, wenn in den Schlagzeilen auch über die Schaffung neuer Arbeitsplätze berichtet worden wäre – statt nur über die Probleme der Unternehmen. Vielleicht hätte sich der Wirtschaftsabschwung ein Stück weit abmildern lassen, wenn sich die Erwartungen verbessert und die Menschen mehr Zuversicht an den Tag gelegt und mehr Geld ausgegeben hätten.

Der Grundgedanke klingt banal, dennoch möchten wir ihn besonders betonen: Glück und Zufriedenheit oder Unzufriedenheit erwachsen nicht nur aus einer konkreten Situation; man muss auch berücksichtigen, wie sich diese Situation im Laufe der Zeit verändert hat und wie sie sich in Zukunft weiter verändern wird. Wie wir bereits in anderen Kapiteln herausgearbeitet haben, führt eine gegebene Situation nicht ausnahmslos zu einem bestimmten Niveau an Glück; ihre Auswirkungen werden zum Teil auch dadurch bestimmt, wie man sie interpretiert.

Frage 6: Ist die Situation ungewöhnlich oder ist sie mir vertraut?

Psychologen und Physiologen haben zahlreiche Aspekte der sogenannten »Adaptation« untersucht. In der Umgangsprache spricht man oft auch von »Akklimatisierung«, wenngleich es hier nicht um eine Veränderung des Klimas im ursprünglichen meteorologischen Sinn des Wortes geht. Ereignisse und Umstände, die sich über längere Zeit wiederholen oder unverändert bleiben, verlieren allmählich einen Großteil ihrer Wirkung auf uns – sowohl in physiologischer als auch in psychologischer Hinsicht. Heißes Wasser beispielsweise erscheint uns weniger heiß (oder Meerwasser weniger kalt, wenn wir darin schwimmen), und einen wenig intensiven Geruch bemerken wir nach einiger Zeit gar nicht mehr. In ähnlicher Weise können auch unsere Gefühle gegenüber anderen Menschen oder Ereignissen abflauen. Im Laufe der Zeit tolerieren wir einen negativen Aspekt bereitwilliger oder werden durch ein positives Merkmal weniger stark angezogen.

Dieser Prozess der Adaptation im Zeitverlauf wurde an Menschen untersucht, die durch einen Unfall eine körperliche Behinderung erlitten oder schwer erkrankten. Dabei zeigte sich, dass sich bei diesen Menschen der Grad der Unzufriedenheit oder des Unglücklichseins vermindert, wenn sie sich allmählich an ihre Situation anpassen. Sie entdecken – wenn auch nicht notwendigerweise absichtlich – Gedanken und Handlungsmöglichkeiten –, die ihnen helfen, mit ihrer misslichen Lage besser zurechtzukommen. Auch unangenehme oder Stress erzeugende Arbeitssituationen können nach einer gewissen Zeit als weniger beschwerlich empfunden werden. Eine Reinigungskraft, die öffentliche Toiletten saubermachen muss, beschrieb diesen Prozess anschaulich: »Manchmal stinkt es schon ziemlich, und manchmal ist es auch eine ziemliche Schweinerei. Aber man gewöhnt sich daran. Mir macht es eigentlich nicht mehr viel aus.«[2]

Auf der anderen Seite können auch angenehme oder erfreuliche Aspekte einer Arbeitssituation im Laufe der Zeit weniger interessant werden. Am Anfang ist vieles neu und aufregend, was später noch als »ganz nett, aber auch ein bisschen langweilig« empfunden wird. Hier kommt die »hedonistische Tretmühle« ins Spiel. (»Hedonistisch« heißt so viel wie »lebensfroh«, »genussbetont«). Man kann (in der »Tretmühle« des Lebens) arbeiten, um ein bestimmtes Maß an Zufriedenheit zu erlangen, doch die eigenen Errungenschaften verlieren im Laufe der Zeit ihren Belohnungscharakter, so dass man immer weiter oder immer mehr arbeiten muss, um denselben Grad an Zufriedenheit aufrechtzuerhalten. Dieser Prozess lässt sich auch in Bezug auf das Einkommen veranschaulichen: Die Menschen bemühen sich, ihr Einkommen zu steigern, aber dann gewöhnen sie sich an das höhere Einkommensniveau, es wird ihnen vertraut und sie müssen nach noch mehr Geld streben, um sich in dieser Hinsicht weiterhin zufrieden zu fühlen.

Bedeutet das nun, es ist sinnlos, ein höheres Einkommen anzustreben, um dadurch glücklich werden? – Ganz und gar nicht! Eine Kernaussage dieses Buches lautet, dass Glück von einer Vielzahl unterschiedlicher Merkmale sowie durch verschiedene Prozesse bestimmt wird, die unser Denken über eben diese Merkmale beeinflussen. Kein Merkmal allein kann einen Menschen glücklich machen, doch jedes kann in einer bestimmten Situation eine besondere Bedeutung erlangen. Geld zu haben, ist generell erstrebenswert, insbesondere dann, wenn man pleite ist (siehe dazu *Kapitel 4* und *5*). Gleichwohl hat Glück mit wesentlich mehr zu tun als nur mit materiellem Wohlstand.

Das Gegenteil von Adaptation liegt vor, wenn sich eine bestimmte Situation deutlich vom Gewohnten unterscheidet. Im Allgemeinen haben Abweichungen von dem, was wir gewohnt sind, den stärksten Effekt auf uns. So kann zum Beispiel der erste Eindruck beim Besuch eines fremden Landes sehr intensiv sein – die Sprache, das Essen, die Architektur unterscheiden sich deutlich von dem, was man in der heimischen Umgebung gewohnt ist. Die Wirkung von Gegensätzen wurde auch im Zusammenhang mit Schwierigkeiten bei der Arbeit untersucht, die an mehreren aufeinander folgenden

---

2   J. Bowe, M. Bowe und S. Streeter, (Hg.), *Gig: Americans talk about their jobs,* New York 2000, S. 202.

Tagen auftraten. Sich mit vielen kleinen Problemen herumschlagen zu müssen, ist stets unerfreulich und vielleicht auch quälend, doch die Studienteilnehmer neigten dazu, sich gleich wieder besser zu fühlen, wenn sie mit etwas konfrontiert wurden, das noch mehr Anlass für Ärger geboten hatte – wenn beispielsweise der vorhergehende Tag noch viel schlimmer gewesen war als der heutige. Das gedankliche Umschalten von einem sehr negativen Input zu einem, der zwar auch unangenehm, aber dennoch weniger negativ ist als der vorhergehende, hat zur Folge, dass man sich nun weniger schlecht fühlt, als es sonst der Fall gewesen wäre.

Auch der entgegengesetzte Kontrast ist von Bedeutung. Wenn sich die eigene Situation vom Guten zum Schlechten verändert, wird man sich noch unwohler fühlen als wenn alles auf konstant schlechtem Niveau geblieben wäre. Dies wurde in Bezug auf berufstätige Mütter festgestellt, die sich bemühen, die Anforderungen der Arbeit und der Familie unter einen Hut zu bringen. Wenn ein vorhergehender Tag im Hinblick auf den Konflikt zwischen Familie und Beruf relativ erträglich war, erwies es sich am folgenden Tag als besonders anstrengend, diesen beiden Anforderungen gerecht zu werden. Ein stark negativer Kontrast zu vorhergehenden angenehmeren Bedingungen lässt die Stress erzeugenden Faktoren, die im Laufe eines Tages auftreten, als besonders schmerzhaft erscheinen.

Die Auswirkungen von Gegensätzlichkeit und Adaptation kommen auch bei Untersuchungen zu Arbeitsplatzwechslern zum Vorschein. Im Allgemeinen steigt die Arbeitszufriedenheit, sobald man eine neue Arbeitsstelle antritt – durch den Gegensatz zum alten Job und auch weil sich die neue Position gewöhnlich durch Merkmale auszeichnet, die man schätzt. Doch im Laufe der Zeit, wenn man das neue Umfeld gut kennt und mit den erforderlichen Aktivitäten vertraut ist, flaut die Zufriedenheit ab, weil sich ein typischer Adaptationsprozess vollzogen hat. Zugleich können durch andere äußere Einflüsse einige der Verbesserungen, die sich durch den Arbeitsplatzwechsel ergeben haben, wieder zunichte gemacht werden. Vertrautheit erzeugt nicht notwendigerweise Geringschätzung, doch sie vermindert in gewissem Maße die Attraktivität.

Abermals zeigt sich, dass es auf die individuelle Interpretation ankommt: Ein bestimmtes Job-Merkmal hat keine allgemeingültige Auswirkung auf die Entstehung von Zufriedenheit oder Unzufriedenheit – es hängt vielmehr davon ab, wie es vom Betreffenden im Rahmen seiner Erfahrungen und Gedanken bewertet wird.

Frage 7: Wo liegen meine persönlichen Präferenzen?

Wie man auf die in *Kapitel 5* und *6* dargestellten Job-Merkmale reagiert, wird stark davon beeinflusst, welchen Stellenwert man ihnen persönlich beimisst. Wir wissen, dass zum Beispiel Abwechslung (Merkmal Nr. 4) oder soziale Kontakte (Nr. 6) für die Entwicklung von Arbeitszufriedenheit wichtig sind, aber wir wissen auch, dass die Menschen unterschiedlich großen Wert auf diese Aspekte legen – für manche Leute spielen sie eine sehr große Rolle, anderen dagegen ist es eher gleichgültig, ob sie vorhanden sind oder nicht.

Diese individuell ausgeprägten Wertigkeiten bzw. Präferenzen führen dazu, dass sich eine bestimmte Ausprägung eines bestimmten Job-Merkmals individuell ganz unterschiedlich auf die Arbeitszufriedenheit auswirkt.

Das im Job erlebte Glück bzw. die erlebte Unzufriedenheit sind in der Regel enger verbunden mit einem bestimmten Merkmal, wenn diesem eine große persönliche Bedeutung beigemessen wird. So wird zum Beispiel die Arbeitszufriedenheit von Menschen, die gern im Team arbeiten, stark davon beeinflusst, ob ihnen in ihrem Job die Möglichkeit zum Teamwork geboten wird, doch das gilt nicht für Menschen, die sich nicht viel aus Teamarbeit machen. Kurz gesagt, ein Job-Merkmal beeinflusst die Gefühle bei der Arbeit nur dann, wenn es einem auch persönlich wichtig ist – weil man ein bestimmter Persönlichkeitstyp ist (ein extrovertierter Mensch beispielsweise wünscht sich soziale Kontakte) oder weil man gerade im Moment auf dieses bestimmte Merkmal großen Wert legt (wenn man zum Beispiel finanziell in der Klemme steckt und dringend Geld braucht). Andere Menschen, denen es weitgehend egal ist, ob dieses bestimmte Merkmal gegeben ist oder nicht, richten ihr Hauptaugenmerk vermutlich auf andere Aspekte.

Job-Merkmale, es muss noch einmal gesagt werden, sind nicht die einzigen Faktoren, welche die Einstellung zur Arbeit beeinflussen. Gewiss, ob jemand in einem Job glücklich oder unglücklich ist, erwächst zum großen Teil aus dem Inhalt seiner Tätigkeit, aber es hängt auch von ihm selbst ab – in diesem Fall davon, ob seine persönlichen Präferenzen und Wünsche mit dem übereinstimmen, was vom Unternehmen geboten wird bzw. geboten werden kann.

Zwischenfazit

Die in diesem Kapitel vorgestellten Forschungsergebnisse machen nachvollziehbar, warum die in den vorhergehenden Kapiteln beschriebenen Job-Merkmale keine allgemein gültigen Auswirkungen haben können. Die dort dargestellten Merkmale sind zweifellos die wichtigsten Einflussfaktoren für Glück und Zufriedenheit bzw. Unzufriedenheit am Arbeitsplatz, aber sie wirken sich nicht bei jedem Mitarbeiter in gleicher Weise aus. Ihre Wirkung wird durch das individuelle Grundniveau an Glück und durch Persönlichkeitszüge (*Kapitel 7*) bestimmt, aber auch durch die sieben typischen Denkhaltungen – die persönlichen »Benchmarks« -, die wir eben dargestellt haben. Deshalb haben wir in der Überschrift dieses Kapitels Glück als »relativ« bezeichnet. Es wird nicht nur durch die persönlichen Lebensbedingungen und die objektiven Ereignisse und Erlebnisse beeinflusst, sondern auch davon, wie man diese bewertet und was man darüber denkt.

Die *sieben* typischen *Denkmuster* wurden zwar einzeln dargestellt, im »richtigen Leben« kommen sie aber natürlich häufig gemeinsam ins Spiel. Das zuletzt vorgestellte Denkmuster – die persönlichen Präferenzen – sind von besonderer Bedeutung. Die einzelnen Job-Merkmale fördern Zufriedenheit oder Unzufriedenheit stets im Verhältnis zur Position bzw. zur Wertigkeit, die das jeweilige Merkmal im Präferenzsystem eines Menschen einnimmt. Es hängt davon ab, wie wichtig ein spezielles Job-Merkmal für einen Mitarbeiter ist, wie sehr er sich in Bezug auf dieses eine Merkmal eine Verbesserung wünscht. Das bedeutet, dass die zwölf Schlüsselmerkmale der Arbeit stets nur im Zusammenspiel mit den persönlichen Präferenzen eines Mitarbeiters betrachtet werden dürfen. Die Frage muss stets lauten: Welche persönliche Bedeutung kommt jedem einzelnen Job-Merkmal jeweils zu?

Was bei der Arbeit wirklich wichtig ist: Subjektive Präferenzen erfassen

Die unterschiedlichen Bedürfnisse der Menschen, sowohl in Bezug auf den Inhalt einer Arbeit als auch auf andere Elemente, wurden unter dem Aspekt ihrer »Werte« untersucht. Ein Wert ist etwas, das ein Mensch dauerhaft billigt, das er gegenüber anderen Alternativen bevorzugt, sich wünscht oder als wichtig erachtet.

Werte sind von entscheidender Bedeutung für den Lebensstil eines Menschen. In Ländern und Organisationen fungieren sie als grundlegende gesellschaftliche oder kulturelle Normen, sie bestimmen aber auch die Präferenzen und Abneigungen des Einzelnen und dienen dadurch als Richtschnur für sein tägliches Handeln. Werte erstrecken sich sowohl auf umfassende Themenkomplexe wie religiöse Überzeugungen oder politische Anschauungen wie auch auf kleinere Fragen des Alltags, zum Beispiel auf die Entscheidung, welche Fernsehsendungen man sich anschaut. Manche Werte besitzen eine ethische oder moralische Grundlage und beziehen sich darauf, was richtig und was falsch ist, sie betreffen aber auch die Frage (die wir in diesem Buch behandeln), was der Einzelne als wünschenswert oder als nicht wünschenswert betrachtet – die Bewertung der verschiedenen Aspekte des Lebens. (Bei diesen Bewertungen können natürlich auch ethische Überzeugungen eine Rolle spielen.)

Es versteht sich von selbst, dass unterschiedliche Menschen sehr unterschiedliche Wertvorstellungen haben – sie bevorzugen also unterschiedliche Aktivitäten und Sichtweisen. Man denke an bestimmte Hobbys, die manche Menschen pflegen, andere aber eher abschrecken, beispielsweise Briefmarkensammeln, Drachenfliegen, Vögel beobachten, Fußballspiele im Fernsehen anschauen, Opernbesuche, Tischtennis spielen, Gartenarbeit und vieles mehr. Gegen keine dieser Betätigungen ist von vornherein etwas einzuwenden, aber manchen Menschen graut es bei der Vorstellung, damit ihre Zeit zu verbringen. Sie verstehen einfach nicht, wie jemand zum Beispiel Gefallen daran finden kann, Briefmarken in ein Album einzusortieren. Betrachten wir nun die Arbeit und die vielfältigen damit verbundenen Aktivitäten, die ein Mensch entweder gerne oder nur widerwillig verrichtet: Autos reparieren, Fleisch hacken, große Geldbeträge aufs Spiel setzen, sich um Sterbende kümmern, Stahl gießen, als Gefängniswärter arbeiten, an der Supermarktkasse die Waren über den Scanner ziehen, Finanzberichte analysieren, im Krieg kämpfen, Zugfahrscheine kontrollieren und so weiter. Die Spannweite der Präferenzen ist sehr groß – und manchmal lässt sich eben »über Geschmack nicht streiten«.

Man beachte, dass wir hier über Bewertungen jeglicher Art sprechen, nicht nur über jene, die auf einer ethischen Grundlage fußen. Solche allgemeinen arbeitsbezogenen Werte wurden schon vielfach untersucht, zum Beispiel darauf, ob sich gruppentypische Muster bzw. Wertesysteme ausmachen lassen, etwa zwischen Männern und Frauen. Dabei zeigte sich: Natürlich gibt es Unterschiede zwischen einzelnen Männern und einzelnen Frauen, doch im Durchschnitt haben die beiden Geschlechter viele ähnliche Präferenzen – zumindest was die Elemente und Merkmale einer Arbeitssituation betrifft. Dennoch unterscheiden sich einige arbeitsbezogene Wertvorstellungen deutlich.

Frauen legen tendenziell größeren Wert als Männer auf angenehme soziale Kontakte, auf die Chance, andere Menschen kennen zu lernen und auf emotionale Unterstützung durch die Kollegen. Auch sind ihnen günstige Arbeitszeiten ziemlich wichtig, während Männer im Durchschnitt der Bezahlung und den Gestaltungsmöglichkeiten größere Bedeutung beimessen. Ob dies daran liegt, dass sie sich die Option offen halten möchten, die Betreuung der Kinder dem weiblichen Partner zu überlassen, ist eine unbeantwortete Frage.

Und wie steht es mit Ihnen, Ihren Mitarbeitern, Ihren Klienten? Der Fragebogen 4 auf der Seite 142 bezieht sich auf die zwölf Schlüsselmerkmale für Glück und Zufriedenheit, die in den *Kapiteln 4* bis *6* dargestellt wurden. Wir haben Sie bereits gebeten, darüber nachzudenken, ob diese Merkmale in Ihrer gegenwärtigen Arbeitssituation vorhanden sind oder nicht, und jetzt sollten Sie bzw. Ihre Mitarbeiter oder Klienten sich einmal Gedanken über Ihren *idealen* Job machen: Welche Merkmale sollten vorhanden sein, damit eine für Sie perfekte Arbeitssituation entsteht?

Die angekreuzten Antworten werden wahrscheinlich eher auf der rechten Seite des Fragebogens angesiedelt sein, denn all diese Job-Merkmale werden im Durchschnitt der Befragten als wichtig eingestuft. Es empfiehlt sich, die Antworten auf die einzelnen Fragen zu vergleichen, denn schließlich geht es darum, jene Aspekte zu ermitteln, denen der Befragte keine allzu große Bedeutung beimisst, wie auch jene, die ihm am wichtigsten sind.

Mit bestimmten Merkmalen kann man sich auch eingehender beschäftigen, insbesondere mit den spezifischeren Teilaspekten der zwölf Schlüsselmerkmale. So umfasst beispielsweise Merkmal Nr. 6 (soziale Kontakte) sowohl die Quantität wie auch die Qualität der Interaktionen (Nr. 6a und 6b). Viele Frauen haben uns gegenüber zudem betont, dass ihnen günstige Arbeitszeiten besonders wichtig sind – ein spezifischer Aspekt von Merkmal Nr. 3. Gibt es bestimmte Bestandteile eines Merkmals, denen Sie besondere Bedeutung beimessen, mehr als den übrigen Aspekten dieser Dimension der Arbeit? (Einen Überblick über diese Bestandteile bietet die Tabelle am Anfang von *Kapitel 5* auf Seite 72 f.)

Diese Überlegungen werden es Ihnen schließlich ermöglichen, zu formulieren, was Ihnen bei der Arbeit wirklich wichtig ist und welche Merkmale von geringerer persönlicher Bedeutung sind. Nach einer Gesamtbetrachtung der Antworten auf die Fragen nach Ihrem gegenwärtigen Job *(Was Sie haben* – Fragebogen 3 auf Seite 111*)* und nach den Aspekten, die für Sie von besonderer Bedeutung sind (*Was Sie sich wünschen* – Fragebogen 4 auf der folgenden Seite), können Sie sich nun auf die problematischen Merkmale konzentrieren – jene, bei denen das Verhältnis zwischen »Haben« und »Wün-

Fragebogen 4: Persönliche Präferenzen ermitteln
Überlegen Sie, wie Ihr idealer Job aussehen würde. Wie wichtig ist für Sie das Vorhandensein folgender zwölf Job-Merkmale:

Name: ....   Datum: ....

	In meinem idealen Job ist das Vorhandensein dieses Merkmals	Überhaupt nicht wichtig	Nur wenig wichtig	Mäßig wichtig	Sehr wichtig	Überaus wichtig	Unentbehrlich
1	Persönlicher Einfluss (was man ändern kann)	1	2	3	4	5	6
2	Eigene Fähigkeiten einsetzen (Stärken zum Tragen bringen)	1	2	3	4	5	6
3	Anforderungen und Ziele (was man erledigen muss)	1	2	3	4	5	6
4	Abwechslung (unterschiedliche Aktivitäten)	1	2	3	4	5	6
5	Klare Aufgaben und Perspektiven (nicht zu viel Unsicherheit)	1	2	3	4	5	6
6	Soziale Kontakte (ausreichender und guter Austausch mit anderen)	1	2	3	4	5	6
7	Geld (Bezahlung)	1	2	3	4	5	6
8	Angemessenes physisches Umfeld (Arbeitsbedingungen)	1	2	3	4	5	6
9	Anerkennung und Wertschätzung (sozialer Status und Selbstwertgefühl)	1	2	3	4	5	6
10	Unterstützende Vorgesetzte (Unterstützung bei der Durchführung der Arbeit)	1	2	3	4	5	6
11	Gute Karrierechancen (Sicherheit und Aufstiegsmöglichkeiten)	1	2	3	4	5	6
12	Fairness (gegenüber Mitarbeitern und Stakeholdern)	1	2	3	4	5	6

schen« nicht stimmt. Das sind jene Merkmale, bei denen Sie oder Ihr Klient im ersten Fragebogen entweder die Antworten »zu wenig« oder »zu viel« angekreuzt haben und die anschließend im Fragebogen in diesem Kapitel als besonders wichtig eingestuft wurden.

Was lässt sich nun mit all diesen Informationen anfangen? Kann man irgendetwas unternehmen, um in den problematischen Bereichen Verbesserungen herbeizuführen? Um es gleich zu sagen: Es gibt keine einfachen Rezepte dafür, wie man im Job rundum glücklich wird, aber man kann verschiedene Einzelschritte und Maßnahmen in Betracht ziehen. Diese stellen wir im nächsten Kapitel vor.

9

Ins Handeln kommen – Schritte 1 bis 7

Mancher Leser stellt sich nun sicher die Frage, wie man all diese Forschungs-erkenntnisse und Theorien in die Praxis umsetzen kann. Schließlich »sagen Taten mehr als Worte«.

Vertreter der Angewandten Psychologie haben dazu eine klare Meinung – »nichts ist so praktisch wie eine gute Theorie«. Anders ausgedrückt, man muss verstehen, was unter der Haube vor sich geht, bevor man daran geht, am Motor herumzuhantieren. Dass ist unser Credo. Wir hoffen, Sie als Leser haben einiges über sich selbst und über Ihre Situation erfahren oder gelernt, die Situation und die Bedürfnisse Ihrer Mitarbeiter oder Klienten besser ein-zuschätzen. Uns ist klar, dass einige sich entschließen werden, alles so zu belassen, wie es ist – und das ist in Ordnung so. Andere dagegen werden sich vornehmen, bestimmte Dinge zu verändern. In diesen beiden letzten Kapiteln des Buches befassen wir uns deshalb damit, welche Möglichkeiten es dafür gibt.

Vorab eine Warnung: Erwarten Sie keine Wunder. Ihre gegenwärtige Le-benserfahrung ist das Ergebnis von abertausend Ereignissen und Entschei-dungen, die sich im Laufe vieler Jahre kumuliert haben. All das kann man nicht über Nacht verändern. Lassen Sie sich auch nicht dadurch irritieren, dass manche Selbsthilfe-Ratgeber ihren Lesern vorgaukeln, sie könnten ihr Leben völlig umkrempeln. Solche Bücher versprechen mehr, als sie halten können. Sicherlich: Jedes Buch unterliegt gewissen Beschränkungen, was die Umsetzung der darin ausgebreiteten Empfehlungen betrifft, doch wie eine bekannte Redewendung sagt, »Auch die längste Reise beginnt mit dem ersten Schritt«. Sie können sich um eine ganze Reihe vielleicht kleiner Ver-besserungen bemühen.

Glück und Zufriedenheit oder Unzufriedenheit unterliegen Einflüssen aus verschiedenen Richtungen, die sich bei unterschiedlichen Menschen in un-terschiedlicher Weise kombinieren. Mit der Arbeit unglücklich zu sein, hat bei dem einen vielleicht in erster Linie mit Arbeitsinhalten zu tun (miserable

Bezahlung, Überforderung, ein herrischer Chef etc.), während es beim anderen mehr eine Frage der Persönlichkeit ist. Wir sprechen deswegen keine allgemeingültigen Vorschläge dafür aus, wie man glücklicher wird. Die Empfehlungen müssen vielmehr auf jeden Einzelnen individuell zugeschnitten werden.

Langfristigeres oder kurzfristiges Glück?

Forschungsergebnisse und Lebenserfahrung zeigen, dass auch generell zufriedene und glückliche Menschen Zeiten durchleben, in denen sie alles andere als glücklich sind – sie machen sich Sorgen wegen Problemen, mit denen sie zu kämpfen haben, oder sind niedergeschlagen, weil irgendetwas schief gelaufen ist. Das gilt für alle Lebensbereiche. Menschen sorgen sich, wie sie zum Beispiel bei ihrem Auftritt in der örtlichen Laienspielgruppe abgeschnitten haben, haben von ihrem Partner die Nase voll, ärgern sich über ihre Kinder etc. in der gleichen Manier, wie sie manchmal eben auch ihre Arbeit nicht mögen. Wie in *Kapitel 3* ausgeführt, ist es ganz normal – und sogar gesund –, dass sich situationsabhängig oder auch im Job manchmal gemischte Gefühle einstellen, entweder weil unterschiedliche Aspekte dieser Situation unterschiedliche Gefühle hervorrufen oder auch weil das, was uns Freude bereitet, sich von Zeit zu Zeit verändert. So mag man vielleicht gerade aus allen möglichen Gründen mit der Arbeit unglücklich sein, aber dennoch im Großen und Ganzen eine positive Einstellung dazu haben. Kurzfristige Unzufriedenheit im Job gehört einfach zum Leben.

Daraus ergibt sich die Frage nach der mittel- und längerfristigen Befindlichkeit. Egal ob man sich im Augenblick elend oder begeistert fühlt oder irgendwo dazwischen, wie soll man herausfinden, wie glücklich oder unglücklich man *insgesamt* ist? Man darf sich dabei nicht allzu sehr von einer augenblicklich guten oder schlechten Stimmung beeinflussen lassen, sondern sollte einen Zeitraum von mehreren Wochen oder Monaten betrachten. Wenn wir Sie in diesem Kapitel dazu auffordern, über Ihre Arbeit und Ihre diesbezüglichen Gefühle nachzudenken – versuchen Sie den Blick über den gegenwärtigen Moment hinauszurichten.

Neun Schritte zu mehr Glück und Zufriedenheit im Job

Kommen wir nun zur Praxis. Wir haben verschiedene Themen aus den vorhergehenden Kapiteln mit weiteren Forschungsergebnissen über unterschiedliche Fragenkomplexe zusammengeführt – die Berufswahl, die Neugestaltung von Arbeitssituationen, Ansätze aus Therapie und Selbsthilfe – und auf dieser Grundlage Vorschläge entwickelt, die dazu beitragen können, Ihre Arbeitssituation wie auch jene Ihrer Mitarbeiter oder Klienten zu verbessern. Diese Vorschläge haben wir in neun Schritte untergliedert, die jedoch nicht isoliert zu betrachten sind, sondern sich natürlich oftmals überlagern.

Gehen wir von drei Hauptabschnitten aus. Zuerst überprüft man die eigenen Gefühle und die Arbeitssituation (Schritt 1 bis 4). Dann befasst man sich mit seiner persönlichen Art, die Welt zu betrachten und damit, wie dies die eigenen Gefühle beeinflusst (Schritt 5 bis 7). In diesen beiden Stadien ergibt sich eine Gesamtschau der Arbeitssituation und der eigenen Persönlichkeit. Das ist genug für ein Kapitel. Den dritten Abschnitt heben wir uns für *Kapitel 10* auf, wo wir uns damit beschäftigen, was man tun kann, um konkrete Arbeitssituationen zu verbessern (Schritt 8) und die persönlichen Denkgewohnheiten zu verändern (Schritt 9).

Wenn Sie, wie übrigens auch die Autoren dieses Buches, zu den Menschen gehören, die mit langen, von Experten vorgegebenen Checklisten nicht viel anfangen können, mag es Ihnen vielleicht etwas zu mechanisch oder ermüdend erscheinen, die nun folgenden neun Schritte durchzuarbeiten. Sie können natürlich auch selektiv vorgehen und sich aus dem Folgenden einzelne Schritte herauspicken, die zu Ihrer individuellen Situation besonders gut passen. Wenn dieses schrittweise Vorgehen sich als hilfreich erwiesen hat, haben Sie vielleicht Lust, sich die vollständige Abfolge der neun Schritte ein andermal vorzunehmen.

Erste Etappe: Die eigene Arbeitssituation analysieren

Wie ordnet sich Ihre Arbeit in Ihr gesamtes Bezugssystem ein? In den vorhergehenden Kapiteln haben wir drei Kernbereiche untersucht: den Grad Ihrer Arbeitszufriedenheit, die Schlüsselmerkmale Ihres Jobs und Ihre grundlegenden Wertvorstellungen bezüglich der Arbeit. Im Hinblick auf diese drei Bereiche werden nun Sie selbst – Ihre Persönlichkeit und Ihre Arbeitssituation – zum Forschungsobjekt.

Schritt 1: Jobbezogene Gefühle erkunden

In diesem Buch wurde immer wieder darauf hingewiesen, dass es viele Arten von Glück gibt. Hier geht es uns speziell um das *arbeitsbezogene* Wohlbefinden und nicht um die Lebenszufriedenheit im Allgemeinen. Jobbezogene Gefühle lasen sich anhand der beiden Fragebögen in *Kapitel 3* (s. Seite 29 und 39) erfassen; diese beziehen sich auf Ihre Arbeitszufriedenheit und auf die glücklichen und unglücklichen Seiten Ihres Gefühlslebens den Job betreffend.

Werfen wir noch einmal einen Blick auf Fragebogen 1: Allgemeine Arbeitszufriedenheit (auf Seite 29). Hier werden 15 Merkmale der Arbeit aufgeführt: Wie zufrieden sind Sie mit jedem einzelnen Aspekt? Liegt Ihre durchschnittliche Punktzahl unter 4,50, sind Sie weniger zufriedener als der Durchschnitt der Beschäftigten. Ein Durchschnittswert von 5,00 (»Ich bin einigermaßen zufrieden«) ist offensichtlich besser, liegt aber immer noch unter dem, was die meisten Menschen wahrscheinlich für wünschenswert halten. Wenn Sie also im Hinblick auf die allgemeine Arbeitszufriedenheit einen Wert von weniger als 5,00 erzielt haben, sollten Sie sich ernsthaft Gedanken machen.

Bevor wir zum nächsten Schritt kommen, sollten Sie sich noch einmal jene Job-Merkmale vergegenwärtigen, die am meisten Unzufriedenheit auslösen, sowie auch jene, bei denen Sie die höchsten Punktzahlen erzielt haben. Denken Sie daran: Gemischter Gefühle zu sein, ist normal. Viele Menschen nehmen negative Aspekte in ihrem Leben in Kauf, weil diese durch andere positive Dinge wettgemacht werden. Dieser Balance-Prozess kommt in der Arbeit wie auch in allen anderen Lebensbereichen zum Tragen.

Der zweite Fragebogen bezieht sich auf arbeitsbezogene Gefühle (Seite 39). Vielleicht haben Sie bereits Ihre Durchschnittswerte für positive Gefühle (glücklich) und negative Gefühle (unglücklich) ermittelt. Wenn nicht, tun Sie dies bitte jetzt. Die Antworten können sich in folgender Spanne bewegen:

Punktezahl	Positive Gefühle bei der Arbeit	Negative Gefühle bei der Arbeit
1	Überhaupt nicht glücklich	Überhaupt nicht unglücklich
2	Nur etwas glücklich	Nur etwas unglücklich
3	Einigermaßen glücklich	Ziemlich unglücklich
4	Sehr glücklich	Sehr unglücklich
5	Extrem glücklich	Extrem unglücklich

Wie steht es in dieser Hinsicht mit Ihren arbeitsbezogenen Gefühlen? Wenn Ihr durchschnittlicher Positivwert weniger als 4 beträgt (»sehr glücklich«) oder Ihr durchschnittlicher Negativwert höher als 2 liegt (»nur etwas unglücklich«), ließe sich zweifellos einiges verbessern.

Man kann sich auf zwei Arten schlecht fühlen. Zu den im Fragebogen genannten negativen Gefühlen gehören Angst, Anspannung und Sorgen (Aspekte Nr. 3, 7 und 11), aber auch die Gefühle »bedrückt«, »deprimiert« und »elend« (Aspekte Nr. 4, 8 und 12). Diese beiden Gruppen von Gefühlen decken die zwei linken Sektoren des in *Kapitel 3* vorgestellten Glücksrads ab, also Angst und Niedergeschlagenheit.

Hat die Tatsache, dass sie im Job unglücklich sind, eher mit Angst oder mit Niedergeschlagenheit zu tun (wobei beide häufig zusammen auftreten)? Wie wir in *Kapitel 3* bereits gezeigt haben, ist es sehr wahrscheinlich, dass sich bei unterschiedlichen Tätigkeiten auch unterschiedliche Arten von positiven und negativen Gefühlen einstellen werden. Die ängstliche Form des Unglücklichseins (Sektor oben links) erwächst häufig aus hohen Anforderungen und Überbelastung, während Niedergeschlagenheit (unten links) eher aus Unterforderung, aus dem vergeblichen Versuch, etwas Bestimmtes zu erreichen oder aus reiner Langeweile resultiert.

Auch auf der rechten Seite des Glücksrads gibt es Unterschiede. Positive Gefühle können dazu führen, dass wir begeistert, aufgeregt oder interessiert sind (Aspekte Nr. 1, 5 und 9 in Fragebogen 2; Sektor oben rechts im Glücks-

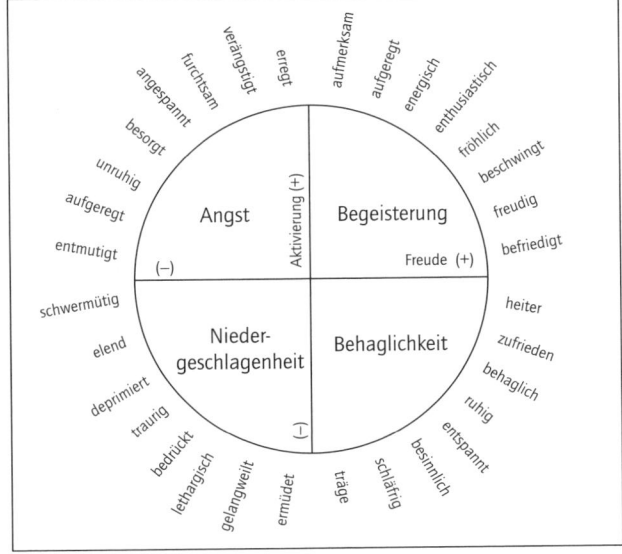

Das Glücksrad

rad) oder sich hauptsächlich darin äußern, dass man sich zufrieden, behaglich oder entspannt fühlt (Aspekte Nr. 2, 6 und 10). Alle diese Gefühle sind schon für sich alleine gesehen angenehm, doch in Kombination sind sie noch angenehmer. In einem idealen Job wird man sich hauptsächlich im oberen rechten Sektor wiederfinden (begeistert, aufgeregt und interessiert), aber auch gelegentlich Gefühle aus dem unteren rechten Bereich eines weniger aktivierten Glückszustands (zufrieden, behaglich und entspannt) erleben. Nicht außer Acht lassen sollten wir auch die Tatsache, dass es unvermeidlich auch zu negativen Gefühlen führt, wenn wir schwierige Dinge in Angriff nehmen. Ein wenig Angst ist manchmal genau das Richtige ist, um dem Adrenalin nachzuhelfen, das wir in dieser Situation brauchen. Man denke beispielsweise an den »Star-Verkäufer«, der sich Sorgen macht, dass seine oder ihre Bonuszahlungen nicht ausreichen könnten, um den Hypothekenverpflichtungen nachzukommen.

Wenn es um das Glück im Job geht, sollte man also nach jenem »Gefühlscocktail« suchen, der den individuellen Bedürfnissen entgegenkommt. Und man sollte nicht vergessen, dass auch sehr glückliche Menschen gemischte Gefühle kennen, von denen einige auch ziemlich negativ sein können – wir leben schließlich nicht in einer Welt unablässiger Glückseligkeit. Doch wenn Sie die meiste Zeit in hohem Maße unzufrieden sind und Ereignisse oder Personen Sie oft sehr unglücklich machen, besteht zweifellos die Notwendigkeit, etwas zu verändern.

Schritt 2: Die eigene Arbeit betrachten

Sind Ihre arbeitsbezogenen Gefühle negativer als Ihnen lieb ist (Schritt 1), ist es jetzt an der Zeit, sich die Frage zu stellen, woran das liegt. Als erstes kommt hier Fragebogen Nr. 3 auf Seite 111 zum Einsatz: Die Schlüsselmerkmale Ihres Jobs.

Fragebogen Nr. 3 bezog sich auf die zwölf wichtigsten Merkmale einer Arbeitssituation – jene, welche unser Glück bzw. die Zufriedenheit oder Unzufriedenheit im Job am stärksten beeinflussen. In Fragebogen Nr. 5 auf Seite 151 tauchen diese Elemente abermals auf, doch hier haben wir den Fragebogen leicht verändert, indem wir einige Felder grau unterlegt haben. Die grau unterlegten Flächen kann man als Gefahrenzonen betrachten: Wenn Ihre Antworten in diese Felder fallen, dürfte es um Ihr Wohlbefinden im Job wahrscheinlich schlechter bestellt sein als es sein sollte.

Wenn Sie diesen Fragebogen noch nicht ausgefüllt haben, ist jetzt der richtige Moment dafür. Auch hier gilt, die vergangenen Wochen in ihrer Ge-

Fragebogen 5: Handlungsfelder bestimmen
Überprüfen Sie Ihre Arbeit der letzten Wochen im Hinblick auf die einzelnen Aspekte und kreuzen Sie die für Sie passende Punktzahl an.

Name: ....　Datum: ....

	Das Job-Merkmal ist folgendermaßen ausgeprägt:	Eindeutig viel zu gering	Viel zu gering	Etwas zu gering	Genau richtig	Etwas zu stark	Viel zu stark	Eindeutig zu stark
1	Persönlicher Einfluss (was man ändern kann)	1	2	3	4	5	6	7
2	Eigene Fähigkeiten einsetzen (Stärken zum Tragen bringen)	1	2	3	4	5	6	7
3	Anforderungen und Ziele (was man erledigen muss)	1	2	3	4	5	6	7
4	Abwechslung (unterschiedliche Aktivitäten)	1	2	3	4	5	6	7
5	Klare Aufgaben und Perspektiven (nicht zu viel Unsicherheit)	1	2	3	4	5	6	7
6	Soziale Kontakte (ausreichender und guter Austausch mit anderen)	1	2	3	4	5	6	7
7	Geld (Bezahlung)	1	2	3	4	5	6	7
8	Angemessenes physisches Umfeld (Arbeitsbedingungen)	1	2	3	4	5	6	7
9	Anerkennung und Wertschätzung (soziale Konsequenzen und Selbstwertgefühl)	1	2	3	4	5	6	7
10	Unterstützende Kontrolle (Unterstützung bei der Durchführung der Arbeit)	1	2	3	4	5	6	7
11	Gute Aufstiegschancen (Sicherheit und Entwicklungsmöglichkeiten)	1	2	3	4	5	6	7
12	Fairness (gegenüber Mitarbeitern und anderen)	1	2	3	4	5	6	7

samtheit zu betrachten, nicht nur einzelne Tage oder eine kurze Phase. Nur so ergibt sich ein abgerundetes Bild über einen längeren Zeitraum, um das es uns hier geht.

Wenn Sie bei einem Merkmal die Antworten »eindeutig zu gering« oder »viel zu gering« ankreuzen (mit den Punktwerten 1 oder 2), sollten Sie sich darüber Gedanken machen, wie sich das ändern lässt. Bei den ersten sechs Merkmalen (den »Vitaminen«, die in hoher Dosierung schädlich sind), zeigen Werte von 6 oder 7 (»eindeutig zu stark« oder »viel zu stark«) ebenfalls Handlungsbedarf an.

In den *Kapiteln 5* und *6* wurden spezifische Teilaspekte zu einigen dieser zwölf Schlüsselmerkmale beschrieben. So umfasst zum Beispiel Merkmal Nr. 3 (Anforderungen und Ziele) spezielle Facetten, die aus dem Konflikt zwischen Arbeit und Privatleben erwachsen. Soziale Kontakte (Merkmal Nr. 6) kann man gesondert im Hinblick auf ihre Qualität und ihre Quantität betrachten. Auch lassen sich die Interaktionen zu unterschiedlichen Personengruppen (z. B. Kollegen und Kunden) getrennt voneinander betrachten. Gibt es bei bestimmten Merkmalen Teilaspekte, die Ihnen größere Schwierigkeiten bereiten? Sofern sie in die schattierten Gefahrenzonen fallen, gilt es, sich näher damit zu befassen.

Wie sieht das so entstandene »Jobprofil« aus? Gibt es Job-Merkmale, die besonderer Aufmerksamkeit bedürfen? Welche sind dies? Sind Ihre Werte besonders extrem – in einigen Fällen »viel zu« niedrig oder zu hoch (Werte 1 oder 7)? Konzentrieren Sie sich dann auf die spezifischen Teilaspekte. Stellen eventuell einige Teilaspekte (oder ein einziger Teilaspekt) das Problem besser dar als die allgemeinen Merkmale?

Schritt 3: Die eigenen Präferenzen ermitteln

Die zwölf Schlüsselmerkmale eines Jobs sind zwar für Menschen im Allgemeinen von entscheidender Bedeutung, doch in *Kapitel 8* wurde auch herausgearbeitet, dass sich unsere arbeitsbezogenen Wertvorstellungen deutlich voneinander unterscheiden können – die Frage, welche Merkmale und Aktivitäten er gegenüber anderen bevorzugt, wird jeder Mensch anders beantworten. Sehr wahrscheinlich dürften auch für Sie bzw. Ihre Mitarbeiter oder Klienten einige der zwölf Schlüsselmerkmale wichtiger sein als andere.

Fragebogen 4 auf den Seiten 142 (Was ist für Sie wichtig bei der Arbeit?) bezog sich auf diese arbeitsbezogenen Präferenzen. Wenn Sie ihn noch nicht beantwortet haben, sollten Sie das jetzt tun. Wie bei Fragebogen 5 sollten Sie auch hier an die verschiedenen Teilaspekte denken, um mehr über Ihre Arbeitssituation zu erfahren.

Weil alle zwölf Schlüsselelemente generell mit Glück und Zufriedenheit oder Unzufriedenheit verbunden sind (deshalb stehen sie auf der Liste), werden wahrscheinlich alle in gewisser Weise für Sie von Bedeutung sein. Wir müssen uns daher auf jene konzentrieren, die mehr als nur »mäßig wichtig« sind – jene mit den Werten 4, 5 und 6. Vor allem jene Job-Merkmale, denen Sie die größte Bedeutung beimessen, müssen stimmen.

Schritt 4: Arbeit und Präferenzen in Einklang bringen

Ihre Antworten in den drei Fragebögen *Arbeitszufriedenheit, Job-Merkmale* und *Job-Präferenzen* verweisen in der Gesamtbetrachtung auf zwei Grundfragen:

- Sind Sie in Ihrem Job unglücklich genug, dass Sie entschlossen sind, etwas dagegen zu unternehmen (Fragebögen 1 und 2)?
- Wenn ja, welche Aspekte der Arbeit sind für Sie besonders problematisch und zugleich sehr wichtig (Fragebogen 4)?

Bedenken Sie auch, dass für Sie vielleicht bestimmte Aspekte eines Merkmals eine besondere Rolle spielen. Wichtig ist auch, die Situation über mehrere Wochen zu beobachten. Wenn Sie sich im Augenblick besonders glücklich oder besonders unglücklich fühlen, erhalten Sie nur eine Momentaufnahme, die das Gesamtbild möglicherweise verzerrt.

Zweite Etappe: Selbstbetrachtung

Der nächste Schritt führt uns in eine andere Richtung. Wir haben bereits darauf hingewiesen, dass Glück von innen kommt und zugleich von der uns umgebenden Welt beeinflusst wird. Sie erinnern sich an den Zweizeiler, den wir in *Kapitel 8* zitiert haben:

> Glück hängt, wie die Natur zeigt,
> weniger von äußeren Dingen ab, als die meisten annehmen.

Daher gilt es auch, über die Faktoren jenseits der »äußeren Dinge« des Jobs nachzudenken. Das werden wir jetzt tun.

Schritt 5: Das Grundniveau in Sachen Glück ermitteln

Eine »innere« Quelle von Glück ist die eigene Persönlichkeit. Wie in *Kapitel 7* ausgeführt, besitzt jeder Mensch ein charakteristisches Level an allgemein eher positiven oder negativen Gefühlen der Welt gegenüber, das beeinflusst, wie wir auf Ereignisse reagieren. Diese Gefühle bleiben relativ konstant, auch bei einem Wechsel von einem Job zum nächsten. Ein grundsätzlich heiterer und zufriedener Mensch wird sich wahrscheinlich seine Fröhlichkeit in jedem Job bewahren. Das gleiche gilt natürlich für weniger froh gestimmte Menschen.

Daraus ergibt sich, dass Reaktionen auf die Arbeit nicht allein von den Job-Merkmalen bestimmt werden. Sie resultieren auch aus der allgemeinen Einstellung des Betreffenden und hängen mit dem Phänomen zusammen, dass jeder nach einer bestimmten Zeit wieder zu seinem persönlichen Grundlevel an Glück zurückkehrt. Sie müssen sich also die Frage stellen: Würde ich mich in ein paar Monaten glücklicher fühlen, wenn sich ein bestimmtes Merkmal meiner Arbeit jetzt verändern würde oder hätte ich dann vermutlich immer noch (bzw. wieder) dieselben Gefühle wie jetzt?

Diese Frage niederzuschreiben, ist ein Leichtes – sie zu beantworten, ist jedoch sehr schwer. Ein entscheidender Faktor ist dabei die Dimension der Veränderung: Etwas, das sich vom jetzigen Zustand stark unterscheidet, kann eine anhaltende Wirkung auf uns haben, der Nutzen einer kleinen oder mäßigen Verbesserung jedoch wird wahrscheinlich schnell verpuffen. Oft ist es an dieser Stelle hilfreich, an kleinere Veränderungen zu denken, die man vielleicht schon durchlaufen hat. Wie lange hat die Wirkung damals angehalten? War es lange genug, damit sich der Aufwand und die damit verbundene Mühe gelohnt haben?

Diese Frage mag ein wenig negativ und pessimistisch erscheinen: Sollen wir uns tatsächlich darum bemühen, Verbesserungen für uns und unsere Familien zu erreichen, wenn sich später sowieso wieder die vorherigen Gefühle einstellen? Die Antwort lautet: Aber sicher, das sollten wir auf jeden Fall! Worum es beim 5. Schritt jedoch auch geht, ist, *realistisch* zu bleiben. Es kann eine Alternative sein, sich mit Dingen abzufinden, die im Großen und Ganzen in Ordnung sind, mögen sie auch nicht perfekt sein – wohlwissend, dass es im Leben nun einmal selten perfekt zugeht. Man kann sich große Schwierigkeiten und viel Aufregung einhandeln, indem man die eigene Arbeitssituation zu verändern versucht, nur um anschließend festzustellen, dass eine kleinere Veränderung das eigene Glückserleben langfristig nur unwesentlich verändert.

Denken Sie also über Ihr Grundlevel nach. Waren Sie zum Beispiel in anderen Arbeitsstellen ähnlich glücklich bzw. unglücklich wie in der jetzigen Position? Sind Sie im Job ähnlich unzufrieden wie in Ihrem gesellschaftlichen Leben? Oder ist es bei dieser Arbeit anders – fühlen Sie sich im Job schlecht, obwohl Sie sonst eher ein fröhlicher Mensch sind? Letzteres könnte ein wichtiger Hinweis sein.

Engagieren Sie sich dafür, in der Arbeit glücklicher zu werden, aber erkennen sie dabei an, dass sich Ihre Gefühle langfristig wahrscheinlich nicht nachhaltig verändern werden, sofern sich in Ihrer allgemeinen Lebenssituation keine einschneidenden Veränderungen ergeben. Setzen Sie sich ehrgeizige Ziele, aber erwarten Sie keine riesige Verwandlung.

Kehren wir jetzt noch einmal zur Schlüsselfrage bei Schritt 4 zurück:

* Sind Sie in ihrem Job unglücklich genug, dass Sie entschlossen sind, etwas dagegen zu unternehmen?

Nach dem 5. Schritt wird daraus die Frage:

* Sind Sie unter Berücksichtigung der Tatsache, dass Sie nach einer gewissen Zeit immer wieder zu Ihrem Grundniveau an Glück zurückkehren, im Job unglücklich genug, dass Sie entschlossen sind, etwas dagegen zu unternehmen?

Vielleicht haben Sie das Gefühl, dass es am besten wäre, sich mit den Gegebenheiten zu arrangieren. Jede Situation ist schließlich mit gewissen Nachteilen verbunden. Dann brauchen Sie die Empfehlungen, die wir Ihnen weiter unten in Schritt 8 geben, nicht zu beachten. Doch eine Veränderung anderer Art könnte durchaus möglich und hilfreich sein – vielleicht könnten Sie Ihre typischen Denkhaltungen ändern. Damit befassen wir uns im nächsten Schritt.

Schritt 6: Denkgewohnheiten überprüfen

In *Kapitel 8* wurde dargestellt, dass Gefühle zum Teil dadurch bestimmt werden, wie man Ereignisse und Erlebnisse interpretiert und verarbeitet. Dort wurde gezeigt, dass wir uns in Gedanken ständig mit anderen Menschen vergleichen, dass wir darüber nachsinnen, wie sich die Dinge anders hätten entwickeln können, und dass wir ständig bewusst oder unbewusst einen Abgleich zwischen unseren Erwartungen und den tatsächlichen Ereignissen vornehmen – kurz: Ihre Denkhaltungen sind es, die machen manche Menschen unglücklicher machen als andere.

Man wird sich schlechter fühlen, wenn man regelmäßig an andere denkt, die es besser haben als man selbst, wenn man ständig darüber nachgrübelt, um wie viel besser alles sein könnte, wenn die Dinge doch nur eine andere Wendung genommen hätten oder wenn man mit unrealistischen, überzogenen Erwartungen an neue Situationen herangeht. Glückliche Menschen tun meist das Gegenteil – sie bemerken, dass es anderen schlechter geht, sind sich bewusst, dass sie selbst sich auch in einer noch schlechteren Situation befinden könnten, und entwickeln nur moderate (oft aber dennoch anspruchsvolle!) Zielsetzungen. So können zwei Menschen, die sich in derselben Arbeitssituation befinden, diese ganz unterschiedlich erleben – sie haben unterschiedliche Denkhaltungen und interpretieren die Welt auf unterschiedliche Weise.

Wenn Sie Ihr Glück steigern wollen, müssen Sie auch Ihre typischen Denkschemata hinterfragen. Denken Sie generell in einer Weise, die dazu führt, dass Sie weniger glücklich und zufrieden sind, als es möglich wäre? Sich selbst in dieser Hinsicht zu analysieren, ist nicht immer einfach, deshalb haben wir dazu vier Ratschläge entwickelt.

(1) Zunächst könnten Sie über ein unangenehmes Ereignis der jüngsten Vergangenheit nachdenken. Was ist Ihnen durch den Kopf gegangen, als Sie darauf reagierten? Haben Sie an die erfreulichen Dinge gedacht, die Ihnen entgangen sind oder an andere Menschen, die kein derartiges Missgeschick erlitten haben? Solche Vergleiche (in *Kapitel 8* haben wir sie als »nach oben gerichtet« bezeichnet) dienen dazu, die eigene relative Erfolglosigkeit zu unterstreichen, und bewirken sehr wahrscheinlich eine Verschlechterung der Stimmung.

(2) Eine zweite Möglichkeit wäre, sich damit zu befassen, wie man an neue Aufgaben herangeht. Haben Sie häufig hohe Erwartungen, die sich später als unrealistisch herausstellen? Natürlich ist es schwierig festzustellen, was »unrealistisch« ist und was nicht; gleichzeitig sind starke positive Erwartungen notwendig, um die eigene Motivation aufrechtzuerhalten – sie sind manchmal schlicht unverzichtbar. Doch manche geben sich in bestimmten Situationen regelmäßig hochfliegenden Hoffnungen und Erwartungen hin, die fast zwangsläufig enttäuscht werden müssen. Kein erfolgreicher Schauspieler hat gleich zu Beginn seiner Karriere ein festes, dauerhaftes Engagement erwartet, das dann umso erfreulicher war, als es sich nach einer gewissen »Durststrecke« einstellte; hätte er dies von vornherein erwartet, hätte er vielleicht gar nicht erst angefangen, weil er wohl hätte erkennen müssen, dass er zum Scheitern verurteilt ist.

Bedenken Sie, dass Erwartungen auch immer ein Stück der eigenen Persönlichkeit enthalten. Oft macht der Glaube unglücklich, man könne Ziele verwirklichen, die unrealistisch hoch gesteckt sind oder die rasche Fortschritte erfordern, die nicht erreichbar sind. Wenn Sie sich zum Beispiel unrealistischerweise vornehmen »Das schaffe ich bis Freitag«, können Sie sich selbst (und Ihren Arbeitskollegen) später eine Menge Schwierigkeiten einhandeln. Wenn Sie darüber nachdenken, inwieweit Ihre Zufriedenheit durch Sie selbst und Ihre Erlebnisse beeinflusst wird, sollten Sie auch Ihre typischen Erwartungshaltungen berücksichtigen.

(3) Der dritte Ratschlag lautet, künftig bei bestimmten Ereignissen kurz innezuhalten und den eigenen Denkprozess zu reflektieren. Welche gedanklichen Vergleiche haben Sie angestellt, mit anderen Menschen und anderen Situationen? Wie hoch waren Ihre Erwartungen und für wie realistisch schätzen Sie diese jetzt ein? Hätten andere Interpretationen, wie oben erwähnt, Ihre Zufriedenheit beeinflusst oder verändert?

(4) Viertes ist es eine gute Idee, gelegentlich die Arbeitskollegen und andere Menschen im Umfeld zu beobachten und ihnen zuzuhören: Wie denken und reagieren diese in ähnlichen Situationen? Stellen sie nach oben oder nach unten gerichtete Vergleiche an? Neigen sie aufgrund ihrer mentalen Prägung dazu, positiver zu denken als Sie?

Bei Schritt 6 geht es in erster Linie darum, sich darüber klar zu werden, auf welche Weise Ihre typischen Denkhaltungen Ihre Gefühle bestimmen. Das kann auch dann interessant sein, wenn Sie keine Veränderungsabsichten haben: Wie »ticken« Sie in dieser Hinsicht? Im Zuge dieser Selbsterkundung bietet sich auch ein erneuter Blick auf die in *Kapitel 8* behandelten Themen an.

Schritt 7: Veränderungspotenzial in Denkgewohnheiten ermitteln

Angesichts der Tatsache, dass sowohl das persönliche Grundniveau (Schritt 5) als auch unsere Denkhaltungen (Schritt 6) Glück und Zufriedenheit bzw. Unzufriedenheit beeinflussen, könnte man sich überlegen, wie man diese beiden Aspekte der eigenen Persönlichkeit verändern kann – anstatt sich um eine Veränderung der Arbeitssituation zu bemühen. Doch Vorsicht: Diese Wesenszüge sind nicht einfach zu verändern, gleichwohl werden wir bei Schritt 9 dazu einige Vorschläge entwickeln. Zunächst müssen Sie sich selbst die Frage stellen: Will oder muss ich eine Veränderung meiner Denkgewohnheiten in Angriff nehmen?

Um diese Frage zu beantworten, ist eine gewisse Skrupellosigkeit erforderlich. Die meisten Menschen verhalten sich eher zaghaft oder zögerlich, wenn sie sich ihre möglichen Grenzen bewusst machen sollen. Wir versuchen unsere Selbstachtung zu wahren, indem wir weniger erfreuliche Verhaltensweisen oder Gedanken nicht zur Kenntnis nehmen oder indem wir uns selbst gegenüber unser Verhalten zu rechtfertigen versuchen. Dieses Verhalten ist völlig natürlich, doch man muss diese mentalen Selbstschutzmechanismen durchschauen, wenn man sich der eigenen Denkhaltungen bewusst werden will. Eine Möglichkeit besteht darin, sich vorzustellen, wie andere Menschen einen sehen. (Man kann auch jemanden direkt fragen, sofern man mit einer unter Umständen wenig schmeichelhaften Antwort zurechtkommt.) Gibt es aus der Sicht eines unbeteiligten Beobachters Aspekte Ihrer Denkhaltung, die dazu führen könnten, dass Sie mehr Unzufriedenheit an den Tag legen, als eigentlich notwendig wäre? Haben andere Menschen manchmal den Eindruck, dass Sie übertrieben pessimistisch oder optimistisch sind?

Vielleicht haben Sie bei der Selbstanalyse anhand der in Schritt 6 beschriebenen Aktivitäten bereits einige Anregungen gewonnen. Haben Sie einzelne Punkte entdeckt, an denen Sie arbeiten müssen? In Schritt 7 sollten Sie diese Aspekte Ihres Verhaltens und Ihrer Denkhaltungen ermitteln, bei denen Sie etwas ändern möchten.

Dieses Thema wird häufig im Hinblick auf persönliche Verantwortung behandelt. So wie jeder Einzelne für seine körperliche Fitness zumindest zum Teil persönlich verantwortlich ist, besitzt auch jeder Einzelne eine gewisse Verantwortung für sein mentales Wohlbefinden. Ihr Wohlergehen gehört ihnen und als sein Eigentümer sollten Sie sich darum kümmern. Zweifellos sind einer aktiven Veränderung der eigenen Gefühle gewisse Grenzen gesetzt, aber oft kann man durchaus etwas tun. Es liegt auch einem selbst.

Daher ist es wichtig, sich zu überlegen, in wie weit man sich als Opfer der Umstände sieht und inwieweit man sich für das eigene Glück persönlich verantwortlich fühlt. Sie werden erkannt haben, dass wir Letzteres bevorzugen, doch die Entscheidung müssen Sie selbst treffen. Wenn Sie den Gedanken akzeptieren, dass auch Ihnen selbst eine gewisse persönliche Verantwortung zukommt, sollten Sie sich eingehend mit Veränderungsmöglichkeiten Ihres Denkens befassen. Dazu einige Vorschläge im nächsten Kapitel.

10

Umsetzen – die zwei letzten Schritte bis zum Ziel

Nun ist es an der Zeit, zur Praxis überzugehen und konkrete Umsetzungs-
schritte zu unternehmen. Im letzten Kapitel haben Sie sich mit jenen Job-
Merkmalen befasst, die Ihr arbeitsbezogenes Glück bzw. Ihre Zufriedenheit
am stärksten beeinflussen, haben Ihre Gefühle diesen Merkmalen gegenüber
herausgearbeitet und festgestellt, wie ein idealer Arbeitskontext aussehen
würde (Schritte 1 bis 4). Die Schritte 5 bis 7 sollten Ihnen bzw. Ihren Mitarbeitern und Klienten helfen, Ihre Denkgewohnheiten besser zu verstehen
und herauszufinden, inwiefern diese in Ihnen bestimmte Gefühle auslösen.
Das letzte Kapitel hat Sie vielleicht auch auf einige mögliche Ansatzpunkte für Veränderungen in Ihrem Job (Schritt 4) und in Ihren Denkhaltungen
(Schritt 7) aufmerksam gemacht.

Dritte Etappe: Überlegen, was zu tun ist

Kommen wir damit zur dritten und letzten Etappe. Zuerst möchten wir einige mögliche Aktionen untersuchen, die Sie in Ihrer Arbeitssituation durchführen können (Schritt 8) – diese zielen darauf, Ihr Glückserleben und Ihre
Zufriedenheit durch eine Veränderung der Arbeitsbedingungen zu verbessern. Dann stellen wir Ihnen einige Möglichkeiten vor, Ihre gedankliche He-
rangehensweise und Ihre Denkmuster zu modifizieren – mit dem Ziel Ihre
Zufriedenheit steigern, indem Sie weniger Ihren Job als vielmehr sich selbst
verändern (Schritt 9).

Schritt 8: Die Arbeitssituation verändern

Können Sie selbst, die Arbeitsbedingungen, von denen Sie umgeben sind, so verbessern, dass Sie sich besser fühlen? Das hängt von vielerlei Faktoren ab. Manche Leser verfügen vielleicht über genügend Entscheidungsmöglichkeiten, um die gewünschten Änderungen durchzuführen, anderen aber wird das nicht möglich sein. Allzu häufig entsprechen Aussagen wie »Ich gegen den Rest der Welt« (vor allem im Falle einer weltweiten Rezession) oder »Ich gegen ein selbstherrliches Management« (wo gebieterische Vorgesetzte jeden Veränderungsversuch im Keim ersticken) den Tatsachen.

Doch man sollte die Flinte nicht voreilig ins Korn werfen. Es lohnt sich, eine Weile darüber nachzudenken, was man gerne ändern möchte, und anschließend mögliche Wege in diese Richtung zu erkunden.

Die Schritte 1 bis 4 haben Ihnen vermutlich Erkenntnisse darüber vermittelt, bei welcher Art von Arbeit Ihre Chancen gut stehen, glücklich zu sein oder es zu werden. Wahrscheinlich würden Sie eine Arbeit bevorzugen, bei der die zwölf Job-Merkmale und deren Teilaspekte, die Sie in Fragebogen 4 als besonders wünschenswert eingestuft haben, in einem mittleren bis hohen Maß vorhanden sind.

Meist werden mehrere der gewünschten Merkmale bereits in ausreichendem Maße gegeben sein, und das Problem beschränkt sich auf einige wenige Aspekte. Diese können Sie in Ihrem gegenwärtigen Arbeitskontext zu verändern versuchen, Sie können aber auch die Arbeitsstelle wechseln. Ein Arbeitsplatzwechsel kann sich als einfach oder auch als schwierig erweisen, je nachdem, ob Sie dieses Buch mitten während einer Rezession oder in einer wirtschaftlichen Boomphase lesen. Wir gehen hier davon aus, dass ein Arbeitsplatzwechsel zumindest eine, wenn auch nicht die erste, Möglichkeit darstellt. Untersuchen wir nun getrennt, was die, die bleiben, und die, die gehen wollen, unternehmen können.

Am bisherigen Arbeitsplatz bleiben

Ein Job durchläuft im Lauf der Zeit verschiedene Entwicklungsstufen, indem Abläufe und Tätigkeiten aufeinander abgestimmt und so modifiziert werden, dass sie besser mit anderen Schnittstellen harmonisieren und den Veränderungen der (Unternehmens)umgebung gerecht werden. So hatte beispielsweise vor zehn Jahren jemand, der im Marketing beschäftigt war, noch eine recht traditionelle Aufgabenstellung; heute müssen Marketingleute in nahezu allen Branchen mit zahlreichen neuen Medien (v. a. Social Media wie Facebook, Twitter & Co.) umgehen können. Auch viele andere Berufsbilder haben sich in den vergangenen Jahren und Jahrzehnten im Zuge der IT-Revolution grundlegend verändert.

Dieser Wandel ist teilweise auf die Betroffenen selbst zurückzuführen, die ihre Tätigkeiten gemäß ihren Präferenzen in gewissem Umfang verändern. Manchmal verteilen die Mitglieder eines Teams die Aufgaben untereinander pragmatisch ihren jeweiligen Stärken entsprechend. Berufsbilder sind selten fest gefügt, sodass nach einer gewissen Zeit zwei Jobs mit derselben Bezeichnung oft nicht mehr denselben Inhalt haben.

Dieser Inhalt wird von drei Seiten bestimmt: vom Vorgesetzten, vom Stelleninhaber und von den Arbeitskollegen. Eine Veränderung führt im Idealfall dazu, dass sich für alle drei Beteiligten eine Win-Win-Situation ergibt. Neben der Person, die im Mittelpunkt steht (dem Stelleninhaber), müssen wir auch an Vorgesetzte und Kollegen denken: Werden auch sie einen Nutzen daraus ziehen, wenn sich für Sie etwas verbessert?

Überlegen Sie als erstes, welche Möglichkeiten für Sie selbst bestehen. Ein nahe liegender Ansatzpunkt wurde in *Kapitel 5* unter der Bezeichnung »Job crafting« dargestellt – informelle Veränderungen der Arbeitstätigkeiten, die Ihren Stärken und Bedürfnissen besser entgegenkommen. So kann sich ein Produktionsmitarbeiter um die Einweisung neuer Kollegen kümmern oder eine Marketing-Fachkraft kann Aufgaben bei der Terminplanung übernehmen. Richten Sie Ihr Augenmerk abermals auf jene Aspekte der Arbeit, die Ihnen weniger behagen. Wenn der Job zum Beispiel zu wenig Abwechslung bietet (Merkmal Nr. 4), könnte man nach Mitteln und Wegen suchen, die sich wiederholenden Abläufe etwas interessanter zu gestalten. Vielleicht kann man einzelne Tätigkeiten in verschiedene Abschnitte unterteilen, die dann an verschiedenen Tagen ausgeführt werden, vielleicht kann man langweilige Aufgaben durch dazwischen geschobene andere Tätigkeiten auflockern oder alltägliche Routineabläufe durch andere reizvollere Verfahrensweisen ersetzen.

Manchmal ist es vielleicht auch möglich, kurzfristig andere Aufgaben zu übernehmen, um zum einen das eigene Fachwissen besser zum Tragen zu bringen und zum anderen die eigene Gesamtzufriedenheit zu verbessern. Suchen Sie sich möglichst Tätigkeiten und Projekte, die Sie gut bewältigen können. Wenn man Möglichkeiten findet, die persönlichen Stärken besser zur Geltung zu bringen, wird man sich auch wohler fühlen – und das wird wahrscheinlich auch der Arbeitseffizienz zugute kommen. Das ist ein gewichtiges Argument für Diskussionen mit Vorgesetzten.

Bei unzureichenden sozialen Kontakten (Merkmal Nr. 6) könnten Sie sich beispielsweise Zeit reservieren, um Kollegen zu helfen oder Freizeitaktivitäten in die Wege leiten (und z. B. eine Fußballmannschaft der Abteilung auf die Beine stellen). Die Mitarbeiter der Firma Innocent Drinks, bei der unsere Interviewpartnerin Bronte Blomhoj vor ihrer Selbstständigkeit beschäftigt war (*Kapitel 4*), gründeten unter anderem eine Schlagzeug-Gruppe. Auch wenn Ihre eigenen Ideen zunächst etwas ausgefallen erscheinen mögen, vielleicht klappt es ja doch.

Setzen Sie bei allem, was Sie tun, nicht zu sehr auf einen »Big Bang«. Sinnvoller ist es, die Dinge allmählich über einen längeren Zeitraum durch Versuch und Irrtum zu verbessern. Wie oft haben Sie in Ihrer Firma schon erlebt, wie Versuche gescheitert sind, alte Gewohnheiten mit einem »neuen Besen« auszukehren, oder haben verfolgt, wie andere Unternehmen ins Schlingern gerieten, weil die Mitarbeiter der unzähligen sogenannten Innovationen überdrüssig waren? Anstatt zu versuchen, die negativen Aspekte zu korrigieren, könnten Sie sich auch auf die Pluspunkte Ihres Jobs konzentrieren. Wie lassen sich einige davon noch besser nutzen?

Maßnahmen des Job crafting werden manchmal auch in den »MPS-Prozess« einbezogen, den der an der Harvard-Universität lehrende Psychologe Tal Ben-Shahar entwickelt hat (vgl. *Kapitel 3*). MPS steht für »Meaning« (Sinn), »Pleasure« (Freude) und »Strengths« (Stärken). Ben-Shahar empfiehlt, drei Fragen zu stellen:

1. »Woraus beziehe ich den Sinn meiner Arbeit? Anders gesagt: Was gibt mir das Gefühl, dass ich etwas Sinnvolles tue?«,
2. »Was macht mir Freude? Anders gesagt: Was tue ich gern?« und
3. »Worin bestehen meine Stärken? Anders gesagt: Worin bin ich besonders gut?«[1]

Um bei der Arbeit und in anderen Lebensbereichen Glück und Zufriedenheit zu erlangen, sollten wir nach Ben-Shahars Ansicht über die mit »Freude« verbundenen Aspekte (die uns Spaß bereiten) hinausgreifen und in allen drei Bereichen eine Optimierung anstreben. Können Sie Bereiche nennen, in denen Sie sich das »Sinn vermittelnde« Potenzial Ihres Jobs zunutze machen und Ihre Stärken besser einbringen könnten?

Im Hinblick auf Letzteres spricht Professor Martin Seligman von der Universität Pennsylvania von 24 »Signaturstärken« – den persönlichen Stärken

---

1   Tal Ben-Shahar, *Happier,* New York 2007, S. 109. Ähnliche Konzepte, die der »Positiven Psychologie« zuzuordnen sind, wurden in *Kapitel 3* vorgestellt und werden hier in *Kapitel 10* etwas ausführlicher behandelt.

eines Menschen. Dazu gehören die Lust am Lernen, Originalität, soziale und emotionale Intelligenz, Beharrlichkeit und »Leadership«. Weitere Beispiele finden sich auf der Internetseite www.authentichappiness.org. Da uns Tätigkeiten, die auf Signaturstärken beruhen, positive Empfindungen verschaffen, lohnt es den Versuch, in einer Arbeitssituation kleine, informelle Veränderungen herbeizuführen, um so eine Möglichkeit zu finden, einige dieser Stärken besser als bislang nutzen zu können.

Unabhängig davon, ob man sich nur auf »Freude« konzentriert oder auch die Bereiche »Sinn« und »Stärken« abzudecken versucht, ist es die Mühe wert, einige Ideen des Job crafting auszuprobieren. Vielleicht haben Sie mehr informellen Einfluss, als Ihnen bewusst ist, und können daher Ihre Tätigkeiten ohne großes Aufheben besser Ihren Bedürfnissen anpassen? Doch der Versuch, eine Arbeitssituation zu verändern, hat gewisse Ähnlichkeiten mit dem Abnehmen – es braucht Zeit. Überstürzen Sie nichts. Häufig ist es besser, in kleinen Schritten voranzugehen, statt gleich zum großen Sprung anzusetzen. Ihre Vorgesetzten oder Kunden akzeptieren wahrscheinlich schneller kleinere Innovationen, die nicht als riskant oder problematisch erscheinen, aber am Ende doch zu einer nachhaltigeren Veränderung führen.

Solche persönlichen Modifikationen können am ehesten Manager und leitende Mitarbeiter durchführen, von denen eine gewisse Flexibilität erwartet wird. In ihren Einstellungsgesprächen wurden ihnen zum Teil bereits bevorzugte Tätigkeiten zugewiesen oder bestimmte Arbeitszeiten oder Arbeitsorte vereinbart. Solche persönliche Absprachen sind natürlich eine tolle Sache, sie können aber die Vergleichbarkeit mit den Arbeitskollegen erschweren, für die andere Bedingungen gelten.

Professor Denise Rousseau von der Carnegie Mellon University in Pittsburgh, USA, hat sogenannte »idiosynkratische Deals« oder abgekürzt »I-Deals« untersucht.[2] Viele Beschäftigte befinden sich nicht in der Position, um mit ihren Arbeitgebern spezielle Arbeitsbedingungen auszuhandeln, doch wir sind überzeugt, dass die meisten Mitarbeiter eines Unternehmens mehr Spielraum zur Gestaltung ihres Arbeitsumfelds oder ihrer Arbeitsbedingungen haben, als ihnen bewusst ist.

Professor Rousseau betont, dass es wichtig ist, die Grundlagen zu schaffen, indem man die zur Verfügung stehenden Möglichkeiten prüft, sich im eigenen und in anderen Unternehmen umsieht (sich eine »Benchmark« zu

---

2   Denise M. Rousseau, *I-deals: Ideosynkratic deals employees bargain for themselves,* New York 2005.

wählen, wäre vielleicht eine etwas überzogene Beschreibung, aber es zielt in diese Richtung), und sich um Unterstützung durch Kollegen zu bemühen. Letzteres ist eine allgemeine Empfehlung: Bei vielen in diesem Kapitel vorgeschlagenen Aktivitäten gilt: Sie sind nicht allein – informieren Sie sich also über die Ansichten und die Präferenzen der anderen.

Sinnvoll kann es auch sein, sich mit einigen »Selbsthilfe«-Ansätzen zu befassen, die in der einschlägigen Literatur und im Internet zu finden sind. In erster Linie sind hierbei Vorschläge zur Verbesserung des Zeitmanagements zu nennen, mit deren Hilfe Sie Ihre Ziele besser erreichen und zugleich Gefühle der Überforderung vermeiden oder abbauen können. Einige dieser Maßnahmen können Ihnen zum Beispiel dabei helfen, Aufgabenlisten zu erstellen, Prioritäten klarer herauszuarbeiten und die Aufgaben nach ihrer Wichtigkeit zu ordnen. Derartige Verbesserungen können nicht nur die Belastungen vermindern, die aus einer Arbeitssituation erwachsen können, sondern auch Arbeitszufriedenheit vermitteln, wenn man die Aufgaben erfolgreich bewältigt. Weitere Selbsthilfe-Ratschläge beziehen sich auf den Umgang mit den eigenen Gefühlen und Empfindungen, wenn man in einer gegebenen Arbeitssituation bleiben möchte. Damit werden wir uns in Schritt 9 beschäftigen.

Bis hierher haben wir uns mit dem möglichen Nutzen, den Veränderungen am Arbeitsplatz für Sie selbst nach sich ziehen, befasst. Nun stellt sich die Frage, welche Vorteile es einer Organisation insgesamt bietet, wenn die Aufgaben besser auf die Bedürfnisse oder Wünsche der Mitarbeiter zugeschnitten werden. Um es ganz klar zu sagen: Wir empfehlen hier keinesfalls eigenmächtiges Vorgehen, Regelverstöße oder andere Maßnahmen, die gegen den Arbeitgeber gerichtet sind. Untersuchungen haben jedoch ergeben, dass Verbesserungen des Arbeitsinhalts zu einem stärkeren Engagement der Mitarbeiter für das Unternehmen führen können, was sich letztlich für beide Seiten auszahlt. So betrachtet kann informelles Job crafting daher gleichermaßen die Effizienz und die Profitabilität eines Unternehmens steigern und das Wohlbefinden der Mitarbeiter erhöhen.

Man muss allerdings aufpassen, dass diese Veränderungen nicht zu Lasten der Arbeitskollegen gehen. Was für Sie persönlich gut ist, ist vielleicht für einige Kollegen weniger erfreulich. Können Sie sich mit Ihren Kollegen auf ein Arrangement verständigen, das allen hilft? Nehmen Sie sich Zeit, überlegen Sie dies sorgfältig, denn durch eine Veränderung Ihrer Arbeitsaufgaben soll bei den anderen ja nicht der Eindruck entstehen, Sie würden glauben, diese seien ihrer Arbeit nicht voll gewachsen.

Hierzu einige Vorschläge. Konzentrieren Sie sich auf jene Merkmale in

Fragebogen 5 (Seite 151), die sich bei Ihnen in der Gefahrenzone befinden, und überlegen Sie, wie Ihre Arbeitskollegen darüber denken. Können Sie diesbezüglich untereinander etwas verändern oder neu gestalten? Vielleicht wäre ein informeller Arbeitsplatzwechsel möglich, sodass die Kollegen zwischen verschiedenen Bereichen wechseln, um hin und wieder etwas mehr Abwechslung in ihre Arbeit zu bringen? Oder vielleicht lassen sich bestimmte Aufgaben zwischen den Kollegen tauschen, sodass diese ihre individuellen Vorlieben und Begabungen besser einfließen lassen können?

Uns ist klar, dass dies manchen Lesern unrealistisch erscheinen mag, da ihre Arbeitssituation keine derartigen Möglichkeiten bietet oder ihre Kollegen nicht für solche Ideen zu begeistern sind. Dennoch: Machen Sie sich die Mühe und denken Sie darüber nach. Gehen Sie die zwölf Schlüsselmerkmale noch einmal durch und überlegen Sie: Welche Veränderungen, die allen Beteiligten nützen, wären hier grundsätzlich möglich?

Eine Veränderung oder Neugestaltung einer Arbeitssituation muss in vielen Fällen in Absprache und mit Billigung des Managements oder der Vorgesetzten erfolgen. Nur sie verfügen über die Autorität, um diese Veränderungen durchzusetzen, und können auch deren Auswirkungen in Verbindung mit den Tätigkeitsbereichen der übrigen Mitarbeiter besser überblicken. Das Management wird notwendigerweise auch an die Kosten und an potenzielle negative Auswirkungen in anderen Bereichen der Organisation denken. Wenn beispielsweise einzelnen Mitarbeitern ein größerer persönlicher Einfluss (Merkmal Nr. 1) eingeräumt wird, bedeutet dies häufig, dass die Einflussmöglichkeiten anderer beschnitten werden müssen. Die Verlierer (Abteilungsleiter oder unmittelbare Vorgesetzte zum Beispiel) werden dann nicht nur unzufrieden sein, sondern sich vielleicht auch in ihrer Effektivität beeinträchtigt bzw. in ihrer Handlungsfreiheit eingeschränkt sehen (Vielleicht sollte man ihnen zum Ausgleich neue zusätzliche Aufgaben übertragen. Denken Sie darüber nach, inwieweit dies möglich ist.)

Während kleinere Veränderungen von einzelnen Mitarbeitern ausgehen können, verlangen komplexere Modifikationen ein koordiniertes Vorgehen unter der Leitung des Managements. Zum Beispiel können Arbeitsabläufe abteilungsübergreifend neu ausgerichtet werden und Maßnahmen zur Fortbildung und Weiterqualifikation bedürfen oft der Unterstützung aus anderen Unternehmensbereichen, damit zusätzliche Fachkenntnisse genutzt werden können.

Das mindeste, was ein Mitarbeiter unternehmen kann, ist, das Gespräch mit Vorgesetzten zu suchen, um den Inhalt seiner Arbeit zu thematisieren und diesbezügliche Verbesserungsvorschläge einzubringen. Es ist sehr bedauerlich und in der Regel kontraproduktiv, dass manche Führungskräfte mit ihren Mitarbeitern niemals über mögliche Veränderungen diskutieren, die dem Unternehmen insgesamt zugute kommen könnten.

Viele Führungskräfte sind so stark beschäftigt, dass sie nicht die Zeit finden, sich darüber Gedanken zu machen, wie sich ihre Entscheidungen auf das Wohlergehen ihrer Mitarbeiter auswirken. Andere haben vielleicht bereits über einige der in diesem Buch angeschnittenen Themen nachgedacht, sehen aber keine Notwendigkeit, Änderungen des Arbeitsumfelds zum Zwecke der Steigerung der Mitarbeiterzufriedenheit herbeizuführen – vor allen wenn in schwierigen Zeiten andere Fragen vordringlich erscheinen. Uns ist bewusst: Wenn auf kurze Sicht das Überleben eines Unternehmens auf dem Spiel steht, muss dieser Problematik eindeutig Vorrang eingeräumt werden. Doch man darf auch die langfristige Perspektive nicht vernachlässigen, und in dieser Hinsicht kommt dem Wohlergehen der Mitarbeiter größte Bedeutung zu.

Das wird vor allem dann offenkundig, wenn Veränderungen nicht nur zu gesteigerter Arbeitszufriedenheit, sondern auch zu Effizienzverbesserungen und mehr wirtschaftlichem Erfolg führen. Wie wir in *Kapitel 3* bereits erwähnt haben, ist es manchmal sinnvoll, von »Arbeitsmoral« statt von »Glück« oder »Zufriedenheit« zu sprechen. Eine gute Arbeitsmoral ist eine Form von Glück, die mit erfolgreicher und effizienter Arbeit verbunden ist.

Doch auch unter guten konjunkturellen Bedingungen lässt eine generelle Besorgnis manche Führungskräfte zögern: Wenn über die Anliegen der Mitarbeiter offen diskutiert wird, werden vom Management entsprechende Maßnahmen erwartet, die jedoch möglicherweise zu Unruhe und Schwierigkeiten im Unternehmen führen – man fürchtet, dadurch würde gewissermaßen die Büchse der Pandora geöffnet. Das ist eine verständliche Sorge, und wie man darauf reagieren könnte, wurde am Ende des vorhergehenden Abschnitts dargestellt – betrachten Sie diese Thematik unter dem Aspekt der Arbeitsmoral und deren Verbesserung.

Am besten ist es, Diskussionen über Arbeitszufriedenheit und/oder -moral unter der Annahme klar umrissener finanzieller Spielräume zu führen, so dass sichergestellt ist, dass das gegenwärtige Produktivitätsniveau aufrechterhalten wird, wenn nicht sogar gute Möglichkeiten zu dessen Steigerung bestehen. Wir möchten noch einmal darauf hinweisen, dass sich Mitarbeiterzufriedenheit und Arbeitsleistung durchaus vereinen lassen, daher erwarten wir, dass solche Diskussionen ihren Niederschlag finden und zu Produktivitätssteigerungen führen werden. (Zudem kommt hier die Frage der Rekrutierung und Bindung von Mitarbeitern ins Spiel; Untersuchungen haben gezeigt, dass eine geringe Arbeitszufriedenheit die Mitarbeiterfluktuation und die damit verbundenen beträchtlichen Schwierigkeiten, Ineffizienzen und Kosten erhöht.) Als Führungskraft sollten Sie diesen Zusammenhang zwischen Arbeitsmoral und Produktivität im Blick behalten und entsprechende Maßnahmen in kleinen, überschaubaren Schritten, z. B. zunächst mit einer kleinen Mitarbeitergruppe, in die Wege leiten.

Nicht nur durch diese Diskussionen können Führungskräfte das Wohlbefinden ihrer Mitarbeiter fördern, sondern auch dadurch, dass sie deren Glück als einen wichtigen Faktor in ihre strategischen und taktischen Entscheidungen einbeziehen. Wir hoffen, dass viele Führungskräfte in einflussreichen Positionen sich der Frage annehmen, wie sich die zwölf Schlüsselmerkmale in ihrer Organisation (oder in ihrem jeweiligen Zuständigkeitsbereich) darstellen, und sowohl in allgemeiner Hinsicht wie auch in Bezug auf konkrete Mitarbeiter nach Verbesserungsmöglichkeiten suchen: Wie steht es im Unternehmen insgesamt mit der Arbeitsmoral (oder in der Abteilung etc.), wie viel Aufmerksamkeit wird jenen Fragen gewidmet, die in den *Kapiteln 5* und *6* angesprochen werden, und sollte man einige Abläufe verändern, um sich stärker auf die Arbeitsmoral und deren Ursachen zu fokussieren? Wie wir mehrmals ausgeführt haben, kann sich ein verbessertes Wohlbefinden der Mitarbeiter für das Unternehmen auch in finanzieller Hinsicht auszahlen, ist aber zugleich in gewisser Weise – aus Aspekten der Humanität – ein Selbstzweck.

Darüber hinaus sollte das Kriterium »Mitarbeiterzufriedenheit« auch in die diversen Planungsprozesse, die in einer Organisation ablaufen, einbezogen werden – insbesondere im Hinblick auf die technische Ausstattung der Arbeitsplätze und die Arbeitsabläufe. Kosten-Nutzen-Analysen zu unterschiedlichen Systemoptionen (z. B. bei der Anschaffung von Maschinen, Software o. Ä.) beschränken sich gewöhnlich auf finanzielle Erwägungen. Diesem Aspekt kommt zweifellos eine herausragende Bedeutung im Beschaffungsprozess zu, gleichwohl ist es aber auch notwendig, die Auswirkungen der verschiedenen Optionen auf die Arbeitssituation der Mitarbeiter zu berücksichtigen. Tätigkeiten, die durch eine bestimmte Designentscheidung erforderlich werden, können unbeabsichtigte Folgewirkungen auf die Produktivität und das Glück bzw. die Arbeitsmoral der Mitarbeiter nach sich ziehen. Daher müssen bei der Planung der technischen Ausstattung oder der Einführung neuer Systeme die Auswirkungen auf den Arbeitsinhalt der betroffenen Mitarbeiter ebenso berücksichtigt werden wie die finanziellen Aspekte. Vielleicht könnten Sie diese breitere Planungsperspektive einmal probeweise umzusetzen versuchen, am besten ebenfalls zunächst in kleinen Schritten?

Die weite Verbreitung von IT und computergestützten Kommunikations-
systemen hat viele Führungskräfte dazu verleitet, dem Wohlergehen ihrer
Mitarbeiter in diesen Bereichen nicht mehr so viel Aufmerksamkeit zu schenken. Man kann sich leicht blenden lassen durch technisches Fachwissen,
hervorragendes Equipment und scheinbar grenzenlose Möglichkeiten der
eingesetzten Systeme, sodass die Mitarbeiter, die diese Technik täglich nutzen, in Entscheidungen über eine neue technische Infrastruktur, über neue
Programme oder entsprechende Installationsprozesse nicht mehr einbezogen werden. Die Meinungen der Nutzer werden nur noch selten eingeholt,
obwohl sie doch die einzigen sind, die ein System in der Praxis kennen – und
nicht nur in der Theorie. Ein wichtiger Hebel für Manager, das Glück vieler
Mitarbeiter als auch die allgemeine Effizienz ihrer Organisation/ihrer Abteilung zu verbessern, liegt darin, auf Systemdesigns zu bestehen, die gleichermaßen auf den Menschen ausgerichtet wie auf die Technologie fokussiert
sind. Dabei wird häufig deutlich werden, dass größere und komplexere Systeme nicht unbedingt die besseren sind.

Denken Sie einmal darüber nach, wie oft Sie Mitarbeiter von Firmen, bei
denen Sie Kunde sind, über ihr neues Computersystem haben klagen hören
oder erlebt haben, dass deren Leistung zu wünschen übrig ließ, weil sie in
ein neues System noch nicht angemessen eingearbeitet worden waren. Ihre
Kundenbetreuer sind dabei ebenso unglücklich wie Sie als Kunde, wenn sie
Ihre Arbeit nicht gut bewältigen können. Bei der Konzeption neuer Infor-
mationssysteme und neuer Arbeitsinhalte sollte man daher stets auch die
Meinungen und Bedürfnisse der Nutzer berücksichtigen.

Führungskräfte auf der unteren und mittleren Ebene fühlen sich häufig durch bestimmte Abläufe und Erwartungen des Unternehmens eingeschränkt. Daher kommt es letztlich auf das Topmanagement an. Initiativen
leitender Manager sind von entscheidender Bedeutung: Sie nehmen eine
Vorbildfunktion für die Mitarbeiter ein und sorgen dafür, dass Veränderungs-
prozesse im Rahmen des hier dargestellten Bezugssystems auch tatsächlich
in die Wege geleitet und umgesetzt werden.

Klar umgrenzte Handlungsmöglichkeiten für Manager ergeben sich natürlich aus Job-Merkmal Nr. 10: der Unterstützung durch Vorgesetzte. Wir möchten abermals betonen, dass dies gleichermaßen im Hinblick auf die Effizienz
wie auf das Glück von Mitarbeitern von Bedeutung ist. Wie lässt sich in Ihrem
Unternehmen dieses Merkmal verbessern? Wissen Sie, wie sich der Manage-
mentstil der Führungskräfte auf den unteren Ebenen auf das Wohlbefinden
ihrer Mitarbeiter oder Untergebenen auswirkt? Handeln sie fair und überlegt,
haben sie ein verbindliches Auftreten und sind sie pflichtbewusst und leis-

tungsorientiert? Gibt es Anzeichen, dass sich manche Führungskräfte gelegentlich dazu verleiten lassen, Mitarbeiter zu schikanieren? Was können Sie in problematischen Fällen unternehmen? An welcher Stelle in der Organisation gibt es die »Best Practices« im Hinblick auf Unterstützung durch Vorgesetzte, und wie kann man sich dies zunutze machen? Wie bei den übrigen Elementen gibt es auch hier oft keine einfachen Antworten, doch wenn Sie wie wir überzeugt sind, dass das Glück Ihrer Mitarbeiter (oder die »Arbeitsmoral«, falls Sie diese Bezeichnung bevorzugen) von entscheidender Bedeutung ist, dann müssen diese Fragen auf die Tagesordnung gesetzt werden.

Zeit für einen Wechsel?

Auf den vorhergehenden Seiten haben wir verschiedene Möglichkeiten zur Veränderung einer *bestehenden* Arbeitssituation erörtert. Hierbei sind wir davon ausgegangen, dass man am bisherigen Arbeitsplatz bleiben möchte. Manchmal allerdings ist die Kluft zwischen den Wünschen und den Gegebenheiten so groß und die Wahrscheinlichkeit, dass sich diese Kluft verkleinern lässt, so gering, dass es sinnvoll erscheint, sich nach einer *neuen* Arbeitsstelle umzusehen. Nachfolgend befassen wir uns mit dieser Option, wobei uns bewusst ist, dass die Praktikabilität dieser Option maßgeblich von der Situation auf dem Arbeitsmarkt abhängt. In konjunkturell schwierigen Zeiten sind die Chancen für einen Jobwechsel stark begrenzt. (Doch man kann auch bereits im Vorgriff auf einen Wirtschaftsaufschwung entsprechende Vorbereitungen – z. B. Weiterbildung – anstellen.)

In der Ratgeberliteratur und auf vielen einschlägigen Internetseiten finden sich detaillierte Empfehlungen zur Jobsuche und zur Karriereplanung. Sehen Sie sich dort ruhig ein bisschen um. Doch Vorsicht: Viele dieser Internetseiten dienen Rekrutierungszwecken, und ihre Betreiber erhalten eine Vergütung, wenn sie Ihnen erfolgreich eine neue Arbeitsstelle vermitteln. Dagegen ist nichts einzuwenden, wenn Sie genau wissen, was Sie wollen, aber wenn Sie allgemeine Unterstützung oder Beratung suchen, sollten Sie sich lieber an Anbieter halten, die keine eigennützigen Interessen verfolgen.

Ein Buch, in dem es hauptsächlich um die Einflussfaktoren geht, die für Arbeitszufriedenheit maßgeblich sind, muss natürlich auch auf den Arbeitsplatzwechsel eingehen. Zunächst ist es völlig natürlich, dass Sie manchmal den Wunsch nach einem Wechsel verspüren, denn Sie selbst wie auch Ihr Arbeitsplatz verändern sich im Lauf der Zeit. Andererseits ist auch Realismus gefragt: Oft gibt es keine unmittelbare Alternative, vor allem wenn sich die konjunkturelle Lage verschlechtert. Dann muss man sprichwörtlich »das Beste aus einem schlechten Job machen« und in der bestehenden Arbeitssituation einige Veränderungen durchzuführen versuchen, wie wir sie weiter vorne in diesem Kapitel beschrieben haben. Zudem sind die Chancen auf einen erfolgreichen Arbeitsplatzwechsel besser, wenn man sich gründlich darauf vorbereitet.

Oft ist es wichtig, die kurzfristige Sichtweise abzulegen und sich auf mögliche längerfristige Entwicklungschancen und vielleicht auch auf den Erwerb zusätzlicher Qualifikationen zu konzentrieren, die sich in der Zukunft als hilfreich erweisen könnten. Das bedeutet, sich in unterschiedlichen Berufsbereichen umzusehen und zu prüfen, welche Erfahrungen und Fertigkeiten dort benötigt werden, mit Menschen zu reden, die bereits auf diesen Feldern arbeiten, sich einen Überblick zu verschaffen über Weiterbildungskurse oder Fernlehrgänge und vielleicht auch mit dem bisherigen Arbeitgeber über mögliche Maßnahmen zu sprechen. Bei der Recherche für sein Buch *Britain's top employers* wurde Co-Autor Guy Clapperton auf eine Mitarbeiterin der Firma Pret A Manger aufmerksam, der von ihrem Unternehmen die Teilnahme an einem Fortbildungskurs an einer Lehrerbildungseinrichtung bezahlt wurde. Nach dem Kurs gab sie ihre Stelle auf, war jedoch motivierter als zuvor – und empfiehlt diese Firma nun jedem, der im Einzelhandel arbeiten möchte.

Die im letzten Kapitel beschriebenen Maßnahmen können Ihnen helfen, ihr Ziel präziser zu definieren. In dieser Hinsicht ist insbesondere Klarheit über die eigenen arbeitsbezogenen Wertvorstellungen notwendig – Sie müssen wissen, wie wichtig Ihnen bestimmte Aspekte eines Berufs sind (siehe dazu Fragebogen 4, Seite 142). Auch der weiter oben in diesem Kapitel dargestellte »MPS-Prozess« kann hierbei hilfreich sein – man bewertet alternative Arbeitsstellen hinsichtlich ihrer möglichen »Bedeutung« und der »Freude«, die sie vermitteln könnten und prüft, inwieweit sie Raum für den Einsatz eigener »Stärken« geben. Versuchen Sie zu benennen, wie ein Job beschaffen sein müsste, damit er Ihnen diesbezüglich Befriedigung verschafft. Und denken Sie in einem größeren Rahmen. Diese neue Arbeit könnte sich vielleicht von Ihrer gegenwärtigen deutlich unterscheiden.

Dieser Aspekt wurde auch in dem renommierten Werk *What colour is your parachute* von Richard Bolles anschaulich herausgearbeitet, dessen erste Auflage 1970 erschien und das seither regelmäßig aktualisiert wurde.[3] (Die Aus-

---

3   Richard N. Bolles, *What colour is your parachute?*, Berkeley 2009 (Dt. Ausgabe: *Durchstarten zum Traumjob*, Frankfurt/Main, 9. Auflage 2009). Auf einer damit verbundenen Internetseite finden sich zahlreiche Empfehlungen und Links, wir möchten allerdings vor dem Teil über Persönlichkeitstests warnen, denn hier sind viele wissenschaftlich unakzeptable Aussagen und Vorschläge enthalten: www.jobhuntersbible.com.

gabe von 2009 trägt den Untertitel »Job-hunting in hard times«.) Eine Überschneidung mit dem in unserem Buch entwickelten Bezugssystem zeigt sich insbesondere in der großen Bedeutung, die Richard Bolles den »transferable skills«, den übertragbaren Fertigkeiten der Menschen beimisst, die Bolles als »die Grundbausteine Ihrer Arbeit« bezeichnet (Seite 210).

Bolles bezieht sich auf die von dem Psychologen Sidney Fine stammende Zusammenstellung von Fertigkeiten, die bei der Arbeit mit »Daten«, »Menschen« und »Dingen« erforderlich sind, und entwickelt einen 100 Punkte umfassenden Fragebogen über verschiedene Fertigkeiten, die mit unterschiedlichen Arbeitssituationen verbunden sind. Wie wir mehrfach betont haben, ist es wichtig, sich in Bezug auf die im vorliegenden Buch behandelten Bereiche selbst zu kennen – im Hinblick auf die eigenen arbeitsbezogenen Wertvorstellungen, die Quellen der persönlichen Sinnstiftung und die eigenen Stärken. Ebenso sollte man Bescheid wissen über die eher praktischen Aspekte eines Jobs, wie beispielsweise die geographische Region, in der die Arbeitsstelle liegt, das Lohnniveau, die Arbeitszeiten und dergleichen.

Schließlich dürfen wir auch die Aktivitäten außerhalb der Arbeit nicht vergessen. Was Sie in der Freizeit tun, hat ebenfalls maßgeblichen Einfluss auf Ihr Glück bzw. Ihre Unzufriedenheit. Falls sie gerade in einer miserablen Job-Situation feststecken, die sich scheinbar auch nicht verändern lässt oder falls Ihre Arbeit attraktive und negative Merkmale zugleich aufweist: Vielleicht gelingt es Ihnen, Ihr allgemeines Wohlbefinden schon allein dadurch erheblich zu steigern, indem Sie nicht arbeitsbezogene Aspekte des Lebens stärker in den Vordergrund rücken.

Das kann über eine Veränderung der relativen Gewichtung erfolgen: Stufen Sie die persönliche Bedeutung Ihrer Arbeit herab (engagieren Sie sich nicht mehr so stark, reduzieren Sie Ihre Erwartungen, legen Sie weniger Ehrgeiz an den Tag usw.) und schenken Sie stattdessen der Familie und Freizeitaktivitäten mehr Aufmerksamkeit. Dies kann man auch unter dem Gesichtspunkt einer Balance zwischen Arbeit und Privatleben (Work-Life-Balance) betrachten; manchmal lassen sich Verbesserungen nur dann herbeiführen, wenn man in einem der beiden Bereiche kürzer tritt – man kann schließlich nicht alles schaffen. (Einfach weniger arbeiten, das ist oft leichter gesagt als getan, wenn man beispielsweise eine Familie zu versorgen hat.)

Manche Menschen betrachten einen ungeliebten Job als ein notwendiges Übel und stürzen sich dafür voller Energie in andere Aktivitäten. Anderen dient ein bestimmtes Merkmal ihrer Arbeit als Ausgleich für deren unerfreuliche Seiten – man denke beispielsweise an Schauspieler, die in Werbespots mitwirken (oder in seichten Unterhaltungsfilmen, wenn sie bereits einen etwas höheren Bekanntheitsgrad erreicht haben), um sich weiterhin schlecht bezahlte, aber in hohem Maße befriedigende Theaterauftritte leisten oder anspruchsvolle Rollen in unabhängigen Produktionen übernehmen zu können, die ihnen besonders am Herzen liegen. Überlegen Sie, ob ein derartiger Kompromiss auch für Sie akzeptabel wäre.

Mit dem in diesem Buch aufgestellten Bezugsrahmen kann man auch mögliche Aktivitäten außerhalb der Arbeit betrachten und dabei herausfinden, welche Defizite bestehen und welche Ziele man anstreben könnte. Die meisten der zwölf Job-Merkmale spielen auch in anderen Lebensbereichen eine wichtige Rolle. In *Kapitel 4* haben wir diese als die »Wichtigen Neun« bezeichnet. Sie bilden die Grundlage für unser Glück im Allgemeinen wie auch die Arbeitszufriedenheit im Besonderen. Es kann hilfreich sein, die Schritte 2 und 3 (beschrieben in *Kapitel 9*) auf das Leben insgesamt zu beziehen – indem Sie Ihre globale Lebenssituation im Hinblick auf die Merkmale Nr. 1 bis 9 (Schritt 2) überprüfen und ermitteln, wie wichtig Ihnen bestimmte Merkmale sind (Schritt 3). Danach könnten Sie versuchen, Ihr nichtarbeitsbezogenes Glück und Wohlergehen zu verbessern, indem Sie vor allem jene Aspekte Ihres Lebens anvisieren, die Sie besonders schätzen, die jedoch im Augenblick nur gering ausgeprägt sind. Wenn Sie zugleich die Bedeutung reduzieren, die Sie der Arbeit beimessen, besteht eine gute Chance, dass sich Ihre allgemeine Zufriedenheit verbessert.

Schritt 9: Die eigene Sichtweise verändern

Wir haben gezeigt, dass Glück aus dem Menschen selbst wie auch aus seinem Umfeld erwächst. Daher ist es letztendlich wichtig, die eigene Sichtweise und typische Denkhaltungen zu überprüfen, was im vorhergehenden Kapitel unter den Schritten 5 und 6 zusammengefasst wurde. Können Sie irgendetwas tun, um Ihre Sicht auf die Welt zu verändern, wenn Sie schon die Welt selbst nicht verändern können?

Die in *Kapitel 7* dargestellten Persönlichkeitsfaktoren, die den größten Einfluss auf unser Glück haben, sind emotionale Stabilität (an anderer Stelle auch als gering ausgeprägter Neurotizismus bezeichnet), Extraversion und Gewissenhaftigkeit. Es ist nicht einfach, fest gefügte Persönlichkeitsmerkmale zu verändern, doch man kann zumindest versuchen, einige der Verhaltensweisen und Denkgewohnheiten zu modifizieren, die ihnen zugrunde liegen. Alle Persönlichkeitszüge sind mit bestimmten gewohnheitsmäßigen Handlungen verbunden. So verbringen Menschen mit einem hohen Grad an Neurotizismus immer wieder viel Zeit damit, nach Problemen zu suchen und über mögliche Gründe und Lösungen dafür nachzugrübeln. Oft machen sie auch unberechtigterweise sich selbst verantwortlich, wenn etwas schief läuft.

Es ist nicht leicht, das wissen wir, aber wenn Sie zu diesem Menschentypus gehören, sollten Sie versuchen, negative Gedanken zu unterbinden, sobald sie auftauchen. Noch besser wäre es zu versuchen, sie durch positive Gedanken zu ersetzen. Da mag zwar ein Projekt schief gelaufen sein, aber auf frühere Fehlschläge folgten doch immer positive Entwicklungen, und Sie sind in Ihrem Job auch nicht schlechter als andere! Versuchen Sie generell, negative Gedanken in andere Kanäle zu leiten, zum Beispiel indem Sie die Dinge bereitwilliger akzeptieren, ohne allzu lange darüber nachzudenken. Können Sie einige schädliche Denkweisen ermitteln, die Sie ein kleines bisschen verändern könnten? Suchen Sie darüber hinaus nach optimistischeren Gedanken, die für Sie von persönlicher Bedeutung sind.

Einer stark neurotisch geprägten Persönlichkeit (vgl. Seite 119) wird es schwer fallen, sich grundsätzlich zu ändern, doch auch Menschen mit diesem Persönlichkeitszug sind in der Lage, bestimmte Verhaltensweisen und Gedanken zu modifizieren. Dasselbe gilt auch für die Persönlichkeitsmerkmale Gewissenhaftigkeit und Extraversion. Sich selbst neue Ziele zu setzen (eine typische Verhaltensweise, die mit dem Persönlichkeitsfaktor Gewissenhaftigkeit verbunden ist), lenkt nicht nur von negativen Gedanken ab (weil man mit etwas beschäftigt ist), sondern kann auch erfreuliche Ergebnisse nach sich ziehen. Mehr zusammen mit anderen Menschen zu unternehmen (ein Aspekt von Extrovertiertheit), führt wiederum zu einer Verminderung von Unzufriedenheit. (Den Anfang zu machen, ist oft schwierig, doch Untersuchungen haben bestätigt, dass schon der Versuch allein die Mühe wert ist.) Wenn Ihr Gefühl von Unglücklichsein zum Teil in persönlichen Charakterzügen wurzelt, sollten Sie sich die Frage stellen, ob es bestimmte Verhaltensweisen oder Denkmuster gibt, die Sie verändern oder leichter in Gang setzen könnten. Eine neue Situation mag zunächst Beklemmung oder Ängste auslösen, aber es besteht eine gute Chance, dass sich die Beharrlichkeit am Ende auszahlt.

Persönlichkeitsmerkmale beeinflussen unser Glück auch unter dem Gesichtspunkt der »Eignung« für einen bestimmten Job. Ein sehr extrovertierter Mensch beispielsweise wird sich unglücklich fühlen an einem Arbeitsplatz, an dem er alleine für sich arbeitet und keinen Austausch mit anderen Menschen hat. So äußerte zum Beispiel ein Verkaufsmitarbeiter, der sich zum Grafikdesigner umschulen ließ: »Mein Talent liegt auf der kreativen Seite. Ich bin im Grunde ein introspektiver Mensch. Das ist gut für Problemlösungen ... aber nicht gerade eine ideale Voraussetzung, um mit zickigen Kunden zurechtzukommen. Der Umgang mit Kunden gehört nicht zu meinen natürlichen Stärken.«[4]

Im Hinblick auf bestimmte Gedanken, die Zufriedenheit oder Unzufriedenheit fördern, haben wir in *Kapitel 8* »nach oben gerichtete« gedankliche Vergleiche (mit Menschen, denen es besser geht, oder alternativen Situationen, die besser sind als die gegebene) als eine Hauptursache für Probleme benannt. Manche Menschen neigen stark zu dieser Denkhaltung. Wir wissen jedoch aus Untersuchungen, dass Menschen, die immer wieder ihre Situation mit anderen, besseren Situationen vergleichen, unzufriedener sind als Menschen, die diese Vergleiche nicht anstellen. Erstere bemühen sich stets, »mit den anderen mitzuhalten«, oder blicken häufig auf »die Kirschen in Nachbars Garten«, die angeblich süßer schmecken (was aber in Wirklichkeit nur selten der Fall ist). Versuchen Sie, die verschiedenen Aspekte Ihrer Situation auf andere Weise zu vergleichen: Welche Elemente Ihrer Arbeit sind besser oder interessanter als jene von anderen Menschen? Welche sind besser, als sie früher waren? Welche sind besser, als Sie erwarteten, oder besser, als sie hätten sein können? Wie werden die negativen Merkmale durch die guten, positiven Aspekte ausgeglichen?

Bei negativen Ereignissen ist es hilfreich, nach unten gerichtete Vergleiche anzustellen. Sie wurden mit einer Abfindung gekündigt – aber wie viele Menschen werden entlassen, ohne eine Abfindung zu erhalten? Ihre Kinder benehmen sich schlecht – vergessen Sie nicht, dass viele Leute nicht in der Lage sind, Kinder zu bekommen. Natürlich kann man diese Ideen auch zu weit treiben und ins Absurde überspitzen (Sie haben sich gerade mit dem Hammer auf den Finger geschlagen? Das ist schon in Ordnung, im selben Augenblick wurde in Afrika schließlich jemand von einem Löwen gefressen), aber so lange es sich um realitätsnahe Möglichkeiten handelt, sind derartige Gedanken in der Tat hilfreich. In der Selbsthilfe-Literatur wird in diesem Zusammenhang häufig empfohlen, man solle zu würdigen lernen, wie viel Glück man habe. Versuchen Sie daher, jene Elemente Ihrer Arbeitssituation zu beschreiben und zu verstärken, die Sie anderen Menschen voraushaben.

Weiter oben haben wir uns auch mit Problemen befasst, die aus überzogenen Erwartungen resultieren. Menschen, die mit einem durchschlagenden Erfolg rechnen, werden durch ein Scheitern eher enttäuscht als jene, die be-

---

4   J. Bowe, M. Bowe und S. Streeter, *Gig: Americans talk about their jobs,* New York 2000, S. 127.

scheidenere Hoffnungen hegen. Das hat mit zwei Arten von Erwartungen zu tun: zum einen mit Erwartungen in Bezug auf Ereignisse, die größtenteils außerhalb unserer Einflussmöglichkeiten liegen (diese werden stattfinden, was immer wir tun), zum anderen mit Erwartungen in Bezug auf persönliche Ziele, die wir uns selbst gesetzt haben. Wenn Sie an Ihre Arbeitssituation und an die mit ihr verbundenen Ereignisse und Entwicklungen denken: Könnte es für Sie hilfreich sein, Ihre persönlichen Erwartungen zu senken, zumindest auf bestimmten Gebieten? Die Forschung sagt ja.

Im Allgemeinen sollten Sie imstande sein, Ihre Arbeitszufriedenheit zu steigern, wenn Sie einige Ihrer persönlichkeitsbezogenen Verhaltensweisen ändern und einige Ihrer Denkgewohnheiten modifizieren. In den *Kapiteln 7* und *8* finden Sie – und Ihre Mitarbeiter – dazu bestimmt einige Ansatzpunkte.

Viele in diesem Buch behandelten Themenfelder werden auch in Selbst-hilferatgebern und Anleitungen angesprochen, die sich überhaupt nicht mit dem Arbeitskontext beschäftigen. Gleichwohl können solche Bücher viele nützliche Ideen enthalten, die sich auch auf den Arbeitsbereich anwenden lassen. Viele dieser Empfehlungen laufen darauf hinaus, das Positive zu beto-nen (sich zu vergegenwärtigen, in welch glücklicher Lage man sich befindet – siehe oben). Es ist unstreitig, dass glücklichere Menschen eine optimisti-schere Sicht der Welt haben, bei Ereignissen in erster Linie deren positive Seiten sehen und zuversichtlich in die Zukunft blicken. Können unglückliche Menschen (auch Menschen, die bei der Arbeit unglücklich sind) ihre Welt-sicht diesbezüglich verändern?

In der amerikanischen Populärkultur wurde diese optimistische Grund-einstellung seit jeher gefördert. So wurde beispielsweise durch ein Lied von Jerome Kern aus dem Jahr 1920 Millionen Menschen diese Haltung nahe gebracht:

> *Ein Herz, das von Freude erfüllt ist*
> *Wird stets Traurigkeit und Unfrieden vertreiben.*
> *Halte also immer Ausschau nach dem Silberstreifen,*
> *Und versuche auf der Sonnenseite des Lebens zu sein.*

In den 1950er-Jahren erzielte Norman Vincent Peale mit seinen Ideen über die »Kraft positiven Denkens« große Wirkung. Seine zentralen Empfehlun-gen lauteten: »Glaube an dich selbst«, »Überwinde die Neigung, dir Sorgen zu machen«, »Höre auf, dich zu ärgern und zu grämen«, »Denke nicht an die Möglichkeit der Niederlage«. Peale betonte auch die Bedeutung des Gebets und wies darauf hin, dass religiös eingestellte Menschen im Durchschnitt glücklicher sind als andere. (Dieser Unterschied lässt sich zum Teil auch auf unterschiedliche Überzeugungen und Gedanken zurückführen. Zudem ist die Mitgliedschaft in einer Kirche oft mit persönlichen oder sozialen Aktivitäten verbunden ist, die zu einer Stärkung der »Wichtigen Neun« beitragen.)

In der neueren Selbsthilfe-Literatur werden einige von Peales Ideen weitergeführt. Insbesondere wird manchmal empfohlen, »nutzlose Gedanken anzuzweifeln«. Diese Ratgeber beziehen sich oft auch auf Erkenntnisse der Kognitiven Verhaltenstherapie (KVT), die bei Patienten eingesetzt wird, die unter Angstattacken, Depressionen und anderen psychischen Störungen leiden. Zunächst findet eine kurze »Gesprächstherapie« statt, in der es darum geht, wie der Patient Ereignisse und Erlebnisse wahrnimmt und begreift und wie sich schädliche Denkmuster verändern lassen.

Untersuchungen haben ergeben, dass es im klinischen Rahmen sehr wirkungsvoll sein kann, sich mit schädlichen Gedanken auseinander zu setzen. Ähnliche Verfahren, die auf eine Neuausrichtung des Denkens zielen, können sich auch bei nichtmedizinischen Problemen oder im Arbeitsbereich als hilfreich erweisen. Diesen Ansätzen liegt die Annahme zugrunde, dass wir uns gewissermaßen »per Auto-Pilot« durch das Leben bewegen und auf Situationen entsprechend unseren habituellen Verhaltensweisen reagieren. Einige dieser eingeschliffenen Reaktionsmuster sind unserem Wohlbefinden abträglich. Versuchen wir daher negative Automatismen aufzuheben und sie durch positive Gedanken und Verhaltensweisen zu ersetzen, die uns zu mehr Zufriedenheit verhelfen können.

Welche negativen Gedanken werden in der Kognitiven Verhaltenstherapie und ähnlichen Therapieansätzen in Angriff genommen? Nun – gewöhnlich werden dort vor allem folgende Schwierigkeiten behandelt:

*   *Übergeneralisierung:* Eine allgemeine Schlussfolgerung – gewöhnlich negativer Art – aus einem einzigen Anhaltspunkt (wie zum Beispiel: »Ich habe diese Aufgabe vermasselt. Ich werde nie mehr etwas richtig machen.«)
*   *Konzentration auf das Negative*: Ignorieren oder Herunterspielen positiver Aspekte einer Situation (z. B. »In meiner Jahresbeurteilung steht, dass ich mit Kollegen nicht auskomme«, wenn darin lediglich Verbesserungsvorschläge im Rahmen einer grundsätzlich positiven Bewertung formuliert wurden).
*   *Sich selbst die Schuld geben*: Verantwortung übernehmen für etwas Negatives, das man nicht verursacht hat (z. B.: »Mein Chef ist heute wirklich sehr gereizt. Wahrscheinlich habe ich etwas falsch gemacht« oder »Ich habe meinen Job verloren, weil ich nicht gut bin«).

Natürlich schwenken wir alle manchmal ins Negative, doch kaum jemand würde ernsthaft bestreiten, dass weniger negatives Denken mehr Glück bedeutet. Versuchen Sie in Bezug auf Ihre Arbeit einige dieser negativen Gedanken, die Sie möglicherweise beschäftigen, zu hinterfragen und zu überwinden. Gehen Sie an Ihre Arbeit generell mit der Überzeugung heran: »Dieses Problem ist nicht wegen mir entstanden.«

Die große Mehrzahl der Selbsthilfe-Literatur beruht auf den Erfahrungen und Ansichten ihrer Autoren und nicht auf systematischen Beweisen. Doch in den beiden vergangenen Jahrzehnten haben Psychologen durch Experimente Erkenntnisse darüber gewonnen, auf welch unterschiedliche Art und Weise Menschen sich wieder aufbauen, wenn sie unzufrieden oder unglücklich sind. Man »tut« etwas durch seine Handlungen wie auch durch seine Gedanken, und daher interessieren wir uns für beides. Handlungen können unmittelbar auf etwas gerichtet sein, das man als Problem ausgemacht hat (beispielsweise indem man etwas zu verändern sucht, das einem Sorgen bereitet), sie können aber auch Umwege oder Ablenkungen darstellen (zum Beispiel eine Pause machen, sich ein Essen zubereiten oder in die Kneipe gehen). Auch mentale Prozesse lassen sich nach diesen zwei Arten unterscheiden – sie richten sich entweder auf die Ursache der Unzufriedenheit (zum Beispiel indem man darüber nachdenkt, wie man ein Problem lösen kann oder wie man Dinge auch anders betrachten könnte) oder sie haben eher den Charakter einer Ablenkung (sich an schönere Zeiten erinnern oder an etwas anderes, z. B. den Feierabend, denken).

In der Praxis überschneiden sich diese Bewältigungsstrategien, während man sich mit vielen verschiedenen Dingen beschäftigt. Es ist daher nicht überraschend, dass die Forschung keine »ideale« Vorgehensweise ermitteln konnte. Es gibt Hinweise, dass Frauen häufiger mit anderen Menschen sprechen, wenn sie Aufmunterung benötigen, und dass Männer aktiven Tätigkeiten größere Bedeutung beimessen (zum Beispiel Hobbys, Sport usw.). Festgestellt wurde darüber hinaus, dass den meisten Menschen auch das Gespräch mit wohlgesinnten Kollegen hilft (hier kommt wieder »soziale Unterstützung« ins Spiel). Doch die Situationen und die Probleme sind dermaßen vielfältig (vielleicht ist man gerade nicht von »wohlgesinnten Kollegen« umgeben, mit denen man reden könnte), dass es wirklich nicht sinnvoll ist, nach allgemein gültigen Lösungen zu suchen.

Stattdessen haben einige Forscher versucht, spezifischere Selbsthilfeansätze zu entwickeln und deren Wirksamkeit zu maximieren. Wir haben bereits die Kognitive Verhaltenstherapie und Signaturstärken angesprochen, die beide ausführlich untersucht wurden, und möchten uns nun zum Schluss mit Experimenten befassen, die sich auf Selbsthilfe-»Interventionen« beziehen, die das Wohlbefinden steigern können. Dabei werden gewöhnlich Gruppen von Menschen verglichen, die man gebeten hat, unterschiedliche Aktivitäten und Gedanken umzusetzen. Dabei werden die Glücksniveaus in beiden Gruppen vor- und nach der Intervention gemessen. Die Frage lautet: Sind jene, die eine bestimmte Vorgehensweise verfolgen, glücklicher als die anderen?

Einige zentrale Fragen sind noch zu beantworteten. Zum Beispiel: Wie lange hält die glücksfördernde Wirkung einer erfolgreichen Selbsthilfemaßnahme an? Wie oft sollte man sie durchführen (dieselbe Maßnahme immer zu wiederholen, kann schnell ermüdend werden)? Wie konsequent halten sich die Betroffenen daran? Im Hinblick darauf, dass noch weitere Antworten gefunden werden müssen, hat Professor Sonja Lyubomirsky von der University of California die gegenwärtigen Erkenntnisse in zwölf grundlegende »Glückaktivitäten« zusammengefasst. Diese wurden bislang nur selten auf Arbeitssituationen bezogen, doch da ihre Wirksamkeit in allgemeiner Hinsicht belegt ist, sind sie aller Wahrscheinlichkeit nach auch für Menschen hilfreich, die mit ihrer Arbeit unglücklich sind.[5]

Wenn Sie einige dieser Aktivitäten weniger ansprechen, können Sie sie auch weglassen. Jeder sollte nur jene Maßnahmen durchführen, die ihm zusagen. Nachfolgend einige Beispiele:

- *Dankbarkeit zum Ausdruck bringen und »dankbar sein für das, was man hat«.* Manchmal fühlt man sich allein schon dadurch besser, dass man bestimmte Aspekte des eigenen Lebens (oder in unserem Fall des Berufs) schriftlich festhält. Förderlich für unser Glück ist es auch, anderen Menschen (entweder im persönlichen Gespräch oder in einem Brief) mitzuteilen, dass man ihnen dankbar ist für irgendetwas, das sie getan haben. Haben Ihnen Kollegen oder Familienangehörige in jüngster Zeit in Ihrem Arbeitsleben in irgendeiner Weise geholfen? Oft fällt es uns schwer, Dankbarkeit zu zeigen, doch kann uns aktiv geäußerte Dankbarkeit in vielfacher Weise persönlichen Nutzen bringen – wir betonen positive Aspekte unseres Lebens, stärken unsere Selbstachtung und festigen unsere sozialen Beziehungen.
- *»Übermäßiges Nachdenken« vermeiden.* Damit ist exzessives Nachgrübeln über sich selbst und die eigene Situation gemeint. Wenn man niedergeschlagen ist, mag es durchaus sinnvoll sein, über mögliche Ur-

---

5   Sonja Lyubomirsky, *The how of happiness*, London 2007.

sachen und Lösungen nachzudenken, doch man kann diese Gedanken auch übertreiben. Untersuchungen haben bestätigt, was auch der gesunde Menschenverstand nahe legt: Ständiges Grübeln kann eine Situation verschlimmern, weil man sich dadurch nur noch tiefer in das Loch der Depression hineingräbt und einen verzerrten, pessimistischen Blick auf die Realität entwickelt.[6]

Zweifellos können manche Tätigkeiten in der Arbeit (wie auch im Leben allgemein) ärgerlich sein, dennoch sollte man aufhören, sich ständig damit und mit ihren möglichen Ursachen zu beschäftigen. Gemäß der Kognitiven Verhaltenstherapie (siehe oben) müssen negative Gedanken auf neutrale oder positive Themen umgelenkt werden. Manche Menschen tun sich damit außerordentlich schwer. Eine Möglichkeit besteht darin, sich auf bestimmte Arten von negativen Gedanken zu konzentrieren und dann entsprechend den Vorschlägen in *Kapitel 8* die Aufmerksamkeit zu verlagern. Wenn sich zum Beispiel Ihre Selbstreflektionen häufig um »nach oben gerichtete« soziale Vergleiche drehen (»alles könnte so viel besser sein«), sollten Sie sich damit beschäftigen, »um wie vieles schlechter die Lage auch sein könnte«.

- *Investieren in soziale Beziehungen.* Man weiß mittlerweile: Menschen, die ihre angenehmen sozialen Kontakte verstärken, werden zufriedener. Dafür gibt es mehrere Gründe. Soziale Kontakte sind schon allein deshalb erforderlich, um Gefühle der Einsamkeit zu reduzieren, doch andere Menschen vermitteln auch nützliche Ideen und Informationen und können hilfreiche Anregungen geben, wenn eine Person Probleme hat. Ein freundlicher Umgang mit anderen Menschen ist eine wertvolle soziale Aktivität. Wir möchten nicht moralisierend klingen, doch Mitgefühl zu zeigen und anderen zu helfen, kann sich für den Absender als ebenso nützlich erweisen wie für den Empfänger, denn es steigert das Selbstwertgefühl, führt zu einer positiveren Einstellung gegenüber den Menschen und verbessert die Beziehungen, wenn die anderen ebenfalls positiv reagieren. »Was du nicht willst, dass man dir tu, das füg auch keinem anderen zu«, heißt es bekanntlich, und es gibt noch weitere derartige Lehrsätze.

Ist man bedrückt oder niedergeschlagen, mag es zwar nahe liegen, sich zurückzuziehen, doch seine sozialen Beziehungen zu pflegen, fördert das

---

6   Untersuchungen weisen darauf hin, dass Frauen stärker zum Grübeln neigen als Männer, was mitverantwortlich sein dürfte für die stärkere Ausprägung von depressiven Gefühlen, von denen viele Frauen berichten.

psychische Wohlbefinden. Diese Beziehungspflege erfordert Zeit und Motivation, daher sollte man genau darüber nachdenken, auf welche Weise sich die Beziehungen verbessern lassen. Können Sie Ihren Arbeitsablauf dahingehend verändern, dass Sie mehr Zeit finden, um Ihren Kollegen stärkeres Interesse entgegenzubringen und mit ihnen über Tagesereignisse oder aktuelle Probleme zu sprechen?

Soziale Unterstützung kann unmittelbar den Umgang mit negativen Elementen der Arbeitssituation erleichtern. Wenn man beispielsweise »Druck von oben« bekommt oder sich überfordert fühlt, kann es hilfreich sein, darüber mit Kollegen zu sprechen; oft ist es tatsächlich so, dass ein Problem, »das man mit anderen teilt, nur noch halb so groß ist«. Darauf haben wir bereits in dem Abschnitt »Keiner ist allein« in *Kapitel 3* hingewiesen. Lebenspartner, Freunde und andere Außenstehende, die mit der Arbeitssituation nichts zu tun haben, können für das eigene psychische Gleichgewicht von entscheidender Bedeutung sein – Ihr soziales Umfeld ist wichtig für Sie, auch wenn Ihnen das nicht bewusst ist. Vielleicht können Sie eine bestimmte Situation nicht verändern, aber Sie können sich emotional besser damit arrangieren, wenn Sie von anderen Zuspruch und Ermutigung erhalten, weil Sie zum einen von ihnen erfahren, wie Sie die Dinge auch anders betrachten können und weil Sie zum anderen das Mitgefühl der anderen schätzen lernen. Vielleicht stellen Sie auch fest, dass die Dinge aus einem anderen Blickwinkel betrachtet weniger schlimm erscheinen als vorher.

Darüber hinaus werden in dem Buch von Sonja Lyubomirsky noch weitere Glück fördernde Aktivitäten empfohlen, die man selbst initiieren kann: Sich Ziele setzen, Verzeihen lernen, eine optimistische Haltung pflegen und auf den eigenen Körper achten. Letzteres ist von besonderer Bedeutung, denn wenn es uns körperlich nicht gut geht, werden wir uns schlecht fühlen und die erforderliche Energie für eine Lösung dieser Probleme nicht aufbringen. Untersuchungen von Gruppen, die unterschiedliche sportliche Aktivitäten durchführten, haben die stimmungsaufhellende Wirkung wie auch den physischen Nutzen von Ausdauersportarten erwiesen. Und wir alle wissen, wie Schlafmangel unser Denken und Fühlen abstumpfen kann.

Die Schritte 8 und 9 (die Veränderung der »äußeren Dinge« der Arbeitssituation und die Veränderung der eigenen Persönlichkeit) verbinden sich schließlich in unserer letzten Empfehlung. Das Denken über die Schlüsselmerkmale der eigenen Arbeitssituation lässt sich manchmal durchaus verändern. Häufig gibt es unterschiedliche Ansichten darüber, was die Gegebenheiten einer bestimmten Situation und ihrer Bewertung betrifft. Diese Unterschiede erwachsen nicht nur aus den unterschiedlichen Sichtweisen der Menschen (was wir bereits dargestellt haben). Sie entstehen oft auch daraus, dass wir die Meinungen anderer Menschen über eine bestimmte Situation übernehmen. Unser eigenes Glück oder Unglück kann davon beeinflusst werden, was andere für das in unserer Situation »angemessene« Gefühl halten.

Professor Ricky Griffin von der University of Missouri untersuchte in einem Experiment, wie Vorgesetzte die Beurteilungsabläufe von Mitarbeitern und ihre damit einhergehende Arbeitszufriedenheit beeinflussten.[7] Gegenüber der einen Gruppe wiesen die Vorgesetzten in Gesprächen stets darauf hin, wie abwechslungsreich und anspruchsvoll ihre Arbeit sei, gegenüber der anderen Gruppen gab es keine derartigen Bemerkungen. Trotz identischer Arbeitssituationen betrachtete die erste Gruppe ihre Tätigkeit als komplexer und verantwortungsvoller und wies einen deutlich höheren Grad an Arbeitszufriedenheit auf als die andere Gruppe. Dieser Unterschied erwuchs aus den Meinungen, welche die Vorgesetzten geäußert hatten, und entwickelte sich nicht aus der Tätigkeit selbst – diese war für beide Gruppen gleich. Soziale Einflüsse können sehr wirkungsvoll sein, daher sollte man diese stets im Auge behalten und fragen: Inwieweit üben andere Menschen Einfluss darauf aus, wie Sie bzw. Ihre Mitarbeiter oder Klienten über Ihre Arbeit denken?

Die Gedanken, die man sich über eine Arbeit macht, beruhen zweifellos auf deren Inhalt, doch die Wahrnehmungen sind nicht von vornherein festgelegt. Zwei Mitarbeiter können unter Schikanen oder Mobbing durch einen Kollegen leiden (»Vitamin« Nr. 6b), aber vielleicht nur einer betrachtet den Täter als bedauernswerte Person, deren Bemerkungen keine Beachtung verdienen, während es dem anderen schwer fällt, nicht ständig an diese Person zu denken. Ein weiteres Beispiel betrifft den sozialen Wert, den man einem bestimmten Job beimisst (Merkmal Nr. 9). Manche Tätigkeiten, die nur mäßig oder wenig aufregend sind, können dahingehend betrachtet werden, wie sie das Leben anderer Menschen bereichern. Auch die Arbeitsbedingungen und andere Schlüsselmerkmale der Arbeit können durch unterschiedliche Arten von Vergleichen, wie in *Kapitel 8* beschrieben, unterschiedlich beur-

---

7   Wie auch in den vorhergehenden Kapiteln werden die Forschungsergebnisse vollständig in Peter Warrs wissenschaftlichem Werk *Work, happiness, and unhappiness*, New York 2007 dargestellt.

teilt werden, insbesondere wenn man häufiger »nach unten« vergleicht und seltener »nach oben«.

Damit kehren wir ein letztes Mal zu unserer Kernbotschaft zurück: Unglück oder Unzufriedenheit bei der Arbeit resultiert zum größten Teil aus den zwölf Schlüsselmerkmalen der Arbeit, aber sie entsteht auch aus dem Menschen selbst. Mögliche Verbesserungen müssen von beiden Seiten aus in Angriff genommen werden. Wir wünschen Ihnen und Ihren Mitarbeitern viel Glück dabei!

Weiterführende Literatur

Wie bereits in *Kapitel 1* erwähnt, werden die Forschungsergebnisse, die diesem Buch zugrunde liegen, in dem von Peter Warr verfassten Band *Work, happiness, and unhappiness* ausführlich wiedergegeben. Dieses Buch enthält mehr als tausend Referenzen auf Forschungsergebnisse, eine Detailfülle, die den Rahmen des vorliegenden Werkes weit überschreiten würde.

Stattdessen verweisen wir in den Fußnoten am Ende eines jeden Kapitels auf eine kleine Zahl von veröffentlichten Quellen und haben einige relevante Publikationen für diesen Anhang ausgewählt. Die nachfolgende Liste enthält eine kleine, aber feine Auswahl des Materials, das in dem 2007 erschienenen Band behandelt wird; zudem haben wir hier zusätzlich einige neu erschienene Studien aufgenommen, auf die wir uns bei der Verfassung des vorliegenden Buches stützten.

Kapitel 1: Arbeit und Glück – ein seltenes Gespann?
Fredrickson, B. L., The value of positive emotions, in: *American Scientist, 91,* 2003, S. 330-335.

Hardy, G. E., Woods, D., Wall, T. D., The Impact of psychological distress on absence from work, in: *Journal of Applied Psychology, 88,* 2003, S. 306-314.

Judge, T. A., Thoresen, C. J., Bono, J. E., Patton, G. K., The job satisfaction-job performance relationship: A qualitative and quantitative review, in: *Psychological Bulletin, 127,* 2001, S. 376-407.

Lyubomirsky, S., King, L., Diener, E., The benefits of frequent positive affect: Does happiness lead to success?, in: *Psychological Bulletin, 131,* 2005, S. 803-855.

Patterson, M. J., Warr, P. B., West, M. A., Organizational climate and company productivity: The role of employee affect and employee level, in: *Journal of Occupational and Organizational Psychology, 77,* 2004, S. 193-216.

Thomas, K. (Hg.), *The Oxford book of work.* Oxford 1999.

Tsai, W-C., Chen, C-C., Liu, H-L., Test of a model linking employee positive moods and task performance, in: *Journal of Applied Psychology, 92,* 2007, S. 1570-1593.

Kapitel 2: Warum arbeiten wir?

Jahoda, M., *Employment and unemployment: A socialpsychological analysis*, Cambridge 1982.

McKee-Ryan, F. M., Song, Z., Wanberg, C. R., Kinicki, A. J., Psychological and physical well-being during unemployment: A meta-analytic study, in: *Journal of Applied Psychology, 90*, 2005, S. 53-76.

Paul, K. I., Moser, K., Incongruence as an explanation for the negative mental health effects of unemployment: Metaanalytic evidence, in: *Journal of Occupational and Organizational Psychology, 79*, 2006, S. 595-621.

Warr, P. B., *Work, unemployment, and mental health*, Oxford 1987.

Kapitel 3: Wann fühlt man sich gut – wann schlecht?

Carver, C. S., Affect and the functional bases of behavior: On the dimensional structure of affective experience, in: *Personality and Social Psychology Review, 5*, 2001, S. 345-356.

Csikszentmihalyi, M., *Finding flow*, New York 1997.

Isen, A. M., Positive affect, in: T. Dagleish and M. Power (Hg.), *Handbook of cognition and emotion*, New York 1999, S. 521-539.

Keyes, C. L. M., The mental health continuum: From languishing to flourishing in life, in: *Journal of Health and Social Behavior, 43*, 2002, S. 207-222.

Macey, W. H., Schneider, B., The meaning of employee engagement, in: *Industrial and Organizational Psychology, 1*, 2008, S. 3-30.

Petersen, C., Park, N., Sweeney, P. J., Group well-being: Morale from a positive psychology perspective, in: *Applied Psychology: An International Review, 57*, 2008, S. 19-36.

Russell, J. A., Core affect and the psychological construction of emotion, in: *Psychological Review, 110*, 2003, S. 145-172.

Seligman, M. E. P., *Authentic happiness*, New York 2002.

Tellegen, A., Watson, D., Clark, L. A., On the dimensional and hierarchical structure of affect, in: *Psychological Science, 10*, 1999, S. 297-303.

Kapitel 4: Wie Glück entsteht: Die »Wichtigen Neun« Schlüsselmerkmale

Cummins, R. A., Personal income and subjective wellbeing: A review, in: *Journal of Happiness Studies, 1*, 2000, S. 133-158.

Iyengar, S. S., Lepper, M. R., When choice is demotivating: Can one desire too much of a good thing?, in: *Journal of Personality and Social Psychology, 79*, 2000, S. 995-1006.

Klumb, P. L., Lampert, T., Women, work, and well-being 1950-2000: A review and methodological critique, in: *Social Science and Medicine, 58, 2004*, S. 1007-1024.

Warr, P. B., Butcher, V., Robertson, I. T., Callinan, M., Older people's well-being as a function of employment, retirement, environmental characteristics and role preference, in: *British Journal of Psychology, 95*, 2004, S. 297-324.

Kapitel 5: Wie Arbeitszufriedenheit entsteht – Teil 1

Baltes, B.B., Bauer, C.C., Bajdo, L.M., Parker, C.P., The use of multi-trait-multi-method data for detecting non-linear relationships: The case of psychological climate and job satisfaction, in: *Journal of Business and Psychology, 17*, 2002, S.3-17.

Einarsen, S., Hoel, H., Zapf, D., Cooper, C.L. (Hg.), *Bullying and emotional abuse in the workplace*, London 2003.

Loher, B.T., Noe, R.A., Moeller, N.L., Fitzgerald, M.P., A meta-analysis of the relation of job characteristics to job satisfaction, in: *Journal of Applied Psychology, 70*, 1985, S.280-289.

O'Brien, G.E., Skill utilization, skill variety and the job characteristics model, in: *Australian Journal of Psychology, 35*, 1983, S.461-468.

Oldham, G.R., Rotchford, N.L., Relationships between office characteristics and employee reactions: A study of the physical environment, in: *Administrative Science Quarterly, 28*, 1983, S.542-556.

Wall, T.D., Jackson, P.R., Mullarkey, S., Parker, S.K., The demands-control model of job strain: A more specific test, in: *Journal of Occupational and Organizational Psychology, 69*, 1996, S.153-166.

Warr, P.B., Decision latitude, job demands and employee well-being, in: *Work und Stress, 4*, 1990, S.285-294.

Wrzesniewski, A., Dutton, J.E., Crafting a job: Revisioning employees as active crafters of their work, in: *Academy of Management Review, 26*, 2001, S.179-201.

Xie, J.L., Johns, G., Job scope and stress: Can job scope be too high?, in: *Academy of Management Journal, 38*, 1995, S.1288-1309.

Kapitel 6: Wie Arbeitszufriedenheit entsteht – Teil 2

Colquitt, J.A., Conlon, D.E., Wesson, M.J., Porter, C.O.L.H., Ng, K.Y., Justice at the millennium: A meta-analytic review of 25 years of organizational justice research, in: *Journal of Applied Psychology, 86*, 2001, S. 425-445.

Judge, T.A., Piccolo, R.F., Ilies, R., The forgotten ones? The validity of consideration and initiating structure in leadership research, in: *Journal of Applied Psychology, 89*, 2004, S.36-51.

Sverke, M., Hellgren, J., Näswall, K., No security: A meta-analysis and review of job insecurity and its consequences, in: *Journal of Occupational Health Psychology, 7*, 2002, S.242-264.

Taris, T.W., Kalimo, R., Schaufeli, W.B., Inequity at work: Its measurement and association with worker health, in: *Work and Stress, 16*, 2002, S.287-301.

Tepper, B.J., Consequences of abusive supervision, in: *Academy of Management Journal, 43*, 2000, S.178-190.

Kapitel 7: Glück und Zufriedenheit – eine Sache der Gene oder der Umwelt?

Arvey, R.D., McCall, B.P., Bouchard, T.J., Taubman, P., Cavanaugh, M.A., Genetic influences on job satisfaction and work values, in: *Personality and Individual Differences, 17*, 1994, S.21-33.

DeNeve, K. M., Cooper, H., The happy personality: A meta-analysis of 137 personality traits and subjective well-being, in: *Psychological Bulletin, 124,* 1998, S. 197-229.

Diener, E., Lucas, R. E., Personality and subjective well-being, in: D. Kahneman, E. Diener und N. Schwartz (Hg.), *Well-being: The foundations of hedonic psychology,* New York 1999, S. 213-229

Headey, B., Wearing, A., Personality, life events, and subjective well-being: Toward a dynamic equilibrium model, in: *Journal of Personality and Social Psychology, 57,* 1989, S. 731-739.

Judge, T. A., Heller, D., Mount, M. K., Five-factor model of personality and job satisfaction: A meta-analysis, in: *Journal of Applied Psychology, 87,* 2002, S. 530-541.

Staw, B. M., Cohen-Charash, Y., The dispositional approach to job satisfaction: More than a mirage, but not yet an oasis, in: *Journal of Organizational Behavior, 26,* 2005, S. 59-78.

Kapitel 8: Glück ist relativ – die Bedeutung subjektiver Einschätzungen

Boswell, W. R., Boudreau, J. W., Tichy, J., The relationship between employee job change and job satisfaction: The honeymoon-hangover effect, in: *Journal of Applied Psychology, 90,* 2005, S. 882-892.

Clark, A. E., Oswald, A. J., Satisfaction and comparison income, in: *Journal of Public Economics, 61,* 1996, S. 359-381.

Roese, N. J., Olson, J. M. (Hg.), *What might have been: The social psychology of counterfactual thinking,* Mahwah 1995.

Sheldon, K. M. und Houser-Marko, L., Self-concordance, goal attainment, and the pursuit of happiness: Can there be an upward spiral?, in: *Journal of Personality and Social Psychology, 80,* 2001, S. 152-165.

Suls, J., Wheeler, L. (Hg.), *Handbook of social comparison: Theory and research,* New York 2001.

Wanous, J. P., Poland, T. D., Premack, S. L., Davis, K. S., The effects of met expectations on newcomer attitudes and behaviors: A review and meta-analysis, in: *Journal of Applied Psychology, 77,* 1992, S. 288-297.

Warr, P. B., Differential activation of judgments in employee well-being, in: *Journal of Occupational and Organizational Psychology, 79,* 2006, S. 225-244.

Warr, P. B., Work values: Some demographic and cultural correlates, in: *Journal of Occupational und Organizational Psychology, 81,* 2008, S. 751-775.

Stichwortregister

Die Autoren

Peter Warr ist emeritierter Professor am Institute of Work Psychology an der Universität Sheffield. Als ehemaliger Leiter der Social and Applied Psychology Unit an dieser Universität (des weltweit größten Forschungsinstituts auf diesem Gebiet) führte er in Hunderten von Unternehmen Untersuchungen durch und stand ihnen als Berater zur Seite.

Guy Clapperton ist seit 15 Jahren als freiberuflicher Wirtschafts-, Technologie- und Medienjournalist tätig. Im Jahr 2008 wurde er von der British Academy of Film and Television Art (BAFTA) zum Juroren berufen. Er publiziert regelmäßig in den Zeitungen *Sunday Telegraph, Guardian, Times Independent* und *Financial Times*. Zudem ist er Mitarbeiter von BBC World Service und BBC Radio London und hat eine Reihe von Büchern zu Fragen der Mitarbeiterführung veröffentlicht.